Natur und Evolution als ZuMutungen
an eine zukunftsfähige Gestaltung von Wirtschaft und Gesellschaft

7. Spiekerooger KlimaGespräche
19.–21. November 2015
Dokumentation

herausgegeben von Reinhard Pfriem

www.spiekerooger-klimagespraeche.de

Wissenschaftliche Leitung

Prof. Dr. Reinhard Pfriem, CENTOS – Carl von Ossietzky Universität Oldenburg
Prof. Dr. Wolfgang Sachs, Wuppertal Institut für Klima, Umwelt, Energie
Prof. Dr. Marco Lehmann-Waffenschmidt, Technische Universität Dresden

mit Unterstützung

der Gemeinde Spiekeroog

Spiekerooger KlimaGespräche
Forum für den gesellschaftlichen Umgang mit dem Klimawandel

*Jährlich im Spätherbst
tagen circa dreißig Persönlichkeiten
aus Wissenschaft, Publizistik und anderen Bereichen
auf der*

Insel Spiekeroog

Inhalt. Outline 7

Seiten

- **8** Vorwort. Preface.
- **10** Teilnehmer/innen. Participants.
- **11** Einführung. Introduction.
- **13 – 21** Thesen. Statements.
- **23 – 65** Erläuterungen. Annotations.
- **67 – 86** Präsentationen. Presentations. Valentin Thurn
- **87 – 150** Themen und Reflexionen. Topics and Reflections.
- **88** Wunschbild Natur. Ideal of Nature.
- **102** Normative Rahmung. Normative Framing.
- **120** Natur als Erfahrungsraum. Nature as Space of Experience.
- **134** Kulturelle Evolution. Cultural Evolution.
- **153** Spiekerooger Klimagespräche. Dokumentationen.
- **154 – 155** Assistenz. Assistance.
- **156** Impressum. Imprint.

Vorwort des Herausgebers. Editor's preface

Vom 19. bis 21. November 2015 fanden in der Kogge auf der grünen Nordseeinsel Spiekeroog die 7. Spiekerooger Klimagespräche statt. Thema diesmal: Natur und Evolution als ZuMutungen an eine zukunftsfähige Gestaltung von Wirtschaft und Gesellschaft. Das Thema der 7. Spiekerooger Klimagespräche vom 19.–21. November 2015 schien selber eine Zumutung zu sein. Wer Sorge hatte, es käme zu abstrakt daher, wurde schon durch die Thesen eines Besseren belehrt, die von 24 geplanten Teilnehmerinnen und Teilnehmern vorher aufgestellt worden waren.

Wie in der vorliegenden Publikation ersichtlich wird, haben wir die wie immer auf lange Vorträge verzichtende Arbeit auf vier Gruppenthemen verteilt:
1. Welche Natur wollen, brauchen, können wir eigentlich, und wie kann Natur noch Orientierungsrahmen oder Vorbild sein?
2. Was kann getan werden, um den menschlichen Machbarkeitswahn einzuschränken, und wie kann es uns in Freiheit gelingen, mehr Verantwortung und Achtsamkeit zu praktizieren?
3. Wie können (nicht nur, aber gerade auch für Kinder und Jugendliche) Natur-Erfahrungsräume organisiert werden, wie kann der Wert des Lebendigen in Bildungsprozessen gestärkt werden?
4. Welche Fähigkeiten brauchen wir, um unser Aussterben zu verhindern? Werden wir sie in hinreichendem Maße entwickeln?

Zur Strukturierung der Gespräche hatten wir den vier Gruppen nicht nur im Sinne von Empfehlungen eine Reihe von Leitfragen vorgegeben, sondern die Themengruppen vor allem während der ganzen Tage wie im Vorjahr mit einer anderen Gruppenaufteilung verknüpft: auf eigenen Wunsch hin, nach persönlichem Interesse oder inspiriert über die vorher eingereichten Thesen, fanden sich zu Beginn Reflexionsgruppen zusammen, die vor, zwischen und nach der Arbeit der Themengruppen sich immer wieder neu austauschten. Erneut hat dies der Lebendigkeit der Diskussionen sehr stark gedient.

Wie immer ging es am Freitagvormittag nach draußen, zu den Strandkörbeburgen, in denen die Gruppen bei Sanddorngrog ihre Ergebnisse zu verdichten begannen, um am Nachmittag illustriert durch mitgebrachte Fundstücke den erreichten Stand vorzutragen. Es war recht kalt, aber auch in diesem Jahr hat das Wetter ziemlich gut mitgespielt.

Der wie immer öffentliche zweite (Freitag-)Abend stand diesmal im Zeichen der Probleme der Welternährung, für die der Klimawandel ja eine eigene zusätzliche Herausforderung darstellt. Im Inselkino haben wir den Film „10 Milliarden – Wie werden wir alle satt?" gezeigt, und gerade durch die persönliche Anwesenheit des Kölner Filmemachers Valentin Thurn entspann sich danach eine lange und angeregte Diskussion. Zum Film und seinen Beweggründen findet sich einiges im Kapitel 3 dieser Publikation.

In jährlich wechselnder Zusammensetzung sind die Spiekerooger Klimagespräche ein Forum, wo Menschen aus den Wirtschafts-, Sozial-, Kultur- und Geisteswissenschaften wie auch Menschen aus ganz anderen Bereichen gesellschaftlicher Praxis darüber sprechen, wie die Gesellschaft mit den Herausforderungen nachhaltiger Entwicklung (deren wohl zugespitzteste der Klimawandel ist) umgeht, umgehen sollte und umgehen könnte. Möglichkeiten, Hemmnisse und Barrieren, vorstellbare Entwicklungspfade sind also das übergreifende Thema.

Die Spiekerooger Klimagespräche sind immer Gespräche, an zwei Tagen intensiven Miteinanders gibt es keinen einzigen Vortrag im üblichen Sinne. Vorher erstellen die Teilnehmerinnen und Teilnehmer Thesen, die auf www.spiekerooger-klimagespraeche.de veröffentlicht werden, nicht zuletzt, um die Zugänge und Standpunkte zwischen Menschen, die sich in vielen Fällen das erste Mal begegnen, vorher gegenseitig schon kennenzulernen. Sie bilden wie bisher immer das erste Kapitel der vorliegenden Publikation.

Wie schon ein Jahr zuvor haben die Teilnehmerinnen und Teilnehmer im Rückblick auf die bereits durchgeführten Klimagespräche einen Text zur Erläuterung ihrer These erstellt, der das Kapitel 2 bildet. Ganz besonderer Dank dafür.

Durch die Verknüpfung von Reflexions- und Themengruppen gestaltet sich die Zuordnung freiwilliger als früher – Teilnehmer/innen der Themengruppen werden aus den Reflexionsgruppen heraus delegiert. Für einen möglichst effektiven Austausch der Positionen sorgten wieder Patinnen und Paten, die dann eben zwei unterschiedliche Gruppen zu betreuen hatten. Die

Publikation dokumentiert nicht nur die Schlussergebnisse, sondern auch Teile des Prozesses, der dazu geführt hat. Von der Aufbereitung her fällt das angefangen von den Transkriptionen durchaus unterschiedlich aus, wird aber um der lebendigen Wiedergabe willen genau so dokumentiert.

Für finanzielle Unterstützung danken wir dieses Mal besonders dem niedersächsischen Umweltministerium.

Wieder waren wir Gast im Hotel zur Linde. Alles hat perfekt geklappt und das durchweg fleischlose Essen hervorragend geschmeckt, danke an Nils-Uwe Ahsendorf und danke an Ralf van Borshum vom Capitänshaus für die beiden Mittagessen. Ebenso Dank an Patrick Kösters von der Kurverwaltung Spiekeroog, der seinen Teil zum reibungslosen Ablauf beigetragen hat.

Wie im letzten Jahr hat man die Moderation von Hans-Jürgen Heinecke fast nicht gemerkt, und das ist das Beste, was man über eine Moderation sagen kann. Niklas Heinecke ist für die tollen Fotos in dieser Publikation verantwortlich.

Und nicht zu vergessen der Dank an die Patinnen und die Paten: Nina Gmeiner, Johanna Ernst, Karsten Uphoff, Marcel Hackler und Lars Hochmann – prima gemacht, danke!

Die 8. Spiekerooger Klimagespräche werden vom 17. bis 19. November 2016 stattfinden.

Prof. Dr. Reinhard Pfriem

Teilnehmerinnen und Teilnehmer der 7. Spiekerooger KlimaGespräche.
Participants of the 7th Spiekeroog ClimateLectures.

Dr. Irene **Antoni-Komar**, Carl von Ossietzky Universität Oldenburg

Prof. Dr. Eve-Marie **Engels**, Eberhard Karls Universität Tübingen

Dr. Daniela **Gottschlich**, Gastprofessorin an der Universität Hamburg

Dr. Tobias **Hartkemeyer**, Solidarische Landwirtschaft Hof Pente, Bramsche

Dr. Hartwig **Henke**, ehemaliger Rektor der Hermann-Lietz-Schule auf Spiekeroog

Prof. Dr. Anna **Henkel**, Carl von Ossietzky Universität Oldenburg

Dr. Thomas **Kirchhoff**, Forschungsstätte der Evangelischen Studiengemeinschaft e.V. (FEST) Heidelberg

Prof. Dr. Dr. Kristian **Köchy**, Universität Kassel

Dr. Christian **Lautermann**, Carl von Ossietzky Universität Oldenburg

Prof. Dr. Marco **Lehmann-Waffenschmidt**, Technische Universität Dresden

Prof. Dr. Jürgen **Manemann**, Forschungsinstitut für Philosophie Hannover

Prof. Dr. Georg **Müller-Christ**, Universität Bremen

apl. Prof. Dr. Niko **Paech**, Carl von Ossietzky Universität Oldenburg

apl. Prof. Dr. Dr. Helge **Peukert**, Universität Erfurt

Prof. Dr. Reinhard **Pfriem**, Carl von Ossietzky Universität Oldenburg

Prof. Dr. Wolfgang **Sachs**, Wuppertal Institut

Prof. Dr. Gregor **Schiemann**, Universität Wuppertal

Dr. Andreas **Weber**, Autor und Journalist, Berlin

Prof. Dr. Ulrich **Witt**, Max-Planck-Institut für Ökonomik Jena

Dr. Christine **Zunke**, Carl von Ossietzky Universität Oldenburg

Moderator: Hans Jürgen **Heinecke**, TPO Consulting, Bad Zwischenahn

Einführung. Introduction

Prof. Dr. Reinhard Pfriem

Einen herzlichen guten Tag – gemeinsam mit Wolfgang Sachs und Marco Lehmann-Waffenschmidt möchte ich Sie zu den 7. Spiekerooger Klimagesprächen begrüßen.

Unseren Befund fortschreitenden Klimawandels haben wir im letzten Jahr an den recht hohen Temperaturen illustriert, dieses Jahr ist eher auf das stürmische Wetter hinzuweisen: Helge Peukert rief mich heute morgen noch von Neuharlingersiel mit der Frage an, ob denn die Fähre überhaupt fahren würde.

Ein stürmisches Klima haben wir gegenwärtig aber auch in vielerlei anderer Hinsicht: Die Bewältigung der Flüchtlingsströme stellt unser Land vor große Herausforderungen. Die schrecklichen Ereignisse in Paris am letzten Freitag zeigen erst recht, dass es für die Lösung der Probleme von heute keine einfachen und schnellen Wege gibt. Und sowohl die Aufdeckung des großen Betruges durch den Volkswagenkonzern als auch die schon jetzt offenkundigen Verfehlungen im Deutschen Fußball-Bund sollten alle eher auf die Zunge beißen lassen als von der Überlegenheit deutscher Leitkultur zu reden.

Vor diesem Hintergrund haben wir genügend Stoff für unser diesjähriges Thema, das mit seiner Formulierung „Natur und Evolution als ZuMutungen für eine zukunftsfähige Entwicklung von Wirtschaft und Gesellschaft" vielleicht selber eine Zumutung darstellt.

Wie immer sollten wir auf Spiekeroog keine Diskussionen über den Wolken führen, aber auch nicht zu sehr in Einzelheiten versacken. Mir gefällt immer noch, was ich vor 32 Jahren meinem ersten Buch als Friedrich Nietzsches Welt-Klugheit aus seiner fröhlichen Wissenschaft vorangestellt habe: „Bleib nicht auf ebnem Feld! Steig nicht zu hoch hinaus! Am schönsten sieht die Welt von halber Höhe aus."

Wie im Vorjahr wird uns Hans-Jürgen Heinecke moderieren, von dem die jetzt zum zweiten Mal erprobte Formatidee stammt, über Interesse zustande gekommene Reflexionsgruppen zu verzahnen mit Themengruppen, wofür wir vier Themen mit jeweils vier Unterfragen geclustert haben.

Der Freitagabend wird wie immer öffentlich sein. Wir zeigen im Inselkino den Film „10 Milliarden – Wie werden wir alle satt?" von Valentin Thurn, und es ist uns gelungen, den Filmemacher morgen selber dabei zu haben.

Den Spiekerooger Klimagesprächen geht es immer um die Frage nach der kulturellen Kehre, die wir für eine lebens- und liebenswerte Zukunft brauchen. Mit der diesjährigen Thematik fragen wir – in unsere evolutorische Zukunft hinein – in besonderer Weise nach unserem Bild von der Welt und dem, was Menschen daraus machen bzw. machen können. Ein Denkanstoß dafür scheint mir die von dem Schriftsteller Michael Kleeberg in einem seiner Romane zitierte Formulierung Freuds zu sein: „In Wirklichkeit sind die Menschen nicht so tief gesunken, wie wir fürchten, weil sie gar nicht so hoch gestiegen waren, wie wir glaubten."

Kurzfristig absagen aus jeweils zwingenden Gründen mussten leider Martin Müller, Reinhard Schulz, Astrid Schwarz und Harald Spehl. Uns allen, die wir hier sind, wünsche ich eine spannende, erlebnisreiche und anregende Zeit, bis wir am Samstagnachmittag wieder aufs Festland fahren.

12

Thesen
Statements

Kapitel 1
Chapter 1

Vorab. First things first.

Thesen. Statements.

Dr. Irene Antoni-Komar Gardening-Initiativen sind hoffnungsvolle Zeichen einer Rückgewinnung ernährungskultureller Fähigkeiten mittels experimenteller Naturerfahrung. Ob als soziale Innovation oder widerständige Graswurzelbewegung adressiert, erschaffen die neuen Gärtnerinnen subjektive Gegenentwürfe zur entgrenzten Vereinnahmung von Natur in der machtförmigen und krisenanfälligen globalen Ernährungsindustrie oder der Natursimulation in erde- und sonnenlos funktionierenden vertikalen Gewächshausarchitekturen. Unser widersprüchliches Verhältnis zur Natur stellt uns heute mehr denn je vor die Frage: Was bedeutet Natur für uns? Entgegensetzungen zum Menschlichen, wie ursprünglich-zivilisiert, natürlich-künstlich oder Natur-Technik liefern keine geeigneten Referenzkriterien (mehr). Hat sich doch längst das Selbstverständliche und Verlässliche von Natur in einem riskanten Umgang mit ihr aufgelöst. Erfordert es also Mut, die Konsumkomfortzone zu verlassen und eine selbstbestimmte Versorgung mitzugestalten? Das Tun behutsamer Allmendepfleger im vertrauten lokalen Kontext und demonstrativer Okkupierer von urbanen Brachflächen ist in seiner transformativen Wirkung nicht rückwärtsgewandte Paradiessehnsucht, sondern eigensinnige Re-Naturierung und somit mutige Neuausrichtung unserer basalen Lebensbedingungen.

Prof. Dr. Eve-Marie Engels Die Möglichkeit einer Evolution von Arten und Biodiversität setzt nicht nur Konkurrenz, sondern auch Kooperation von Organismen voraus. Ohne gegenseitige Hilfe unter unseren nichtmenschlichen und menschlichen Vorfahren wäre der Jetztmensch nicht entstanden. Allerdings nimmt der Mensch in zweifacher Hinsicht eine Sonderstellung in der Natur ein. Zum einen ist er auf Grund seiner hohen kognitiven Fähigkeiten und seines Selbstbewusstseins das einzige moralfähige Lebewesen. Zum anderen ist er gerade auf Grund dieser kognitiven Fähigkeiten das einzige Lebewesen, das in einem relativ kurzen Zeitraum Arten und Ökosysteme zerstören und ausrotten kann. Kurzfristige Perspektiven ökonomischen Nutzens lassen die langfristigen Folgen der Naturzerstörung häufig in den Hintergrund treten. Nicht nur in Verantwortung für zukünftige Generationen von Pflanzen, Tieren und Menschen, sondern auch im Sinne eines wohlverstandenen Eigeninteresses gilt es, die Natur nachhaltig zu bewahren. „Sollen setzt Können voraus", lautet ein alter Grundsatz der Ethik, doch muss sich umgekehrt das Können auch nach dem Sollen strecken.

Dr. Daniela Gottschlich Die Beziehungsgeschichte von Mensch und Natur der kapitalistischen Moderne ist vor allem eine Geschichte der Unterwerfung, Ausbeutung und Zerstörung. Nachhaltigkeit als Paradigma einer intra- und intergenerativen gerechten Entwicklung erfordert hingegen einen radikalen Umbau jener Produktions- und Lebensweisen, die bisher auf (zeitlicher und räumlicher, inner- und zwischengesellschaftlicher) Externalisierung gründen. Der Übergang von einer „Externalisierungsdemokratie" (Massarrat) zu einer (vor)sorgenden Demokratie erfordert nicht zuletzt sowohl ein anderes Verständnis von als auch einen anderen Umgang mit Natur. Es geht um die Anerkennung der natürlichen Regenerationszeiten, von Natur als Partnerin und als Wert an sich. Eine solche (vor)sorgende Mensch/Gesellschaft-Natur-Beziehung bricht mit den Zumutungen, die in den Prozessen der Kommodifizierung von Natur stecken und die das Lebendige mit fatalem Folgen der Logik der monetären Profitmaximierung unterwerfen.

Dr. Tobias Hartkemeyer Für den Schritt vom Ego- zum Ökosystembewusstsein brauchen wir neue Lernorte als konkrete Erfahrungsfelder, in denen wir gemeinsam die Natur als ein zu kultivierendes Öko-System wahrnehmen und gestalten und wo Handlungen aus einer gemeinsamen Wahrnehmungs- und Willensbildung entstehen können. Der Sinnzusammenhang, also die Notwendigkeit des Handelns sollte direkt erfahren werden können. Solidarische Landwirtschaft bietet eine ideale Grundlage für solche Erfahrungsfelder, in denen wir nicht nur Öko-Systeme, sondern auch Empathie-Systeme kultivieren und wo sich Dialogische Intelligenz ausbilden kann. Die solidarische Wirtschaftsform eröffnet eine neue Perspektive, vom „ich kaufe mir Lebensmittel" zum „ich ermögliche vielfältigen Landbau". Dadurch kann der

Vorab. First things first.

primär fragmentierende Verstand ganzheitliche Zusammenhänge besser denken lernen.

Ein solcher Ort ist ein Idealbild für Handlungspädagogik: der Erwachsene erzieht sich selbst und das Genie des Kindes kann wirksam werden, indem es im Umkreis dieser Beschäftigungen mitlebt und durch die nachahmende und nachmachende Tätigkeit seine Selbsterziehung praktizieren kann.

Hans-Jürgen Heinecke Moderne Gesellschaften scheinen eine prinzipielle Präferenz für mechanistisch-technische Lösungen zu haben: alles ist machbar, wenn man nur gut genug nachdenkt. In diesem Kalkül spielt das Natürliche eine untergeordnete Rolle.

Um den gesamten Lösungsraum zu erkennen, ist es sinnvoll, auch den Gegensatz mitzudenken. Und was ist der Gegensatz zu „Machbarkeit"? Spannende Frage. Zumutung wäre für mich ein ernstzunehmender Kandidat. Eine Zumutung muss man auf sich nehmen. Eine schnelle Lösung ist nicht in Sicht; der Lösungsvorrat ist erschöpft. Mit Zumutung verbinde ich den Mut, sich einzugestehen, dass es durch technische Lösungen nicht gelingen wird, eine Veränderung herbeizuführen.

Meine zentrale These: Mit Natur und Evolution als Zumutung werden wir nur umgehen können, wenn wir „Machbarkeit" als tiefsitzendes Identitätsmerkmal moderner Gesellschaften aufgeben.

Das wird schwer, sehr schwer sogar, denn wer lässt schon gerne zu, dass man das Fundament des eigenen Wohlstandshauses angreift. Verdrängung ist stattdessen angesagt. E-Mobility ist so ein perfekt inszenierter Verdrängungsversuch, um sich nicht die Frage zumuten zu müssen, wie viel Mobilität wir uns generell leisten wollen.

Und das Tückische an unserem SKG-7-Thema? Wenn wir zukunftsfähige Gestaltung ausschließlich als Umbauauftrag für Wirtschaft und Gesellschaft deuten, dann schaut die „Machbarkeit" schon wieder um die Ecke und lacht sich ins Fäustchen! Wir werden einer Veränderung unserer Einstellungen nicht ausweichen können. Es bleibt dabei: Wir selbst müssen die Veränderung sein, die wir in der Welt sehen möchten! (Mahatma Gandhi)

Dr. Hartwig Henke Das Sein und das Handeln bestimmen das Bewusstsein und das Wissen. Dies ist eine alte philosophische Erkenntnis. Dennoch – obwohl vielfach diskutiert – hat sie sich in der Konkretion sozial-, insbesondere erziehungswissenschaftlicher Erkenntnisse nicht als ein selbstverständliches Axiom in Erziehung und Bildung durchsetzen können. Es herrscht inzwischen weitgehend Übereinstimmung darin, dass der heute vorherrschende Werte-Begriff zu einem umfassenderen, ganzheitlichen Werte-Verständnis entwickelt werden muss. Dies ist aber nur möglich, wenn wir dort ansetzen, wo Kinder und Jugendliche in ihren Bildungsprozessen sich selbst erfahren und bewähren können, nämlich im Leben mit anderen Menschen und der Natur.

Prof. Dr. Anna Henkel Seit den 1970er Jahren fragt die Soziologie nach dem Verhältnis des Sozialen zu Materialität, Dingen und Natur. Angesichts des Umstands, dass diese Disziplin sich darüber definiert, Soziales aus Sozialem zu erklären, haftet einem solchen Interesse an „Natur" bis heute etwas Heterodoxes an. Dass es sich dabei dennoch um eine unterdessen als relevant akzeptierte Perspektive handelt, resultiert daraus, dass die Soziologie Teil der Gesellschaft ist, die sie beforscht – und diese Gesellschaft seit den 1970er Jahren mit den unintendierten (Neben-) Folgen eines auf Kausalität, Rationalität und Effizienz orientierten Weltverständnisses konfrontiert ist. Angesichts dessen gilt es, das gesellschaftstheoretische Repertoire der Soziologie fruchtbar zu machen für die Untersuchung einer Gesellschaft, die ausgehend von einem spezifischen und historisch jungen Weltverständnis mit neuartigen Nutzungsformen zugleich ein spezifisches Zerstörungspotential schafft. Derart gesellschaftstheoretisch informiert gilt es, Risiko als andere Seite der Innovation in einer Wissensregulierung einzubeziehen, die stets vor dem Paradox steht, in der Regulierung auf das Wissen zurückgreifen zu müssen, das zu regulieren sie bestrebt ist. Der Beitrag erörtert das Potential soziologischer Gesellschaftstheorie für die Nachhaltigkeitsforschung, skizziert praktische Konsequenzen und exemplifiziert die Überlegungen am Beispiel der Bodenverhältnisse.

Vorab. First things first.

Thesen. Statements.

Dr. Thomas Kirchhoff Auch noch im sogenannten Anthropozän gilt: 'Die' Menschen brauchen Natur. Sie brauchen bestimmte Naturphänomene zur Produktion von Nahrung, Rohstoffen usw. Und sie brauchen bestimmte Naturphänomene wie Wildnisgebiete und historische Kulturlandschaften wegen ihrer ästhetischen Qualitäten und symbolischen Bedeutungen. „Naturvergessenheit" liegt vor, wenn diese materielle und nicht-materielle Angewiesenheit des Menschen auf bestimmte Naturphänomene gesellschaftspolitisch ignoriert wird. Unter Naturvergessenheit leidet nicht „die Natur", sondern unter ihr leiden bestimmte menschliche Bedürfnisse, Interessen und Werte. Unter ihr leiden vor allem arme Menschen, während andere Menschen von ihr profitieren, weil sie ihnen größere Gewinne, mehr Konsum usw. ermöglicht. Naturvergessenheit ist wesentlich auch ein Zustand intra- und intergenerationeller Ungerechtigkeit, der durch bestimmte Machtkonstellationen stabilisiert wird.

Prof. Dr. Dr. Kristian Köchy Die Anwendung des Evolutionsgedankens auf die Mensch-Natur-Beziehung im Kontext des Klimawandels kann drei Formen annehmen: Der evolutionäre Rousseauismus versteht Klimawandel als Folge einer von der Natur entfremdeten technischen Zivilisation und fordert neue Naturausrichtung. Die evolutionäre ‚Mängelwesen'-These erkennt technische Verursachung des Klimawandels an, versteht Technik aber als evolutionär erworbene anthropologische Konstante und sieht Problemlösung nur als verstärkte technische Anstrengung. Für die evolutionäre Eschatologie ist das Klimaproblem selbst Mechanismus der Evolution. Von Menschen verursachte Katastrophen sind lediglich extreme Formen des Endes biologischer Populationen, deren Wachstum größer ist als die zur Verfügung stehenden Ressourcen. Wegen der Unabwendbarkeit dieses evolutionären Schicksals ist Fatalismus, Hedonismus oder Hoffnung auf spirituelle Transzendenz geboten. Gegenüber diesen drei Biophilosophien hat das Programm der ‚Integrativen Biophilosophie' wesentliche Vorteile: (1) Es ist nicht auf Sachbeschreibung ausgelegt (und entgeht dem Einwand des naturalistischen Fehlschlusses), sondern eröffnet im Rekurs auf Hans Jonas mit den kombinierten Perspektiven der ‚Dialektik der Freiheit' und der ‚Vulnerablität des Lebens' erst das Feld normativer Aussagen. (2) Das anthropologische Pendant der ethischen Ausrichtung ist die Anerkennung eines Kontinuums von Lebewesen, ohne in Biologismus oder Naturalismus zu verfallen, denn durch Bezug auf Helmuth Plessner wird die Sonderstellung von Menschen als konstitutiv heimatlos und zur Verantwortung befähigt berücksichtigt. (3) Wegen dieser anthropologischen Differenz ergibt sich keine Dichotomie sich ausschließender Idealziele (zurück zur Natur oder Rettung durch Technik), sondern eine konkrete Differenzierung: Obwohl ein Aufgehen in der Natur unmöglich ist, ist doch Kritik an der Technik wegen des Überlebens von Menschen in der Natur gefordert. (4) Da menschliche Existenz grundsätzlich offen ist, sind fatalistische Haltungen ebenso verfehlt wie angesichts existenzieller Möglichkeiten des Scheiterns technisch-evolutionärer Fortschrittsglaube. Hedonistisches Aufgehen in biologischen Trieben oder Flucht in extramundane Sphären widersprächen sowohl der individuellen Verpflichtung von Menschen als verantwortlichen Wesen als auch der Einsicht in das Eingebundensein von Menschen in diese Welt.

Dr. Christian Lautermann Der mit den 7. Spiekerooger Klimagesprächen aufgeworfene Themenkomplex betrifft die globale und epochale Frage nach dem Stellenwert der Menschheit in der Natur bzw. im Ökosystem Erde. Seit über 30 Jahren existieren umfassende systemische Orientierungen, was zu tun ist, um auf einen nachhaltigen Pfad der Menschheitsentwicklung zu gelangen. Angesichts der ausgebliebenen globalen Wende reicht es jedoch offenbar nicht aus, sich der Verflochtenheit im „Lebensnetz" (F. Capra) gewahr zu sein und entsprechende Grundregeln abzuleiten, die den Weg „vom technokratischen zum kybernetischen Zeitalter" (F. Vester) weisen. Statt sich alleine an der „Vernunft" der Natur zu orientieren, erscheint es zunehmend wichtiger, sich mit der Unvernunft der Menschen zu beschäftigen. Geht es um die verantwortungsvolle Gestaltung von Wirtschaft und Gesellschaft, müssen wir über den Bezugsrahmen Natur hinausgehen. Denn die realisti-

Vorab. First things first.

sche Befürchtung hinter dem Problem der Klimadestabilisierung ist nicht etwa ein drohendes „evolutorisches Ende der Gattung Mensch". Vielmehr steht im Wesentlichen eine Reihe von zivilisatorischen Errungenschaften auf dem Spiel, deren Verlust schlicht Barbarei bedeutet. Insofern liegen pragmatischere Lösungsperspektiven nicht mehr auf der Ebene, ob „die Menschheit" zu einem Kurswechsel im Sinne einer evolutionären Anpassungsleistung fähig sein wird. Einer Transformation in Richtung Nachhaltigkeit stehen nicht vorrangig die Schattenseiten des wissenschaftlich-technischen Fortschritts im Wege. Vielmehr gilt es, kulturell die Tendenz menschlicher Gesellschaften zu analysieren hin zu Strukturen, bei denen Wenige auf Kosten der großen Mehrheit Macht ausnutzen. Das Gegenprogramm heißt Zivilisierung: Mit dem Erkämpfen, Durchsetzen und Verteidigen abgesicherter Rechte und Pflichten von gleichwertigen mündigen Bürgern kann nicht nur gesellschaftliche Stabilität erreicht werden. Zivilität ist auch die Voraussetzung für die langfristige Wiederherstellung klimatischer Stabilität.

Prof. Dr. Marco Lehmann-Waffenschmidt Schon der Ausdruck „Anthropozän" lässt beim Leser die Alarmglocken läuten – sind nicht alle früheren erdgeschichtlichen Epochen mehr oder weniger zerstörerisch zu Ende gegangen? „Schon wahr, aber das dauerte doch dann etliche Millionen Jahre", könnte jemand einwenden. Schon, aber was wäre, wenn sich die Beschleunigung unserer Lebenswelt auch in Form einer verkürzten Dauer der „menschbestimmten" Epoche auswirken würde? „Warum sollte sich denn die Spezies homo sapiens sapiens sehenden Auges selbst die Lebensgrundlagen abgraben?" könnte die nächste Frage sein. „Die evolutionsbiologisch offenbar superioren, da ja nicht ausselektierten, alten Verhaltensmuster unserer Spezies helfen auf selbstorganisierte Art und Weise, eine Katastrophe zu verhindern!" Wirklich? – nein, denn hinter dieser Idee steht ein sträflich naiver Optimismus, entstanden aus einem vulgärdarwinistisch-spencerianischen Verständnis, das temporäre Viabilität verwechselt mit retentiver Optimierung. Die historischen Fakten der Menschheitsgeschichte sprechen jedenfalls nicht dafür, dass alte, stammesgeschichtlich stabile Verhaltensmuster der Spezies „moderner Mensch" automatisch zu nachhaltigem Verhalten führen würden: Steigerung und Entgrenzung sind per se selbstzerstörende, nicht selbsterhaltende Prozesse. Die einzige Chance des anthropozänischen Hauptakteurs besteht in Selbstbeobachtung und Selbstreflexion, die über individuelle und soziale Lernprozesse zur nachhaltigen Verhaltensadaption führen können – wie es die Spiekerooger Klimagespräche zum Ziel haben.

Prof. Dr. Jürgen Manemann Wer vom Klimawandel spricht, der darf nicht von den Wahrnehmungen, Gefühlen und Gewohnheiten schweigen, die menschliches Handeln bestimmen. Der Klimawandel erfordert einen Kultur- und Zivilisationswandel. Im Vordergrund stehen kulturelle und soziale Herausforderungen. In den umweltpolitischen Debatten wird der Klimawandel jedoch immer noch in erster Linie als ein Problem betrachtet, das technisch zu lösen sei. An der Zeit ist deshalb eine neue Humanökologie. Die neue Humanökologie fragt angesichts der Herausforderungen durch den Klimawandel nach Denk- und Handlungsblockaden. Als aktivierende Umweltphilosophie rückt sie die Frage nach dem Empowerment ins Zentrum der Überlegungen. Die neue Humanökologie setzt die Frage nach dem guten Leben auf die Agenda umweltpolitischen Denkens und Handelns. Sie zielt auf die Transformation der Zivilgesellschaft in eine Kulturgesellschaft.

Prof. Dr. Martin Müller Um einen Bezug zur Natur wieder herzustellen, bedarf es einer Überwindung der Disziplin und Kontrolle, welche modernen Gesellschaftern inzwischen inhärent – und zwar in zunehmendem Maße – sind. Anknüpfen möchte ich hier an das Konzept der Bio-Macht-Analyse Foucaults. Disziplin bezeichnet dabei die normierende Einwirkung der Institutionen einer modernen Gesellschaft auf den individuellen Körper, dessen Einübung in Schulen, Fabriken, Gefängnissen, Krankenhäusern usw. sozialisiert wird. Die Self Governance erreicht zurzeit ihren Höhepunkt in einer mittels Mobiltelefon und Apps sowie dahinterstehenden Algorithmen optimierten Lebensweise.

Thesen. Statements.

Vorab. First things first.

Thesen. Statements.

Prof. Dr. Georg Müller-Christ Ich verstehe das Thema als ein Positionierungsspiel von Natur, Wirtschaft und Gesellschaft. Gibt es eine gute Ordnung, ein stimmiges Bild der drei Elemente oder gibt es nur ein Floaten je nach Situation? Können diese drei Elemente überhaupt in Beziehung treten? Eine systemische Visualisierung zeigt, dass Natur ein Element ist, welches mit Wirtschaft und Gesellschaft nicht in Beziehung treten kann. Andersherum sind Wirtschaft und Gesellschaft sehr wohl in Beziehung zur Natur und können auch ihre Positionen zur Natur ändern. Wenn Natur unbeweglich ist und keine Resonanzräume hat, um in Beziehung zu treten, bleibt die Frage übrig, ob die Wirtschaft oder die Gesellschaft näher zur Natur steht. Entgegen weit verbreiteter Annahmen gehe ich davon aus, dass es in einer postmodernen Welt Aufgabe der Wirtschaft ist, zwischen der Restriktion Natur und den unendlichen Bedürfnissen und Potenzialen von Gesellschaft zu vermitteln. Wirtschaft fängt schon heute an, langsam sich diesem Spanungsfeld zuzuwenden und sich dem Spannungsfeld zu nähern. In diesem Bild arbeitet nicht mehr die Gesellschaft die Nebenfolgen des Wirtschaftens ab, sondern die Wirtschaft ist in enger Diskussion mit der Gesellschaft über einen effizienten Ressourceneinsatz für sinnvolle Zwecke. Sinn ist Aushandlungsgegenstand der beiden Systeme.

apl. Prof. Dr. Niko Paech Zunächst hieß es, Klimaschutz sei nötig, um die Natur und folglich die menschlichen Lebensgrundlagen zu retten. Mittlerweile wird die Natur zerstört, um den Klimaschutz zu retten. Mit Hilfe der sog. „Energiewende" werden allerletzte Naturreserven, die von bisherigen Industrialisierungswellen verschont geblieben sind, materiell nachverdichtet. Der Zweck, eine bestimmte Natur zu retten, heiligt die Mittel, mit denen eine andere Natur dezimiert werden muss. Die Ausdehnung des Klimaschutzes zerstört, was er zu schützen vorgibt. Dramatischer hätte das Unterfangen der ökologischen Modernisierung nicht scheitern können. Auf dem übervollen Planeten ist es so eng geworden, dass technischer Klimaschutz kannibalistische Züge annimmt: Natur gegen Natur. Wer darf überleben? Der Stärkere?

apl. Prof. Dr. Dr. Helge Peukert Die heutige wissenschaftliche Mainstream-Erklärung der Natur und des Universums überhaupt ist materialistisch, nihilistisch, agnostisch und unbegreiflich: Wir wissen nicht, woher das Universum kommt und warum es z. B. die vier fundamentalen Kräfte oder die Naturkonstanten gibt, 95 Prozent der Materie sind für uns dunkel und (bisher) schleierhaft. Sie ist materialistisch und reduktionistisch, da aus den Verdichtungen weniger Ursprungselemente schließlich Galaxien, Sterne und Planeten entstanden. Sie ist nihilistisch, da kein Sinn bzw. keine Zielsetzung in dieser Entwicklung zu erkennen ist. Dies betrifft auch die Entwicklung auf der Erde: Ohne „zufälligen" Katastropheneinschlag hätte sich der Mensch nicht aus einem kleinen, unter der Erde lebenden Tier angesichts der Gefahr der Dinosaurier über mutationszufällige Artenentstehungs- und -vernichtungsentwicklungen in den Herrscher der Welt verwandeln können, der aber über einen genetischen Code wie alle anderen Lebewesen gesteuert wird. Er ist längerfristig irrelevant, da eines Tages die Sonne die Erde zerschmelzen wird. Die bekannten physikalischen Phänomene sind dem Alltagsverstand völlig unbegreiflich, z. B. die möglichen Materiekonzentrationen auf engstem Raum in einem schwarzen Loch oder die unterschiedlichen Zeitperspektiven am Rande eines solchen im Vergleich zu der in weiterer Entfernung davon. Ist es möglich, diesem grauen Bild einen sinnhaften, vitalistisch-bunten und dennoch aufgeklärten Entwurf „der Natur" entgegenzuhalten?

Prof. Dr. Reinhard Pfriem Was Natur ist und was sie dem Menschen geben kann, ist durch eine beschreibende Naturwissenschaft Ökologie nicht zu erfassen, erst recht nicht durch Wirtschaftswissenschaften, die Natur bloß als „Sack von Ressourcen" (Hampicke) behandeln. Insoweit kulturelle Evolution als der natürlichen gegenübergestellt vom technischen Machbarkeitswahn getrieben ist, zerstört sie nicht nur Natur als das Unverfügbare und auf die Menschen nicht Angewiesene, sondern auch die Qualität menschlichen Lebens, die auf Naturerfahrungen als „Resonanzraum" (Rosa) angewiesen ist. Kulturelle und damit evolutorische Qualitäten lassen sich nicht beweisen: „Qualität ist eine unmittelbare Erfahrung, unabhängig von intellektuellen Abstraktionen und ihnen vorausgehend." (Pirsig) Ob die kulturelle Evolution noch eine angemessene Fortsetzung der natürlichen wird, hängt daran, ob wir gerade innerhalb von Ökonomie und Technik genügend Natur-Erfahrungsräume zu erschließen vermögen. Unsere mögliche Moral heißt kulturelle Bildung. Die Kunst bestünde darin, die Vieldeutigkeit der Wahrnehmungen (Kirchhoff/Trepl) und die Vielfalt des Lebendigen so zu kultivieren, dass daraus gleichwohl ein ein-deutiger Wärmestrom (Bloch) resultiert.

Prof. Dr. Wolfgang Sachs Papst Franziskus, der Popstar auf dem Stuhle Petri, hat mit seiner Enzyklika „Laudato Si'" die Grundfragen der Naturphilosophie in den Mittelpunkt der Weltöffentlichkeit gerückt. Sein Drängen, die Kubakrise zu beenden, wird bald vergessen sein, jedoch sein Engagement für Flüchtlinge wie insbesondere sein Plädoyer für eine öko-soziale Umkehr wird historisch weitreichende Folgen haben. Der Papst äußert sich grün-rot, und gerade deshalb wirft er viele Fragen auf.
    1. Was ist der Mehrwert, in dieser wissenschaftlich geprägten Zeit von „Schöpfung" zu sprechen? Wärmt es das Herz oder hat es ein „fundamentum in re"?
    2. Wird die Rede von der Schöpfung salonfähiger, wenn die Naturwissenschaftler die Welt als ein Gewebe von Netzwerken deuten und nicht mehr als ein Räderwerk von Maschinen?
    3. Ist „der Mensch" mit seiner „Technosphäre", vom Herzschrittmacher bis zu den CO_2-Emissionen, nicht auch ein Teil der Schöpfung?
    4. Die Religionen sprechen von „Bewahrung der Schöpfung". Ist das ein Widerspruch zu dem Befund, dass die Natur, von den Molekülen bis zur Milchstraße, fern vom Gleichgewicht, also in dynamischer Bewegung begriffen ist?
    Der Papst und die Kirche sind eine mythenproduzierende Institution, aber Mythen scheinen unerlässlich zu sein, um die Menschen an ihre Verantwortung – auch ein Evolutionsprodukt – der Mit- und Nachwelt gegenüber zu erinnern.

Prof. Dr. Gregor Schiemann Der Mensch ist das Naturwesen, das vorgegebene Bedingungen wie kein anderes irdisches Lebewesen zu überschreiten vermag. Für dieses transzendierende Vermögen sind die eigene Natur des Menschen, vor allem der Tod, wie die umgebende Natur der Erde und des Kosmos Zumutungen. Allein schon in zeitlicher Hinsicht steht die Langsamkeit der Natur den Veränderungsgeschwindigkeiten entgegen, die den Schöpfungen menschlicher Gestaltungskraft zukommen. Die gegenwärtige Umweltkrise kann als erster globaler Ausdruck dieser anthropologischen Problematik verstanden werden. Es gibt keine Gewissheit, aber doch einige Gründe anzunehmen, dass nachträgliche Korrekturen die Entwicklung von Wirtschaft und Gesellschaft auf die begrenzten Ressourcen einstellen und damit der Umweltkrise entgegenwirken werden. Solange ihm ein kosmischer Ausweg versperrt ist, bleibt der Mensch an die irdischen Lebensbedingungen gebunden. Aber für diesen Ausweg könnte die menschliche Natur nicht geschaffen sein. Mit der zunehmenden Einsicht in den Inselcharakter der Erde käme die Zumutung der Natur erst ganz zu Bewusstsein.

apl. Prof. Dr. Reinhard Schulz Der Begriff der Evolution ist heute in aller Munde und findet in sehr verschiedenartigen Sprachspielen eine breite Verwendung. Das ist in einer säkularisierten Gesellschaft kein Wunder, der zunehmend klar wird, dass mit Steuerung und Planung nicht alles gesagt ist, es ein Zurück zu antiker Teleologie, christlicher Schöpfungslehre, geschweige denn einer eschatologischen Geschichtsphilosophie aber auch nicht geben kann. Aber Evolution ist bekanntlich überall und ruft daher ein übergreifendes Interesse an einer „Morphogenese von Komplexität" (Spencer, Luhmann) wach. Dabei wird zunehmend deutlich, dass diese Interessen jenseits herkömmlicher Unterscheidungen von Natur und Kultur oder Evolutionstheorie und Naturphilosophie angesiedelt sind, was Autoren wie Latour oder Hampe vom „Ende der Natur" hat sprechen lassen. Eine zeitgemäße Auseinandersetzung mit Natur und Evolution ist daher gut beraten, den Gebrauch ursprünglich der biologischen Evolutionstheorie

Vorab. First things first.

Thesen. Statements.

entstammender Begriffe wie Variation, Selektion und Stabilität im Sinne einer Genealogie der Evolution in anderen Sprachspielen zu hinterfragen, um sie ihres ideologischen Gehalts zu entkleiden, wie er z. B. in der Ökonomie in der Formel von der Konkurrenz durch die Diversifikation von Märkten zu finden ist. Wenn der besondere Reiz der Evolutionstheorie darin liegen sollte, keine Fortschritts-, Planungs- oder Steuerungstheorie anbieten zu können (Luhmann), macht eine Auseinandersetzung mit ihr heute allemal Sinn, um der einen oder anderen falschen Versprechung besser auf die Spur zu kommen und damit zur Entparadoxierung unseres Zusammenlebens beitragen zu können.

PD Dr. Astrid Schwarz Mit dem erklärten Eintritt in das Zeitalter des Anthropozän ist auch die Frage danach, was Natur eigentlich sei, überholt. Die natürlichen Ressourcen und Stoffkreisläufe des Planeten, die Entstehung von Landschaften, das Evolutionsgeschehen sind nicht mehr unabhängig von menschlichen Einflüssen. Gleichzeitig steigern die Natur- und Ingenieurswissenschaften permanent ihre Fähigkeiten, diesen „domestizierten Planeten" zu manipulieren. In den Blick genommen wird die Bewirtschaftung des gesamten Planeten, wobei Konzepte und Objekte oft der Logik einer Gartenökonomie und gärtnerischen Praxis folgen. Dieses Sprachspiel des „Gärtnerns" unterscheidet sich diametral von demjenigen, das in der Bewegung des städtischen Gärtners in Gebrauch ist und ebenfalls auf den Klimawandel Bezug nimmt. Die Unterschiede zeigen sich in den jeweiligen sozialökonomischen Praxen und an den hervorgebrachten technowissenschaftlichen Objekten.

Prof. Dr. Harald Spehl Die Zumutung des kapitalistischen Wirtschaftssystems an die Gesellschaft und die Natur/Mitwelt besteht darin, dass die Akteure dieses Teilsystems eine dauernde Expansion auf Kosten der anderen Teilsysteme betreiben. Entscheidende Elemente und theoretische Grundlagen sind dabei die Paradigmen des ökonomischen Wachstums als Ziel und der Konkurrenz auf Märkten als zentrales Steuerungselement. Es ist bislang nicht gelungen, im Rahmen des Konzeptes der Nachhaltigen Entwicklung die zentrale Bedeutung einer Sichtweise der Wirtschaft als Teilsystem innerhalb der Gesellschaft und dieser innerhalb der Natur/Mitwelt wirklich ins Bewusstsein der Menschen zu bringen. Dazu tragen weite Teile der ökonomischen Wissenschaft mit den oben genannten Paradigmen erheblich bei. Ein Ansatzpunkt für Veränderungen kann darin liegen, dass im Rahmen der Analyse der Evolution in biologischen, ökologischen und sozialen Systemen zunehmend die These vertreten wird, dass nicht die Konkurrenz, sondern das kooperative Zusammenwirken der Mitglieder und Faktoren des Systems das primäre Muster der Evolution darstellt. In diesem Kontext kann eine Betrachtung der Wirtschaft als ein auf Kooperation und Verständigung ausgerichtetes Teilsystem in Koevolution mit Gesellschaft und Natur/Mitwelt einen Beitrag zu Änderungen in der ökonomischen Theorie und Praxis leisten.

Dr. Andreas Weber Die gegenwärtige Ideologie der toten Materie, der mechanischen Kausalität und des Ausschlusses subjektiver Erfahrung in Ökologie und Ökonomie sind verantwortlich für unser Versagen, Lebendigkeit in der Welt zu schützen. Die Herausforderung des „Anthropozän" und des Endes des Dualismus im Stil der Aufklärung besteht darin, ein neues „Bios" in unserem Konzept von Wirklichkeit zu installieren, das die Welt als einen lebendigen Prozess einander verwandelnder Beziehungen versteht, die Subjektivität und Ausdruck hervorbringen: „Enlivenment". Die Reichweite der „Enlivenment"-Perspektive enstpricht dem Umbruch in der modernen Physik, als diese verstand, dass jeder Beobachter mit dem, was er sieht, verschränkt ist. Biologische Verschränkung geschieht emotional und erfahrungspraktisch durch das Teilen der Lebendigkeit mit anderen Wesen und unserer existentiellen Verbindung zu ihnen. Um dem „Enlivenment" gerecht zu werden, müssen wir eine „Politik des Lebens" entwickeln. Diese ist eine neue politisch-philosophische Haltung, um „Tiefennachhaltigkeit" möglich zu machen. Dabei ersetzt sie die Idee von Wirklichkeit als Iteration empirischer Fakten durch eine „empirische Subjektivität" aus geteilter Lebendigkeit heraus und eine „poetische Objektivität" der praktischen Teilnahme durch gegenseitige Transformation.

Prof. Dr. Ulrich Witt Evolution ist immer ein Mehrebenen-Geschehen. Eingebettet in das globale, natürliche Ökosystem dieses Planeten evolviert auch die menschliche Ökonomie. Allerdings tut sie dies nicht im Ganzen als ein funktional an seine Umwelt angepasstes komplexes System. Vielmehr findet diese Evolution durch die multiplen Anpassungen auf der Ebene des individuellen Verhaltens im Zuge des Ressourcenwettbewerbs zwischen Individuen, Gruppen und Gesellschaften statt. Die Kriterien, nach denen sich diese Form der Anpassung auf der „unteren" Ebene richtet, sind nicht notwendig auch auf der Gesamtebene funktional. Wenn die generierten anthropogenen Entnahmen aus und Abgaben an das Ökosystem des Planeten ein bestimmtes Ausmaß erreichen, wie sie dies jetzt zu tun beginnen, kann die Angepasstheit der gesamten Ökonomie, also die Angepasstheit auf der Ebene der Spezies homo sapiens, untergraben werden. In der Natur werden Anpassungskonflikte in komplexen Systemen mit mehrebenen Anpassungsprozessen, wenn sie kritisch werden, durch natürliche Auslese sanktioniert, d. h. den Nieder-/Untergang der jeweiligen Systeme. Wenn dieses Schicksal der menschlichen Spezies erspart bleiben soll, müssen sich die Kriterien der Anpassung auf der individuellen Ebene, also des Ressourcenwettbewerbs ändern. Es ist eine Illusion zu glauben, dass dies ohne Eingriffe in individuelle Rechte durch eine „unsichtbare Hand" geschehen könnte.

Dr. Christine Zunke „Was einen Preis hat, an dessen Stelle kann auch etwas anderes, als Äquivalent, gesetzt werden; was dagegen über allen Preis erhaben ist, mithin kein Äquivalent verstattet, das hat eine Würde." (I. Kant) Weil nur Menschen moralisch urteilen und handeln können, hat bei Kant allein die Menschheit eine Würde. Darum sind Menschen Selbstzweck und sich wechselseitig moralisch verpflichtet. Doch gibt es auch eine moralische Verpflichtung zum Erhalt der Natur? Da Natur die Lebensgrundlage des Menschen ist, sind Natur- und Klimaschutz dringend geboten. Doch hat sich in der Umweltdebatte der letzten 30 Jahre diese anthropozentrische Sicht zunehmend zu der Frage hin verschoben, ob die Natur selbst einen moralischen Wert habe, der sich nicht darin erschöpft, bloßes Mittel für uns zu sein. Unter dieser Prämisse kehrt sich das Verhältnis um: Die Natur erscheint als dasjenige, was eine moralische Würde habe und von dem aus der Mensch moralisch verurteilt wird – als Störfaktor, der sich vom Naturzusammenhang emanzipierte und so seinen Platz im harmonischen Ganzen des Ökosystems verlor. Dabei erscheint das Entsetzen über Massentierhaltung, Klimawandel, abnehmende Biodiversität etc. als Spiegel jener Ausbeutungsverhältnisse, denen die Menschen selbst unter kapitalistischen Produktionsbedingungen weltweit ausgesetzt sind. Der Ruf nach der Rettung der Natur ist immer ein Aufruf, unsere Lebens- und Wirtschaftsweise zu ändern. Hinter der vordergründigen Menschenfeindlichkeit, welche Natur zum moralischen Subjekt verklärt, verbirgt sich so letzten Endes ein Ruf nach der Rettung der Menschheit – und hierin liegt tatsächlich eine Würde, die über allen Preis erhaben sein muss.

Great Barrier Reef 14.706 km
UNESCO Weltnaturerbe
Wattenmeer 0,8 km
UNESCO Weltnaturerbe
Dolomiten 873 km
UNESCO Weltnaturerbe

Erläuterungen
Annotations

Kapitel 2
Chapter 2

Dr. Irene Antoni-Komar. Carl von Ossietzky Universität Oldenburg.

„Wenn man die Wahl hätte zwischen einem Bad im Meer und dem Bad im Swimmingpool, wenn man die Wahl hätte zwischen einem unbehandelten Apfel und einem gespritzten und gewachsten, wenn man die Wahl hätte zwischen einem „naturbelassenen" Urlaubsort und dem industrialisierten Betrieb etwa Teneriffas, dann wäre die Entscheidung wohl klar: natürlich Natur. Vorausgesetzt freilich, im Meer schwimmen keine Haifische, giftige Quallen und Plastiktüten. Vorausgesetzt, die naturbelassene Natur ist das Paradies." Gernot Böhme hat in „Natürlich Natur. Über Natur im Zeitalter ihrer technischen Reproduzierbarkeit" (1992, 9) unser widersprüchliches Verhältnis zur Natur formuliert und mich zu meiner These inspiriert. Solche Ambivalenzen unseres zeitgenössischen Mensch-Natur-Verhältnisses begegnen uns in vielfältiger Weise. Da sind die Bilder scheinbar unberührter Natur in Gestalt von weißen, einsamen Stränden, gesäumt von kristallklarem türkisblauem Wasser oder atemberaubende Hochgebirgslandschaften in 8000 Meter Höhe. Überlagert werden diese Sehnsuchtsorte von Szenarien veröderter Wüstenlandschaften, dramatischen Gletscherschmelzen, über hunderte von Kilometern ausgebreiteten Strudeln aus Plastikmüll in den Meeren der Welt, vertikalen Gewächshausarchitekturen in urbanen Zentren, die erde- und sonnenlos Natur simulieren oder Mastfabriken mit tausenden erbärmlich dahin vegetierenden Tieren. Unser widersprüchliches Verhältnis zur Natur stellt uns heute mehr denn je vor die Frage: Was bedeutet Natur für uns? Entgegensetzungen zum Menschlichen, wie ursprünglich-zivilisiert, natürlich-künstlich oder Natur-Technik liefern keine geeigneten Referenzkriterien (mehr). Hat sich doch längst das Selbstverständliche und Verlässliche von Natur in einem riskanten Umgang mit ihr aufgelöst. „Es ist unklar geworden, was Natur ist, was wir darunter verstehen, ob, was wir als Natur ansehen, überhaupt Natur ist, welche Natur wir wollen." (Böhme, 1992, 15)

Wie kann es gelingen, unsere sozialen Praktiken mit der Natur und nicht gegen sie auszurichten? Welche Fähigkeiten sind dafür erforderlich? Wie können wir natürliche Prozesse von Wachsen und Vergehen wieder besser wahrnehmen und daraus z. B. nachhaltige Ernährungspraktiken entwickeln? Experimentelle Naturerfahrungen, wie sie solidarische Landwirtschaftsformen oder urbane Initiativen neuen Gärtnerns ermöglichen, schaffen Gegenentwürfe zur radikal entgrenzten – weil entzeitlichen und enträumlichten – Inanspruchnahme von natürlichen Ressourcen durch die globale Ernährungsindustrie. Höfe der solidarischen Landwirtschaft können dabei unterstützen, unsere Ernährung nachhaltiger und selbstbestimmter zu gestalten, indem ökologisch erzeugte, regionale und saisonale (überwiegend pflanzliche) Lebensmittel bevorzugt werden. Graswurzelbewegungen des urbanen Gärtnerns, die demonstrative Bepflanzung von brachliegenden Flächen in der Stadt lenken den Blick zum einen auf die überfällige städtische Re-Naturierung. Zum anderen repräsentiert diese gärtnerische Praxis des körperlichen Umgangs mit Boden die Grundlage der

Dr. Irene Antoni-Komar. Carl von Ossietzky Universität Oldenburg.

menschlichen Existenz. Der aus Upcycling-Materialien gestaltete „Gartenbau", die Insektenhotels und Bienenweiden, der inszenierte urbane Gegenraum Natur, die radikale Wiederermächtigung von lokalen Gemeinschaften fügt sich ein in das Décroissance-Programm von Serge Latouche (2011, 61ff.), das auf einen Paradigmenwechsel hinweist, bei dem Lösungsstrategien für Krisen in der Begrenzung und Neubewertung / Rekonzeptualisierung liegen. Auch „Essbare Städte", in denen statt Ziergehölzen Nutzpflanzen sprießen und zum Ernten verführen, verhelfen zu einer Neubewertung von Erfahrung, in der sich Naturraum mit basalen Lebensbedingungen der Ernährung jenseits von Kaufakten zu Glücksmomenten des Selber-Pflanzens, -Pflegens und -Erntens verknüpft und im zyklischen Wandel der Jahreszeiten erlebt wird.

All diese Beispiele experimenteller Intervention antworten auf die Frage: Was bedeutet Natur für uns? auf eine reflexive Weise, indem sie die sozialen Praktiken des Konsumierens von Natur in eine lebendige Praxis des (Co-)Produzierens mit Natur verwandeln. Diese Praktiken sind auf Gemeinschaft und nicht auf individuellen Konsum gerichtet. Sie integrieren Naturerfahrung, gehen einher mit ökonomischer Souveränität und sind getragen von bürgerschaftlichem Engagement, bei dem zuerst die eigenen Ressourcen aktiviert werden – allen voran die eigene Zeit für Subsistenzarbeit. Die Eigenproduktion von Gütern, wie z. B. von Lebensmitteln in Haus- und Gemeinschaftsgärten, oder Formen der urbanen Landwirtschaft, die zum Ersatz weiträumiger industrieller Wertschöpfungsketten beitragen, dienen neben der Substitution industrieller Produktion auch der Schaffung neuer Qualitäten in Stadt und Land. Dort entsteht heute Arkadien – ein durchaus realistischer Sehnsuchtsort – fernab der globalisierten und industrialisierten Welt als pluraler Lebensraum, der sich mit grundlegenden Fragen der Existenz befasst und für partizipative, sozial gerechtere und ökologisch tragfähige Wohlstandsmodelle plädiert (vgl. Müller/Paech 2012).

Literatur

Böhme, G. (1992): *Natürlich Natur. Über Natur im Zeitalter ihrer technischen Reproduzierbarkeit.* Frankfurt/M.: Suhrkamp.

Latouche, Serge (2011): La voie de la décroissance. Pour une société d'abondance frugale, in: Caillé et al. (2011): *De la convivialité. Dialogues sur la societé conviviale à venir.* Paris: La Découverte, 43–72.

Müller, C.; Paech, N. (2012): Suffizienz & Subsistenz. Wege in eine Postwachstumsökonomie am Beispiel von „Urban Gardening". *Der kritische Agrarbericht 2012,* 148–152.

Prof. Dr. Eve-Marie Engels. Eberhard Karls Universität Tübingen.

Unser Rahmenthema „Natur und Evolution als ZuMutungen an eine zukunftsfähige Gestaltung von Wirtschaft und Gesellschaft" werde ich unter zwei Aspekten beleuchten. Erstens stelle ich die Frage, ob unsere evolutionär entstandene menschliche Natur überhaupt die Möglichkeit bietet, ein Leben zu führen, in dem alle Lebewesen, Menschen, nicht menschliche Tiere und Pflanzen, die Chance des Überlebens und Gedeihens haben. Woher können wir den Mut zur Hoffnung nehmen, dass Menschen nicht nur egoistisch ihre kurzfristigen Interessen, sondern auch langfristige Ziele zum Wohl zukünftiger Generationen aller Lebewesen verfolgen? Angesichts der anthropogen verursachten, globalen Naturzerstörung ist diese Frage eine der dringlichsten unserer Zeit. Die Biodiversitätskonvention (Rio 1992) hebt den *intrinsischen* Wert der Biodiversität, ihre vielfältigen weiteren Werte (ökologische, kulturelle, ästhetische, soziale, ökonomische usw.) und ihre Bedeutung für die *Evolution* hervor. Letzteres hat bereits Darwin 1859 in *Origin of Species* betont: ohne Biodiversität kommt die Evolution zum Stillstand, das Leben zum Erliegen. Rotklee und Stiefmütterchen können ohne Katzen nicht gedeihen (S. 73f.).

Meine zweite Frage betrifft den *Wert* nicht menschlicher Lebewesen, von Tieren und Pflanzen. Haben sie einen Eigenwert, Selbstwert, eine Würde, sind sie Selbstzweck wie der Mensch, oder haben sie nur einen instrumentellen Wert, so dass wir sie nutzen und verbrauchen dürfen oder allenfalls aus rein ästhetischen Gründen erhalten sollen?

Zunächst zur ersten Frage: Sind wir von unseren evolutionären Voraussetzungen her dazu befähigt, unseren menschlichen „Mesokosmos" zu überschreiten und im Sinne einer Fernethik eine Moral zu praktizieren, die auch andere Arten von Lebewesen und zukünftige Generationen von Pflanzen, Tieren und Menschen berücksichtigt?

Wir sind durchaus dazu befähigt. Im Laufe der Humanevolution von den Urmenschen bis heute haben sich Menschen, die zunächst in kleinen Gruppen lebten, nach Art eines *expanding circle* zu Weltbürgern entwickelt, die emotional und motivational in der Lage und bereit sind, sich vom Wohl und Wehe Anderer, auch Fremder, berühren zu lassen. Bei Naturkatastrophen, Hungersnöten und Kriegen erleben wir die große Hilfsbereitschaft und Solidarität der Menschen mit den entferntesten Notleidenden. Auch unsere Standards für den Tier- und Naturschutz sind seit dem 18./19. Jahrhundert in Alltag und Wissenschaft anspruchsvoller, humaner, geworden.

Die zweite Frage betrifft den Wert anderer Lebewesen. In Abgrenzung vom instrumentellen Wert eines Lebewesens für andere soll mit den Begriffen „Eigenwert", „Selbstwert" oder „Selbstzweck" die Werthaftigkeit dieses Lebewesens *unabhängig* von seiner Bedeutung für Menschen ausgedrückt werden. Der Selbstwert eines Tieres setzt voraus, dass es über eine bestimmte *Befindlichkeit* verfügt, dass es Triebe und Bedürfnisse hat, Schmerz, Leid und Freude empfinden kann, dass es danach strebt, bestimmte Zustände her-

Prof. Dr. Eve-Marie Engels. Eberhard Karls Universität Tübingen.

beizuführen und andere zu vermeiden. All dies setzt kein Selbstbewusstsein wie das des Menschen voraus. Tiere beziehen zu ihrem eigenen Wohl und Wehe Stellung, indem sie das eine anstreben und das andere vermeiden. Sie haben ein Ausdrucksvermögen, das sich in ihren Gebärden und Lautäußerungen manifestiert (Darwin 1872). Den Gesamtkomplex dieser Fertigkeiten bezeichne ich als *implizite Selbstbezüglichkeit* des Tieres. Selbstbezüglichkeit bedeutet, dass sich beim Tier in der individual- und artspezifischen Auseinandersetzung mit seiner Umwelt sein Streben nach Selbsterhaltung und Wohlergehen, kurz, seine Lebensbejahung und damit die Bejahung des Wertes seiner Existenz äußert. *Implizit* ist diese Selbstbezüglichkeit, weil dabei keine reflektierte Bejahung des eigenen Lebens seitens des Tieres vorausgesetzt werden kann. Es gibt gute Gründe, den Eigenwert von Tieren nicht nur zu *konstatieren*, sondern ihn darüber hinaus zu *respektieren*, indem wir auf tierliche Bedürfnisse und Befindlichkeiten Rücksicht nehmen. Dies gilt in modifizierter Weise auch für unsere Behandlung von Pflanzen. Unter dem Einfluss von Darwins Evolutionstheorie und anderen wissenschaftlichen Entwicklungen erweiterte Fritz Jahr 1926 Kants kategorischen Imperativ über den Menschen hinaus und formulierte seinen „bio=ethischen Imperativ": „Achte jedes Lebewesen grundsätzlich als einen Selbstzweck und behandle es nach Möglichkeit als solchen!" (Jahr 1926, S. 605; 1927, S. 4)

Wie lässt sich die *Erkenntnis* des Eigenwertes von Tieren in eine *Anerkennung* dieser Eigenwertigkeit als Grundlage für eine moralische Verpflichtung des Menschen zum Respekt vor Tieren überführen? Welche Gründe können uns dazu veranlassen, selbst die *Nutzung* von Tieren für menschliche Zwecke nach dem *Maßstab ihres Eigenwertes* zu gestalten? In der dualistischen Gegenüberstellung von Mensch (*anthropos*) und Natur (*physis*) wird die Tatsache ignoriert, dass auch der Mensch als Lebewesen in den Gesamtzusammenhang der Natur gehört, aus dem er hervorgegangen ist. Wir sind mit Pflanzen und Tieren evolutionär verwandt. Daher basiert die Anthropozentrik auf einem *verkürzten Menschenbild*. Indem sich der Mensch vom nicht menschlichen Lebendigen abgrenzt, grenzt er zugleich wesentliche Merkmale seiner selbst als Lebewesen aus. Ein ganzheitliches Menschenbild, das die Ge-

samtheit menschlicher Erfahrungsmöglichkeiten und Lebensvollzüge einschließt, ist mit einer ethischen Anthropozentrik unvereinbar. Hans Jonas hat dies auf unübertroffene Weise ausgedrückt: „In der lauten Entrüstung über den Schimpf, den die Lehre von der tierischen Abstammung der metaphysischen Würde des Menschen angetan habe, wurde übersehen, daß nach dem gleichen Prinzip dem Gesamtreich des Lebens etwas von seiner Würde zurückgegeben wurde. Ist der Mensch mit den Tieren verwandt, dann sind auch die Tiere mit dem Menschen verwandt […]. Und es stellt sich heraus, daß der Darwinismus […] ein von Grund auf dialektisches Ereignis war." (Jonas 1973, S. 84f.; 2011, S. 100f.)

Beyer, Axel (Hrsg.): *Fit für Nachhaltigkeit? Biologisch-anthropologische Grundlagen einer Bildung für nachhaltige Entwicklung*. Opladen: Leske + Budrich 2002.
Darwin, Ch.: *On the Origin of Species*. London 1859, Facsimile Cambridge, Mass., London 1964.
Darwin, Ch.: *The Descent of Man, and Selection in Relation to Sex*. London: John Murray 1871, 2. Aufl. 1874.
Darwin, Ch.: *The Expression of the Emotions in Man and Animals*. London: John Murray 1872, 3. Aufl. London: HarperCollins*Publishers* 1998, Hg. Paul Ekman.
Engels, E.-M.: *Charles Darwin*. München: Beck 2007.
Engels, E.-M.: „Zur Frage der Grenzen solidarischen Handelns aus ethischer und wissenschaftstheoretischer Perspektive", in: Johannes Müller, Michael Reder (Hrsg.): *Der Mensch vor der Herausforderung nachhaltiger Solidarität*. Stuttgart: Kohlhammer 2003, S. 77–108, Diskussion S. 109–126.
Jahr, F.: „Wissenschaft vom Leben und Sittenlehre", in: *Die Mittelschule*. XL. Jahrgang, 1926, S. 604–605.
Jahr, F.: „Bio=Ethik. Eine Umschau über die ethischen Beziehungen des Menschen zu Tier und Pflanze", in: *Kosmos*. 24. Jg. 1927, S. 2–4.
Jonas, H.: *Organismus und Freiheit*. Göttingen: Vandenhoeck & Ruprecht 1973, neu als *Das Prinzip Leben*. Frankfurt: Insel 1994, 2. Aufl. 2011.

Dr. Daniela Gottschlich. Gastprofessorin, Universität Hamburg.

Fragen nach Natur, dem jeweiligen Verständnis von ihr und dem gesellschaftlichen Verhältnis zu ihr sind immer auch zugleich zutiefst politische Fragen. In ihnen spiegeln sich Herrschaftsverhältnisse unterschiedlichster Art. Ökologische Krisen sind daher nicht nur Fragen von physischen Austauschprozessen, denen mit Ingenieurskunst begegnet werden kann. Es geht um spezifische gesellschaftliche Naturverhältnisse, von denen Menschen unterschiedlich profitieren und betroffen sind.

Dieser Ausgangspunkt der Sozialen bzw. Politischen Ökologie – ökologische Krisen als Krisen gesellschaftlicher Naturverhältnisse und nicht als ökologische Katastrophen oder als Überschreitung planetarischer Grenzen zu konzeptionalisieren – eröffnet analytisch wie politisch die Möglichkeit, die krisenverursachenden Produktions- und Lebensweisen in den Blick zu nehmen. Wer die Krisenhaftigkeit der derzeitigen gesellschaftlichen Naturverhältnisse verstehen, bearbeiten und überwinden will, der darf über Kapitalismus, Wachstumsimperativ, Machtungleichheiten und Konflikte und die sozialen und ökologischen Zumutungen heutiger Externalisierungsdemokratien nicht schweigen. Gemeint sind damit jene Demokratien, die nicht nur über ihre eigenen Verhältnisse leben, sondern auch über die Verhältnisse anderer und zwar sowohl *zeitlich* – bezogen auf zukünftige Generationen, die mit Hinterlassenschaften wie Atommüll, Ozonloch, verminderter Artenvielfalt, Folgen des Klimawandels etc. konfrontiert sein werden – als auch *räumlich* – Folgen des Ressourcenextraktivismus und Landgrabbing sind nur einige Beispiele für solche räumlichen Verschiebungen von Lasten auf die Bevölkerung in Ländern des globalen Südens.

Neben der zeitlichen und räumlichen Externalisierung sind Externalisierungsdemokratien auch durch Ausbeutungsarrangements nach innen (hierzu zählt z. B. der Umgang mit der unbezahlten Care-Arbeit) und durch soziale Ungleichheitsstrukturen geprägt. Vom bereits angesprochenen Landgrabbing ist sehr viel stärker die indigene Bevölkerung betroffen, Kleinbauern und -bäuerinnen verlieren ihre Existenzgrundlage. Staatliches Handeln vollzieht sich in Form einer ökonomisierten Governance: Investitionen und Profite von transnationalen Unternehmen werden gesichert werden, nicht aber die Bedingungen für ein gutes Leben der eigenen Bevölkerung. Die Bewegung gegen *environmental racism* hat bereits vor Jahrzehnten darauf aufmerksam gemacht, dass nicht alle Menschen gleichermaßen von Umweltproblemen betroffen und für sie verantwortlich sind.

Wenn wir Externalisierungsdemokratien in Richtung *(vor)sorgender Demokratien* verändern und dabei Gerechtigkeit als Transformationshebel nutzen wollen, dann muss *Umweltgerechtigkeit (environmental justice)* als wichtiger Teil eines pluralen Verständnisses von Gerechtigkeit begriffen werden. Ohne die Analyse und politische Veränderung der derzeitigen ungerechten Aufteilung der Lasten (und Gewinne) von Naturzerstörung unter verschiedenen sozialen Gruppen und Gesellschaften (man denke nur an die unterschiedlichen

Dr. Daniela Gottschlich. Gastprofessorin, Universität Hamburg.

Verantwortungen für den Klimawandel und Auswirkungen des Klimawandels auf die kleinen Inselstaaten) können Nachhaltigkeitsforschung und -politik ihr kritisch-emanzipatorisches Transformationspotenzial nicht entfalten.

Wenn wir Externalisierungsdemokratien in Richtung (vor)sorgender Demokratien verändern wollen, dann braucht es auch eine Ausrichtung an *ökologischer Gerechtigkeit (ecological justice)*. Dann braucht es eine Skandalisierung, Analyse und Transformation der immensen Gewalttätigkeit der derzeitigen Produktionsbedingungen von Externalisierungsdemokratien gegenüber allem Lebendigen: auch gegenüber Tieren und Pflanzen.

Die Fragen, welche Änderungen in der Gestaltung gesellschaftlicher Naturverhältnisse eine solche biozentrische Perspektive notwendig und möglich machen würde, wer sie wie und mit wem umsetzt, sind ausgesprochen komplex – das wurde auch in der Diskussion auf den Spiekerooger Klimagesprächen deutlich. Was folgt beispielsweise daraus, Natur als Wert an sich anzuerkennen, als Partnerin, als Akteurin, als Rechtssubjekt wie in den Verfassungen von Bolivien und Ecuador?

Die Fragen sind nicht nur komplex, sie erfordern auch eine neue Sprache, neue konzeptionelle Begriffe, in denen sich das neue Denken widerspiegelt, ein Denken und Fühlen, das die alte cartesianische Trennung und die ihr innewohnende epistemische Gewalt überwindet. Kann das Bewusstsein um die eigene Lebendigkeit, kann das Erkennen der eigenen Zugehörigkeit zum Geflecht des Lebens als kognitiver und emotionaler Ausgangspunkt genutzt werden für einen Wandel der individuellen Lebensweise, der politischen Kultur, der gesellschaftlichen Institutionen und sozio-ökonomischen Strukturen hin zu einer (vor)sorgenden Demokratie, die ein gutes Leben für alle bietet: Menschen, Tiere und Pflanzen? Doch die zentralen neuen Begriffe, die in diesen Fragen stecken wie *Lebendigkeit* oder *web of life*, ihre analytische Tragfähigkeit und die mit ihr verbundene normative Orientierung sind unter kritischen Wissenschaftler_innen nicht unumstritten – auch das zeigte die Diskussion in den Arbeitsgruppen auf Spiekeroog.

Es braucht weiteren kreativen Austausch, wissenschaftliche Imagination, bildungspolitische Erfahrungs- und gesellschaftliche Experimentierräume, um sowohl Umweltgerechtigkeit als auch ökologische Gerechtigkeit denken und umsetzen zu lernen.

Dr. Tobias Hartkemeyer. Solidarische Landwirtschaft Hof Pente, Bramsche.

Ob es Natur im Sinne einer ursprünglichen unberührten überhaupt noch gibt, darf doch stark bezweifelt werden. Ist nicht längst alles durch den Kulturimpuls des Menschen in seiner Ursprünglichkeit verändert? Spätestens durch den Klimawandel sind jegliche natürlichen Prozesse durch den Menschen beeinflusst und verändert. Alles ist im Fluss und in Entwicklung, doch woher kommen die Impulse für diese Entwicklung? Es steht morgens wohl kaum jemand auf und denkt sich: „heute sorge ich für noch mehr Klimawandel" und trotzdem passiert es, weil wir in Systemen und Mustern leben, die eine Eigendynamik entfaltet haben, die sich von einem größerem Sinnzusammenhang gelöst haben. Was sind die tieferliegenden Strukturen, die diesen Mustern zugrunde liegen, und wie können wir sie ändern? Der Hirnforscher Gerald Hüther sieht eines der größten Probleme darin, dass wir im Laufe unserer Entwicklung unsere Mitmenschen zu Objekten degradieren. Dabei degradieren wir nicht nur Menschen zu Objekten unseres egoistischen Verlangens, sondern auch Boden, Pflanzen und Tiere.

Wir können nicht auf diesem Planeten leben, ohne Ihn zu verändern, aber wie können wir diese Veränderung der Lebenszusammenhänge so bewusst gestalten, dass sie aus bewussten Motiven vorgenommen wird oder aus einer gelebten Beziehung zueinander und zur Natur entsteht. Anders ausgedrückt: wie entwickeln wir eine Dialogische Intelligenz, die einen gemeinsamen Achtsamkeitsprozess ermöglicht?

„Intelligenz erweist sich bei genauer Betrachtung gar nicht als eine individuelle Fähigkeit, sondern ist immer das Ergebnis des Austausches von Wissen und Erfahrungen mit anderen Menschen."

Wie schaffen wir also Entwicklungsräume, in denen wir eine Dialogische Intelligenz entwickeln und damit eine Transformation unseres Egobewusstseins hin zu einem beziehungsfähigen Ökosystembewusstsein fördern? Und wie können diese Entwicklungsräume unsere Gesellschaft grundlegend bis in die wirtschaftliche Grundlage transformieren?

Um Antworten auf diese Fragen zu finden, scheint es notwendig, aus dem Käfig des Gedachten auszubrechen: neue Wege, hin zu einer neuen und praxisorientierten Beziehungskultur. Letzten Endes geht es darum, einen Rahmen zu schaffen, in dem ein qualitatives Umdenken und anderes Handeln möglich wird, und zwar vom „wie viel bekomme ich?" zum „wie ermögliche ich durch die Befriedigung meiner Bedürfnisse etwas Sinnvolles, für mich und für andere?". Oder in Claus-Otto *Scharmers* Worten, *„Öko-System-Bewusstsein heißt, dass ich nicht nur meinen eigenen Wohlstand und meine Lebensqualität maximiere, sondern auch das aller meiner Partner und Mitgestalter".*

Und im Sinne von E. F. Schumachers *„small ist beautifull"* brauchen wir dafür kleine, konkrete Lebens-Lernorte, die das Lernen in Gemeinschaft mit Pflanzen, Tieren und Boden im Sinne einer ökologischen Inklusion ermöglichen und in denen sich ein Feld für ein ge-

Dr. Tobias Hartkemeyer. Solidarische Landwirtschaft Hof Pente, Bramsche.

meinsames Denken, Handeln und Fühlen eröffnet. Und diese Orte müssen vor allem für Kinder zugänglich sein, damit sie erfahren können, wie schön es ist, sich in Gemeinschaft um etwas zu kümmern.

Diese Lernorte entstehen heute durch die Entwicklung der Gemeinschaftsgetragenen Landwirtschaft als Grundlage einer Lernenden Gemeinschaft, in der sich eine Dialogische Intelligenz entfalten kann. Dadurch entsteht eine erzieherische Umgebung, in der Kinder in einem geschützten Rahmen sich im Übergang vom Spiel zur Arbeit erleben können und ihre Selbsterziehung praktizieren. Es gibt Beispiele, die Mut machen, die zeigen, was möglich ist, dass es funktioniert, und die dadurch andere begeistern, gemeinsam einen verantwortungsvollen und erfüllten Umgang mit der Erde zu leben.

Hans J. Heinecke. TPO Consulting, Bad Zwischenahn.

Natur und Evolution als Zumutung ist eines von diesen Themen, die sofort zu einer kritisch Reflexion der eigenen Beziehung zum Objekt der Betrachtung verführen, zumindest mir geht es so. Wie hältst Du es denn mit Natur? Diese Frage drängte sich mir sofort auf, als ich zum ersten Mal mit dem Schwerpunktthema der 7. Spiekerooger Klimagespräche konfrontiert wurde.

Meine persönliche Beziehung zur Natur muss als kritisch betrachtet werden. Ich bekenne mich in dreifacher Hinsicht schuldig.

Erstens nutze ich Natur als Lebensraum. Ich lebe auf dem Land, schon immer, seitdem ich mein Elternhaus verlassen habe. Städte sind mir ein Gräuel. Ein Besuch in der Stadt? Gut und schön! Aber nach drei Tagen packt mich die Unruhe und ich bin froh, wieder draußen zu sein. Bevor ich endgültig in die Kategorie des prinzipiellen Landschaftszersiedlers und -verunstalters eingeordnet werde, sei zu meiner Entschuldigung gesagt, dass ich auf einer alten friesischen Hofstelle lebe, die bereits im 12. Jahrhundert urkundlich erwähnt wurde, in einem Gebäude, das dreihundert Jahre alt ist. Dennoch: dem naturschützenden Wohnverdichtungsgebot mit spartanischer Flächenverfügbarkeit für den Einzelnen habe ich nichts entgegenzusetzen. Friesenhäuptlinge lebten einfach auf großem Fuß. Ich habe mich dem angeschlossen und liebe die Weite des Raums und die Unmittelbarkeit der Landschaft.

Zweitens nutze ich Natur als Erlebnisraum, mit einer Präferenz für zivilisationsfernere Hochgebirgs-Wanderungen. Seit einiger Zeit stromern wir durch den nepalesischen Himalaya. Auch hier geht es wieder um die Unmittelbarkeit des Natureindrucks und das Einatmen der newarisch-buddhistischen Naturbeziehung.

Zuletzt nutze ich Natur als Lernort. Gemeinsam mit meinen Kollegen habe ich Konzepte entwickelt, durch die Manager in der Natur und durch die Natur lernen. Natur als Erfahrungsraum nach der pädagogischen Philosophie Deweys. Abgesehen davon, dass der Begriff Seilschaft in einem Klettersteig eine andere und sinnvollere Bedeutung bekommt, nutzen wir Natur als Irritationspotenzial. Alltägliche Handlungsroutinen können spielerisch gestört werden. Das ermöglicht kreatives Probehandeln mit erstaunlichen Transferchancen.

In dreifacher Hinsicht nutze ich also Natur, verbrauche ihre Ressourcen, die sie uns zunächst verschwenderisch und jetzt immer knapper werdend zur Verfügung stellt. Vermutlich ist dies ein zentrales Dilemma des sogenannten Anthropozäns: Auf der einen Seite wird Natur immer Lebens-, Erlebnis- und Erfahrungsraum der Menschen bleiben, weil sie sich auch durch eine spezifische Differenz zu relevanten Umwelten definieren. Natur ist für den Prozess der Identitätsfindung unverzichtbar. Auf der anderen Seite ist diese individualistische „Raumergreifung" offensichtlich so außer Kontrolle geraten, dass sie die Lebens-, Erlebnis- und Erfahrungsräume zukünftiger Generationen zerstört. Den eigenen Raumanspruch einzuschränken, damit der Raum selbst erhalten bleibt, ist eine zentrale

Hans J. Heinecke. TPO Consulting, Bad Zwischenahn.

Zumutung, die aus diesem Dilemma entsteht. „Das ist viel verlangt, denn es setzt voraus, von sich selbst absehen zu können und das Leben, bei dem man nicht mehr dabei ist, mit der gleichen Anteilnahme anzusehen, wie wenn man dabei wäre. Man müsste innerlich an einer Zukunft teilnehmen können, die einen selbst ausschließt," sagt Rüdiger Safranski mit Blick auf die eigene Endlichkeit und den dadurch eingeschränkten zeitlichen Erfahrungshorizont.

Tatsächlich drücken wir uns leidenschaftlich gern um diese Zumutung. Die Suche konzentriert sich auf Lösungen, die nicht weh tun. Moderne Gesellschaften scheinen dabei eine prinzipielle Präferenz für mechanistisch-technische Lösungen zu haben: alles ist machbar, wenn man nur gut genug nachdenkt. So entstehen dann CO_2-Waschmaschinen oder CCS-Programme (Carbon Dioxide Capture and Storage). Für die eingegangenen Risiken werden sich Lösungen finden, so die ignorant-optimistische Losung in diesem Weltbild, nicht sofort, aber immer noch rechtzeitig. Dieses Verhaltensprogramm erinnert an das fatale 3. Kölsche Gebot: Et hätt noch immer jot jejange (… bis es irgendwann auch in Köln schief geht). Ein irrationaler Optimismus in einem angeblich rationalen Weltbild.

In diesem irren Kalkül spielt Zumutung eine untergeordnete Rolle. Um den gesamten Lösungsraum zu erkennen, ist es nach der Tetralemma-Logik immer sinnvoll, den Gegensatz mitzudenken.

Und was wäre der Gegensatz zu „Machbarkeit"? Schicksalhaftigkeit? Mag sein, vielleicht ist es auch beides oder beides nicht, um in der Tetralemma-Logik zu bleiben. Auf jeden Fall müssen wir uns von der einseitigen Fixierung auf Machbarkeit lösen. Aber aushalten müssen wir diesen Lösungsraum und die Zumutung akzeptieren, dass eine schnelle Lösung nicht in Sicht ist. Der technische Lösungsvorrat scheint ausgeschöpft zu sein.

Mit Zumutung verbinde ich den Mut, sich einzugestehen, dass es durch technische Lösungen nicht gelingen wird, eine Veränderung herbeizuführen und diese Situation auch eine Zeit lang auszuhalten. Meine zentrale These ist: Mit Natur und Evolution als Zumutung werden wir nur umgehen können, wenn wir „Machbarkeit" als tiefsitzendes Identitätsmerkmal moderner Gesellschaften aufgeben. Das wird schwer, sehr schwer sogar, denn wer lässt schon gerne zu, dass man das Fundament des eigenen Wohlstandshauses angreift. Verdrängung ist statt dessen angesagt. Der Gegensatz wird noch nicht einmal mitgedacht.

Machbarkeit ist wie ein Hausschwamm, wenn er sich in das eigene Denken und Handeln eingenistet hat, dann wird man ihn so schnell nicht mehr los. Wenn wir beispielsweise die zukunftsfähige Gestaltung von Wirtschaft und Gesellschaft ausschließlich als Umbauauftrag definieren, dann schaut die „Machbarkeit" schon wieder um die Ecke und lacht sich ins Fäustchen! Wir werden einer Veränderung unserer Grundeinstellung und Identität nicht ausweichen können. Es bleibt dabei: Wir selbst müssen die Veränderung sein, die wir in der Welt sehen möchten! (Mahatma Gandhi)

Warum passiert das nicht? Offensichtlich gehören Verdrängen und die Angst vor dem Verlust der Identität zur menschlichen Natur. Also sind wir wohl ein hoffnungsloser Fall: lernunfähig, wahrnehmungsignorant und veränderungsresistent. Ich bleibe da ein unverbesserlicher Optimist. Menschen sind auf Anpassung und Lernen ausgelegt, wenn ihnen eine Herausforderung nahe genug kommt und eine Auseinandersetzung unvermeidlich ist.

Solange wir aber moralisierend-normativ auf unsere Zeitgenossen einreden und hoffen, diese ökologische Faktenschleuder würde die Identitätsfestung zum Einsturz bringen, so lange wird auch nichts passieren; die Festung wird allenfalls weiter armiert durch Verdrängung, Isolierung, Projektion und weitere dysfunktionale Verhaltensmuster, die in der Psychoanalyse unter dem Begriff Widerstand zusammenfasst werden. Erik H. Erikson hat in diesem Zusammenhang auch den Begriff Identitätswiderstand eingeführt, der eher auf ein falsches Vorgehen verweist, als auf mangelnde Veränderungsbereitschaft.

Die Irritation von Einstellungs- und Handlungsroutinen ist eine wichtige Voraussetzung, damit Lernen und Veränderung angestoßen werden. Irritation gelingt aber nur, wenn Natur und Evolution unmittelbar erfahrbar werden. Das unmittelbare Erlebnis der Selbstversorgung ist so gesehen veränderungsaffiner als jeder noch so fundierte Bericht über die Auswirkungen klimatischer Veränderungen in der Ferne.

Dr. Hartwig Henke. Ehem. Rektor der Hermann-Lietz-Schule, Spiekeroog.

Ist homo sapiens, der ‚vernunftbegabte Mensch', wirklich am Ende seiner Laufbahn angekommen?

Zumindest ist seit mindestens einem halben Jahrhundert festzustellen, dass die Beziehung zwischen Mensch und Natur nachhaltig gestört ist. Sie ist nicht mehr der Bezugsrahmen für ein vernunftgeleitetes ökonomisches, soziales und kulturelles Handeln. Das kapitalgetriebene Wirtschaftssystem erzeugt zwar noch Überfluss, aber auch immer mehr Menschen ohne Arbeit und Einkommen, Elend und Ausgrenzung. Es wachsen Gewaltbereitschaft, Angst vor Verlust des Wohlstands, aber auch Ratlosigkeit oder gar Fatalismus in Wissenschaft und Politik. Dennoch gibt es Kräfte, die diese scheinbare Alternativlosigkeit nicht hinnehmen wollen.

Der niederländische Meteorologe Paul Crutzen, Entdecker des Ozonlochs, stellt fest, der Mensch habe durch sein Handeln das Holozän, die Epoche der Erdgeschichte, die nach der letzten Eiszeit vor 10.000 Jahren begann, mit dem Anthropozän, dem Zeitalter des Menschen, abgelöst.

Eine äußerst beunruhigende Feststellung: Die Natur des Erdballs ist zum Produkt des Menschen geworden, ein unübersehbarer Bruch in der Menschheitsgeschichte. Immer waren es im Wesentlichen die Naturkräfte, auf denen die Produktivität menschlicher Arbeit beruhte. Bis zur Industriellen Revolution war es die Energie aus der Muskelkraft von Mensch und Tier oder Sonne, Wind und Wasser. Aber auch die durch die Industrielle Revolution ausgelösten enormen Produktivitätssteigerungen beruhten letztlich wieder auf fossilen Energien: Kohle, Erdöl und Erdgas. Hier setzt Crutzen den Beginn des Anthropozäns, nämlich den Beginn der unwiderruflichen Ausbeutung und Zerstörung von Erde und Atmosphäre. Aber: Gleichzeitig werden die Forderungen nach gleichen Rechten immer drängender, die Ideen der Aufklärung werden konkretisiert und in der bürgerlichen Ideologie erfährt der Begriff der Arbeit seine Überhöhung. Die Idee, menschliche Wohlfahrt mit der Ausstattung an materiellen Gütern gleich zu setzen, beginnt hier ihre verhängnisvolle Entwicklung, verstärkt von einem ökonomischen Denken, das nichtmenschliche Natur bloß als einen Sack von Ressourcen für menschliche Zwecke betrachtet und behandelt.

Dennoch setzt auch die entstehende Arbeiterbewegung letztlich auf dieses kapitalistische Wirtschaftssystem. Selbst Karl Marx hält die Entwicklung der Produktivkräfte für eine notwendige Voraussetzung zur Schaffung eines Wohlstands, auf dessen Grundlage Unterdrückung und Ungleichheit verschwinden.

Inzwischen sinken aber in den entwickelten Industriegesellschaften seit Jahrzehnten die Wachstumsraten kontinuierlich und die Arbeitslosigkeit wird chronisch. Gleichzeitig sprechen gegen eine Beschränkung des Wachstums der Wachstumszwang des Kapitals und die ungleiche – nicht nur in den Industriegesellschaften – Verteilung von Wohlstand und Lebenschancen.

Die Nachhaltigkeit der Umweltzerstörung, des Klimawandels und die Endlichkeit der fossilen Energieträger sind nicht mehr auf die Erkenntnis von Wissen-

Dr. Hartwig Henke. Ehem. Rektor der Hermann-Lietz-Schule, Spiekeroog.

schaftlern beschränkt, sondern weitestgehend Bestandteil des öffentlichen Bewusstseins. In den Wirtschaftswissenschaften wird ein cultural turn gefordert und die Dominanz eines auf ökonomisch-materiellen Wachstums zielenden Wohlstandbegriffes wird durch ein erheblich erweitertes Verständnis von Wertschöpfung in Frage gestellt.

Eine Postwachstumsökonomie und -gesellschaft wird zunehmend diskutiert. Eine Vorstellung von gutem Leben orientiert sich dabei nicht an den alten religiösen oder philosophischen Vorgaben eines individuellen Lebensplanes, sondern am Leben in der Gemeinschaft. Die Geistesgeschichte ist voller Ideen, dieses „Anthropozän" wirklich zu einem „Zeitalter der Menschen" werden zu lassen: Von Immanuel Kant über John Maynard Keynes bis zu den Technologie-Hippies in Kalifornien. Für sie war die Entwicklung der menschlichen Produktivkräfte nie ein Selbstzweck. Auch für Karl Marx, für den sie ein Werkzeug der Befreiung war, hin zu einer Gesellschaft, die ihren ‚Stoffwechsel mit der Natur rationell regelt und unter ihre gemeinschaftliche Kontrolle bringt, statt von ihm als von einer blinden Macht beherrscht zu werden'.

Die philosophische und erkenntnistheoretische Literatur birgt eine Fülle von Anregungen und Ideen und die in Ansätzen aktuell geführte Diskussion in den Wissenschaften macht Mut. Um die überlebensnotwendige kulturelle Kehre aber erfolgversprechend in Gang zu setzen, muss die Neu-Bewertung unseres immateriellen Vermögens, unseres eigentlichen Reichtums, aus den Diskursen in aktives Handeln und die Schaffung von Erfahrungsräumen überführt werden. Für Kinder, Jugendliche und junge Erwachsene müssen Erfahrungen und Teilhabe am realen „Ernstfall"-leben in und neben der Schule möglich sein. Die vor einigen Jahren ausgerufene „Bildungsrepublik" Deutschland entlässt immer noch Tausende von jungen Menschen ohne Arbeit, ohne Bildung und damit ohne Zukunft auf den freien Markt. Gleichzeitig werden am Arbeitsplatz, in Schule und Studium Leistungsdruck, Effektivierung und Messbarkeit von Leistung verstärkt. Bildung ist aber die Voraussetzung dafür, ein Bewusstsein – und zwar massenhaftes – für die Notwendigkeit einer zivilisatorischen Wende und die Bedingungen ihrer Durchsetzung zu entwickeln. Bildung nicht verstanden als eine Verallgemeinerung des Bildungsbürgertums und der Bildungsaristokratie der Vergangenheit. Nur so kann auch unser Reichtum in seiner Vielfältigkeit persönlich erfahren werden als Lebenslust, eigene Talente, Freundschaften, kulturelle Teilhabe, Partner, Kinder, öffentliche Mobilität und die In-Wert-Setzung von Naturgütern.

Die Idee des Neuanfangs gibt es als menschliche Möglichkeit immer. „Weil jeder Mensch aufgrund des Geborenseins ein *initium*, ein Anfang, ein Neuankömmling ist, können Menschen Initiative ergreifen", schreibt die Philosophin Hannah Arendt in „Vita Activa" und ergänzt: „Sie können Anfänger werden und Neues in Bewegung setzen".

Prof. Dr. Anna Henkel. Carl von Ossietzky Universität Oldenburg.

Natur ist eine genuin wertgeladene Kategorie der modernen Gesellschaft. In „Mutter Natur" findet der moderne Mensch Erholung, Besinnlichkeit, körperliche Aktivität. Zugleich bleibt Natur als Ressource die physische Voraussetzung von Gesellschaft. Als solche erscheint Natur als erhaltenswert, um allen gegenwärtigen und künftigen Generationen als Ressource und Möglichkeitsraum zu dienen – und als erhaltenswert vielleicht auch um ihrer selbst willen qua Leben oder gar Schöpfung. In eben jenem Sinne wurde Natur auch bei den 7. Spiekerooger Klimagesprächen thematisiert: als Lebensraum, als Erholungsraum, als selbst Leben und Ressource.

An einem solchen analytischen bzw. diskursiven Zugriff auf das Thema fällt auf, dass Natur und deren Erhaltung sehr direkt normativ gesetzt werden. Die Diskussion erstreckt sich dann lediglich auf nachgeordnete Fragen, etwa, worin die Angewiesenheit des Menschen auf die Natur besteht (etwa auch als Erholungsraum) und wie der normative Maßstab begründet ist, aufgrund dessen die Natur erhaltenswert ist (als menschlicher Lebensraum oder um ihrer selbst willen). Einer solchen normativen Perspektive ist es fast unmöglich, sich zu verschließen. Nichtsdestotrotz – und dies ist letztlich Anlass der Diskussion – wird Natur durch menschliche Aktivität in Mitleidenschaft gezogen. Dies gilt keineswegs nur für vordergründig kapitalistische Unterfangen wie bei der Zerstörung von Wäldern auf der Suche nach Bodenschätzen. Sondern zum Teil mit legitimen Intentionen – etwa Intensivierung der Landwirtschaft, um Hunger zu bewältigen.

Die moderne Gesellschaft hat also offensichtlich ein widersprüchliches Verhältnis zur Natur, das durch das normative Postulat ihrer Erhaltung nicht ohne weiteres aufgelöst werden kann. Angesichts dessen sei hier skizziert, welches Potenzial eine gesellschaftstheoretische Perspektive für die Frage der Natur bietet. Drei Aspekte scheinen mir diesbezüglich von Relevanz: erstens die Frage nach einem Jenseits von Natur und Kultur, zweitens das spezifische Verhältnis der Moderne zur Natur und drittens die Kritik einer Verdinglichung von Natur.

Als Wissenschaft des Sozialen hat die Soziologie Natur bislang wie allgemein Materialität vordergründig ausgeklammert. Doch seit einigen gerade sozial hoch irritierenden Umweltkatastrophen, wie sie seit den 1970er Jahren unter Stichworten wie Atomunfall, saurer Regen, Waldsterben oder Klimawandel diskutiert werden, wird die Frage nach dem Verhältnis von Natur und Kultur explizit relevant: Die moderne Gesellschaft, so lässt sich die Quintessenz dieser Diskussion fassen, konstituiert sich als menschliche Gesellschaft in einem von ihr konstruierten Gegensatz zu einer passiven Natur – doch handelt es sich dabei nicht um eine notwendig objektive Beschreibung, sondern um ein kontingentes Verständnis. Historisch und kulturell sind andere Selbstbeschreibungen des Sozialen möglich, von denen aus die moderne Naturvorstellung notwendig unverständlich wäre.

Prof. Dr. Anna Henkel. Carl von Ossietzky Universität Oldenburg.

Davon ausgehend lässt sich fragen, was denn das moderne Naturverständnis spezifisch ausmacht. Diesbezügliche Diskussionen vermuten, dass die Natur von der menschlichen Gesellschaft losgelöst und ihr als zu Erkennendes und zu Beherrschendes gegenübergestellt wird. Diese Vorstellung findet sich bereits bei Francis Bacon und zieht sich bis hin zu aktuellen Entwicklungen wie etwa dem sogenannten „goldenen Reis". Natur ist somit zwangsläufig sichtbar allein als „zweite Natur", also als vor allem naturwissenschaftlich Erfasstes, das Ausgangspunkt und Grundlage von Innovation und Fortschritt auch in der modernen Wissensgesellschaft ist.

Führt man sich dies vor Augen, so wird deutlich, warum eine normative Kritik nicht unmittelbar mit der Forderung eines „Erhaltens der Natur" einsetzen kann. Es gibt in der modernen Gesellschaft keine Natur, wie sie an und für sich ist. Die Natur der modernen Gesellschaft ist stets gefasst und verändert durch rechtliche, wirtschaftliche und wissenschaftliche Kategorien. Eine liebliche Landschaft mag auch als ästhetische Erfahrung wirksam sein. Doch ist sie in der modernen Gesellschaft notwendig verwoben mit Eigentumsrechten, Anforderungen etwa an Artenschutz oder Bebauung sowie wissenschaftlichen Konzepten wie Ökosystemen, seltene Art, Wasserqualität oder Luftverschmutzung. Wie die Wissensregulierung weiß, sind solche Beschreibungen miteinander verwoben, greift die politische Regulierung doch auf die wissenschaftliche Beschreibung zurück und kann wirtschaftliches Eigentum nur aufgrund politischer Regulierung ansetzen.

Kritik muss solche Bedingungen als Rahmen mit einbeziehen, will sie normativ und praktisch effektvoll sein. Dies kann auf zwei verwobenen Wegen gelingen. Zunächst kann Kritik Wertmaßstäbe der modernen Gesellschaft explizieren und als normativen Maßstab zur Reflexion in die Gesellschaft wieder einführen. So zeigt Hartmut Rosa, dass Resonanz als Gegenstück von Entfremdung angesehen werden kann. Für den Umgang mit Natur resultiert daraus die Aufforderung, diese so zu behandeln, dass sie als gleichberechtigtes Gegenstück mit eigener Stimme zu sprechen in der Lage ist und so als Resonanzachse fungieren kann. Zugleich kann Kritik die Bedingungen der Entfremdung gegen diese selbst einzusetzen anraten. Wenn ein objektivierender Zugriff auf Natur wesentliches Strukturmerkmal moderner Gesellschaft ist, so kann die Objektivierung auch praktisch als Mittel eingesetzt werden, um Natur eine eigene Stimme zu geben. Verdinglichung kann sich dann von einem entfremdeten zu einem resonanten Naturverhältnis verkehren.

Dr. Thomas Kirchhoff. Forschungsstätte der Ev. Studiengemeinschaft eV, Heidelberg.

„Die Natur" braucht uns nicht, aber wir brauchen Natur. Das gilt auch noch im sog. Anthropozän. Allerdings brauchen wir nicht irgendeine Natur – und auch nicht „die Natur", was auch immer man damit meinen mag. Vielmehr brauchen wir *bestimmte* Naturprodukte, Naturprozesse und Naturphänomene in unserer Umwelt – und andere nicht. Welche das sind, hängt zum Teil von unserer biologischen Natur ab, vor allem aber von unseren gesellschaftlich geprägten Bedürfnissen, Naturauffassungen, Wertvorstellungen usw., die – wenn sie internalisiert sind und deshalb als naturgegeben erscheinen – als ‚zweite Natur' bezeichnet werden können (Rath 1996) und die interkulturell, also von Kultur zu Kultur, wie auch intrakulturell, je nach gesellschaftlicher Gruppe und im Laufe der Geschichte einer Kultur, erheblich variieren (Drexler 2010; Özgüner 2011; BMUB/BfN 2014; Kirchhoff/Vicenzotti 2014). Dabei haben Naturprodukte, Naturprozesse und Naturphänomene in allen Kulturen nicht nur instrumentellen Wert als Quelle von Nahrungsmitteln, Rohstoffen usw. (Natur als Ressource und ‚Fabrik'), sondern auch nicht-instrumentellen Wert, weil sie für uns ästhetische Qualitäten haben und mit symbolischen Bedeutungen verbunden sind (Natur als Sinninstanz) (Krebs 1997; Kirchhoff 2014b). Die von den Veranstaltern dieser Klimagespräche gestellte Frage: „Kann Natur noch einen Bezugsrahmen für vernünftiges wirtschaftliches und gesellschaftliches Handeln abgeben?", ist mit „Ja" zu beantworten. Aber dabei bildet Natur, wie dargestellt, keinen unmittelbaren Bezugsrahmen, etwa als vorgegebene Ordnung, sondern einen mittelbaren: nämlich einen durch gesellschaftliche Bedürfnisse, Naturauffassungen, Wertvorstellungen usw. vermittelten Bezugsrahmen, der durch die Frage: „Welche Natur brauchen wir?" (Hartung/Kirchhoff 2014) aufgespannt wird.

Der anthropogene Klimawandel bedroht nicht „die Natur". Vielmehr bedroht er einerseits diejenigen Naturprodukte, Naturprozesse und Naturphänomene, die wir (derzeit) brauchen – z. B. weil er in ariden Gebieten zum Verlust landwirtschaftlicher Nutzflächen führt. Andererseits bedroht der Klimawandel den heutzutage erreichten Stand der Naturbeherrschung, auf dem wir uns vor vielen, aber keineswegs allen Gefahren durch Naturprozesse zu schützen vermögen – z. B. weil er zu einem Anstieg des Meeresspiegels und einer Zunahme von Extremwetterereignissen führt. Eine wichtige Forschungsfrage ist, ob und ggf. wie wir Menschen in der Lage sind, uns an die Folgen des Klimawandels anzupassen. Dafür ist mit Blick auf ‚Natur' entscheidend, ob und ggf. wie schnell sich Pflanzen und Tiere an die veränderten Klimabedingungen anpassen bzw. in nun für sie geeignete Habitate einwandern können. Entscheidend ist auch, ob die mehr oder weniger natürlichen ökologischen Systeme, die wir brauchen, z. B. Buchenwälder in Deutschland (Geßler et al. 2007; Lindner et al. 2010), weiterbestehen oder durch funktional äquivalente ökologische Systeme ersetzbar sein werden. Welche Möglichkeiten und Risiken man diesbezüglich sieht, hängt stark davon ab, welcher Auffassung über die Organisationsweise öko-

Dr. Thomas Kirchhoff. Forschungsstätte der Ev. Studiengemeinschaft eV, Heidelberg.

logischer Systeme man anhängt, wobei die Hauptfrage ist, inwiefern Pflanzen- und Tierarten in ihrer Existenz an *bestimmte* andere Arten gebunden sind. Weitgehender Konsens besteht diesbezüglich nur darüber, dass sowohl ein sog. elementaristischer Individualismus, demzufolge sich Arten nahezu beliebig vergesellschaften können, als auch ein sog. organizistischer Holismus, demzufolge die Welt aus Ökosystemen besteht, deren Arten sich wechselseitig wie die Organe eines Organismus für ihre Existenz erfordern, unhaltbar ist. Das heißt im Hinblick auf die Natur, die wir brauchen: Wir können nützliche Ökosysteme nicht nach unserem Belieben herstellen, wir sind aber auch nicht an natürlich vorgegebene Ökosysteme gebunden. (Siehe zum gesamten Absatz Kirchhoff 2014a; 2014b; 2015.)

Über diesen wichtigen wissenschaftlichen Fragen darf nicht aus dem Blick geraten, dass der Klimawandel und seine Folgen für die Natur, die wir brauchen, ein hochgradig asymmetrisches Phänomen ist (vgl. Thomas/Twyman 2005; Santarius 2007): Erstens tragen die verschiedenen Menschen in extrem unterschiedlichem Ausmaß zum Klimawandel bei – worüber die Rede vom 'anthropogenen Klimawandel' leicht hinwegtäuschen kann. Zweitens betrifft der Klimawandel die Menschen in den verschiedenen Regionen der Erde in sehr unterschiedlichem Ausmaß; wir sitzen eben nicht im selben Boot bzw. in einem gemeinsamen 'Raumschiff Erde' – worüber der Kollektivsingular 'Klimawandel' leicht hinwegtäuschen kann. Drittens sind, Ausnahmen seien nicht bestritten, vom Klimawandel vor allem diejenigen Menschen betroffen, die ihn *nicht* verursacht und am wenigsten Ressourcen haben, um sich an ihn anzupassen. Wenn man von 'Naturzerstörung durch anthropogenen Klimawandel' etc. spricht, läuft man Gefahr, dass etwas Wesentliches aus dem Blick gerät: Es dominieren Formen der Naturnutzung, die manchen Menschen (immer) größeren Konsum, (immer) höhere Gewinne usw. ermöglichen, während viele andere Menschen durch eben diese Formen der Naturnutzung direkt oder indirekt (immer mehr) geschädigt werden. Der Klimawandel ist keine menschliche Zumutung für die Natur, auch keine Zumutung der Natur für den Menschen, sondern eine naturvermittelte Zumutung von Menschen für andere Menschen.

BMUB & BfN 2014: Naturbewusstsein 2013. Bevölkerungsumfrage zu Natur und biologischer Vielfalt. Berlin & Bonn, BMUB & BfN.

Drexler, Dóra 2010: Landschaft und Landschaftswahrnehmung: Untersuchung des kulturhistorischen Bedeutungswandels von Landschaft anhand eines Vergleichs von England, Frankreich, Deutschland und Ungarn. Saarbrücken, SVH-Verlag.

Geßler, Arthur et al. 2007: Potential risks for European beech (*Fagus sylvatica* L.) in a changing climate. *Trees* 21 (1): 1–11.

Hartung, Gerald & Kirchhoff, Thomas (Hg.) 2014: Welche Natur brauchen wir? Analyse einer anthropologischen Grundproblematik des 21. Jahrhunderts. Freiburg, Alber.

Kirchhoff, Thomas 2014a: Community-level biodiversity: an inquiry into the ecological and cultural background and practical consequences of opposing concepts. In: Lanzerath, Dirk & Friele, Minou (Hg.): Concepts and values in biodiversity. London, Routledge: 99–119.

Kirchhoff, Thomas 2014b: Müssen wir die historisch entstandenen Ökosysteme erhalten? Antworten aus nutzwert- und eigenwertorientierter Perspektive. In: Hartung, Gerald & Kirchhoff, Thomas (Hg.): Welche Natur brauchen wir? Analyse einer anthropologischen Grundproblematik des 21. Jhs. Freiburg, 223–247.

Kirchhoff, Thomas 2015: Konkurrierende Naturkonzepte in der Ökologie, ihre kulturellen Hintergründe und ihre Konsequenzen für das Ökosystemmanagement. In: Gräb-Schmidt, Elisabeth (Hg.): Was heißt Natur? Philosophischer Ort und Begründungsfunktion des Naturbegriffs. Leipzig, EVA: 175–194.

Kirchhoff, Thomas & Vicenzotti, Vera 2014: A historical and systematic survey of European perceptions of wilderness. *Environmental Values* 23 (4): 443–464.

Krebs, Angelika 1997: Naturethik im Überblick. In: Dies. (Hg.): Naturethik. Grundtexte der gegenwärtigen tier- und ökoethischen Diskussion. Frankfurt/M., Suhrkamp: 337–379.

Lindner, Marcus et al. 2010: Climate change impacts, adaptive capacity, and vulnerability of European forest ecosystems. *Forest Ecology and Management* 259 (4): 698–709.

Özgüner, Halil 2011: Cultural differences in attitudes towards urban parks and green spaces. *Landscape Research* 36 (5): 599–620.

Rath, Norbert 1996: Zweite Natur. Konzepte einer Vermittlung von Natur und Kultur in Anthropologie und Ästhetik um 1800. Münster.

Santarius, Tilman 2007: Klimawandel und globale Gerechtigkeit. *Aus Politik und Zeitgeschichte* 2007 (24): 18–24.

Thomas, David & Twyman, Chasca 2005: Equity and justice in climate change adaptation amongst natural-resource-dependent societies. *Global Environmental Change* 15 (2): 115–124.

Prof Dr. Dr. Kristian Köchy. Universität Kassel.

Wendet man den Evolutionsgedanken auf die Frage des Klimawandels an, dann sind unterschiedliche Schlussfolgerungen möglich:

Man kann erstens den Klimawandel als Folge einer verfehlten technisierten Zivilisation verstehen, die sich zu weit von natürlichen Umweltbeziehungen entfernt hat; dann bestünde die Lösung in einer neuen Naturorientierung menschlicher Handlungen (*evolutionärer Rousseauismus*).

Man kann zweitens den Klimawandel als zwar technisch bedingt anerkennen, Technik aber als anthropologische Konstante evolutionärer Überlebenssicherung verstehen; dann bestünde die Lösung in verstärkter technischer Anstrengung (*evolutionäre ‚Mängelwesen'-These*).

Man kann schließlich drittens den Klimawandel als eine mögliche, wenn auch extreme Form des natürlichen Endes biologischer Populationen verstehen, deren Wachstum größer ist als die zur Verfügung stehenden Ressourcen. Letztlich wäre dieses selbstverschuldete Ende bisherigen menschlichen Lebens dann nur der Ermöglichungsgrund für einen schöpferischen Neuanfang der Natur; angesichts der Unabwendbarkeit eines solchen evolutionären Schicksals bestünden je nach persönlicher Verfasstheit nur die Optionen des Fatalismus und Hedonismus oder aber die Hoffnung auf spirituelle Transzendenz (*evolutionäre Eschatologie*).

Betrachtet man diese Szenarien, dann ist festzuhalten, dass alle aufgelisteten ‚evolutionären' Deutungen des Klimawandels eben keinesfalls *biologische* Evolutionstheorien repräsentieren, sondern vielmehr *philosophische* Interpretationen des Evolutionsgedankens, also quasi Pseudoevolutionismen sind. Stets wird die Frage nach der Stellung des Menschen in der Natur (mit) beantwortet, wozu man (auch) auf biologische Theorien zurückgreift. Alle Überlegungen erfolgen vom Standpunkt philosophischer Anthropologien aus, da diese auf biologischer Basis formuliert sind, nenne ich sie ‚Biophilosophien'.

Vergleicht man die genannten Optionen mit dem Programm der *Integrativen Biophilosophie*, für das ich hier in Orientierung an den Philosophien von Plessner, Jonas und Merleau-Ponty argumentieren möchte, dann stehen sie zunächst als *philosophische* Weltdeutungen auf gleicher Ebene. Trotz dieser grundsätzlichen Gemeinsamkeit bestehen jedoch wesentliche Unterschiede: Die *Integrative Biophilosophie* hat zwar ebenfalls Bezüge zu den Wissenschaften von Natur und Leben (negiert also die Existenz von Evolution im Sinne biologischer Theorien nicht), ist jedoch *weder* bloß philosophische Übernahme des Evolutionsgedankens *noch* bloße Reflexion über den Status wissenschaftlicher Methoden oder Theorien. Vielmehr fragt sie vor dem Hintergrund von implizit auch mit naturwissenschaftlichen Forschungsprogrammen gegebenen Mensch-Natur-Beziehungen immer zugleich explizit nach der Natur und der Rolle des Menschen in ihr. Schließlich ist sie, auch weil sie Wissenschaft als gesellschaftlich organisiertes Handlungssystem von Menschen gegenüber Natur und Leben versteht, offen für die ethische Dimension solcher Handlungen.

In Anwendung auf den Problemkontext des Klimawandels hat die *Integrative Biophilosophie* im Vergleich zu den drei unterschiedenen Positionen des Pseudoevolutionismus deutliche Vorteile: Sie ist *erstens* nicht auf reine Sachbeschreibung ausgelegt, sondern eröffnet mit den kombinierten Perspektiven einer ‚Dialektik der Freiheit' und einer ‚Vulnerablität des Lebens' überhaupt erst das Feld für normative Aussagen. Diese Einsicht bezieht die *Integrative Biophilosophie* aus ihrer Orientierung an Hans Jonas (1973). Mit ihm teilt sie die Skepsis gegenüber metaphysischen Erfolgs- und Fortschrittsgeschichten (auch evolutionärer Art). Mit der ‚Dialektik der Freiheit' ist der Grundgedanke für die ethische Ausrichtung der Biophilosophie formuliert: Weil Freiheit im Erkennen und Handeln zum Menschen hin ebenso zunimmt wie Abhängigkeit und Möglichkeit des Scheiterns, ist der Mensch in die Verantwortung gestellt. Dabei verfügen Menschen als leibliche Wesen über einen besonderen Zugang zu anderen Lebewesen.

Prof Dr. Dr. Kristian Köchy. Universität Kassel.

Wegen ihrer Leiblichkeit können sie erkennen, was kein leibloser Beobachter erkennen könnte: Leben ist selbstzentrierte Individualität in Gegenstellung zur Welt und damit zugleich eine prekäre Form des Seins, angewiesen auf die Umwelt. Wegen dieser Verletzlichkeit steht Leben in der steten Möglichkeit zum Nicht-Sein, Dasein wird zum Anliegen und die Werthaftigkeit der lebendigen Natur wird zugänglich.

Das anthropologische Pendant dieser ethischen Einsicht bildet *zweitens* die Anerkennung eines Kontinuums der Lebewesen, ohne zugleich in die Fallstricke von Biologismus oder Naturalismus zu geraten. Die Sonderstellung von Menschen als konstitutiv heimatlosen und zugleich zur Verantwortung befähigten Wesen bleibt vielmehr durchgehend berücksichtigt. Diese Einsicht bezieht die *Integrative Biophilosophie* aus ihrer Orientierung an Helmuth Plessner (1980). Biophilosophie wird zur Fundierung der Anthropologie, zugleich ist ihre vertikale Betrachtung des Menschen im Umkreis der Natur jedoch zu ergänzen und ergänzt ihrerseits die horizontale Betrachtung des Menschen im Kontext der Kultur. Auch dieser Denkrahmen verweist uns darauf, dass Menschen stets (auch) Lebewesen in Umwelten sind, an deren Bedingungen gebunden und in ihrer leiblichen Verfasstheit mit anderen Lebewesen in ein Kontinuum gestellt. Dennoch gehen Menschen nie naiv-romantisch im Ozean des Lebens auf; sind aber auch nicht im Sinne klassischer metaphysischer Narrative an die Spitze einer Schöpfungsordnung gestellt. Ihnen kommt anthropologisch betrachtet zwar eine Sonderrolle zu, diese beinhaltet jedoch ihre „Gebrochenheit" und „konstitutive Heimatlosigkeit".

Wegen dieser Differenzierungen liefert die *Integrative Biophilosophie drittens* auch keine Dichotomie sich ausschließender Idealziele (zurück zur Natur *oder* Rettung durch fortschrittliche Technologie), sondern ist in der Lage, einerseits einzusehen, dass das romantische Aufgehen in der Natur so niemals möglich, andererseits jedoch eine kritische Haltung gegenüber der Technologie bereits aus Gründen des Überlebens von Menschen als Naturwesen geboten sein kann. Diese gleichzeitig wissenschafts- und technologiekritische Note wie auch Skepsis gegenüber klassischen Metaphysiken bezieht die *Integrative Biophilosophie* aus ihrer Orientierung an Maurice Merleau-Ponty (1966). Auch mit diesem Gedankenrahmen wird der leibliche Mensch in Bezug zur Welt gesetzt (Zur-Welt-Sein). Diese Einsicht erlaubt nicht nur eine Kritik am wissenschaftlichen „Vorurteil der Welt", sondern erschließt im Rückgang zum Milieu des Verhaltens auch die Möglichkeit von Erfahrung. Hineingestellt in das „phänomenale Feld" erfahren Menschen die Welt als intentionales Gewebe von Bedeutung, womit der Standpunkt einer wissenschaftlich-evolutionären Betrachtung bereits verlassen ist: Nicht mehr wird biologisches Sein und Werden beschrieben und erklärt, sondern die Dimension des Sinns von Sein wird biophilosophisch erschlossen. Die auch in diesem Fall betonte Leiblichkeit des Menschen ist aber nicht nur das Mittel zur Kommunikation mit der Welt, sondern bildet auch den latenten Horizont all unserer Erfahrung. So erweist sich Natur nicht (nur) als dasjenige, was uns gegenüber steht (das ‚Andere', mit den Mitteln von Naturwissenschaft und Technik zu Beherrschende), sondern auch als dasjenige, was uns trägt und unsere lebendige Existenz ermöglicht (Merleau-Ponty 2000, 20).

Wegen der mit den kombinierten Gedankenrahmen von Jonas, Plessner und Merleau-Ponty verbundenen Einsicht in die grundsätzliche Offenheit menschlichen Seins ist *schließlich* eine fatalistische Reaktion angesichts vermeintlich unabwendbarer und insofern ausweglose Bedrohung ebenso obsolet wie wegen der in diesen Positionen als existenziell anerkannten Möglichkeiten des Scheiterns ein technisch-evolutionärer Fortschrittsglaube verfehlt wäre. Auch das hedonistische Aufgehen in biologischen Trieben oder die Flucht in extramundane Sphären widersprächen der aus der *Integrativen Biophilosophie* ableitbaren individuellen Verpflichtung von Menschen als verantwortlichen Wesen einerseits sowie der mit diesem Ansatz verbundenen Einsicht in das wesenhafte Eingebundensein der Menschen *in diese Welt* andererseits.

Hans Jonas: *Organismus und Freiheit*, Göttingen 1973.
Maurice Merleau-Ponty: *Phänomenologie der Wahrnehmung*, 1945, Berlin 1966.
Maurice Merleau-Ponty: *Die Natur. Vorlesungen am Collège de France 1956–1960*, München 2000.
Helmuth Plessner: *Die Stufen des Organischen und der Mensch*, 1928, Frankfurt a. M. 1980.

Dr. Christian Lautermann. Carl von Ossietzky Universität Oldenburg.

Im Rückblick auf den Verlauf und die Ergebnisse der 7. Spiekerooger Klimagespräche zum Thema „Natur und Evolution …" fällt eine scheinbar belanglose sprachliche Eigenwilligkeit auf: Als Leitmotiv so gut wie aller Themengruppen hat sich eine Dualität herausgestellt, die ich mit „Die Natur und wir" bezeichnen möchte. Diese Tendenz bahnte sich bereits mit der Formulierung der vier Leitfragen an, bei denen fast durchgängig die erste Person Plural Verwendung fand. Da dieses „wir" sich offensichtlich nicht nur auf den Kreis der Teilnehmer beschränken sollte, lohnt es sich, diese Auffälligkeit kritisch zu vertiefen.

Meine These lautet: In unserem Themenzusammenhang verschleiert die Rede vom „wir" die wesentlichen Hindernisse für eine zukunftsfähige Entwicklung. Solange das „wir" nicht aufgelöst wird, bleiben viele der durchaus wertvollen Erkenntnisse unserer Diskussionen in ihrer praktischen Wirksamkeit beschränkt.

Veranschaulichen lässt sich dies an dem Beispiel der Ernährungswirtschaft, das wir in unserer Reflexionsgruppe zur Konkretisierung unserer Gedanken gewählt hatten. Dazu passte hervorragend, dass im Rahmen der Veranstaltung der Dokumentarfilm „10 Milliarden" über alternative Strategien der Welternährung gezeigt wurde. Und obwohl auch er im Untertitel („Wie werden wir alle satt?") von dem irreführenden „wir" Gebrauch macht, zeigt er an zahlreichen Konfliktfällen eindrücklich auf, dass adäquate Problembeschreibungen genauso wie die Lösungsperspektiven neben dem „wir" mindestens auch ein „ihr" und ein „sie" erfordern.

Problematisch an der Dualität „Natur und wir" ist im Kern, dass damit eine Homogenität, Identifikation oder Gemeinschaftlichkeit suggeriert wird, die vielleicht unter gewissen (ethischen) Gesichtspunkten erstrebenswert sein mag, deren faktische Abwesenheit allerdings gerade den Weg dorthin versperrt. Das Problem beginnt bereits dort, wo die gesamte Menschheit mit der Formulierung des „wir" zu einem umfassenden kollektiven Subjekt gemacht wird. Unabhängig von der Frage, ob es ein solches überhaupt geben kann, bewegen sich Äußerungen aus der Perspektive von „uns Menschen" in Bezug auf „die Natur" meistens auf einer (evolutions)biologischen Ebene; das heißt, hier kann im Grunde nichts anderes gemeint sein als die Spezies Mensch als Ganze.

Mein kritischer Hinweis bezieht sich nicht auf die ontologische Unterscheidung von Mensch und Natur, macht sie doch eine wie auch immer gerichtete Verhältnisbestimmung erst möglich. Diese begriffliche Trennung erlaubt es schließlich, sinnvolle Vorschläge zu machen, wie „die Menschheit" in natürliche oder ökologische Zusammenhänge (wieder besser) eingebunden werden kann. Prominentes Beispiel sind die vielfältigen natur-, technik- und ingenieurswissenschaftlichen Ansätze, die sich mit der stofflich-physischen Dimension einer solchen Re-Integration beschäftigen (*Konsistenz*). Demgegenüber haben die Sozial-, Kultur- und Geisteswissenschaftler/innen auf Spiekeroog sich vermehrt Gedanken gemacht über die sozialen und sinnlichen Qualitäten dieser Verhältnisbestimmung (*Resonanz*). Nicht nur technisch, organisatorisch und ökonomisch kann die „Natur als Vorbild" dienen, indem sie „uns" „natürliche" Funktions- und Gestaltungsprinzipien lehrt – von der Kreislaufwirtschaft (*Cradle to Cradle*, In-

Dr. Christian Lautermann. Carl von Ossietzky Universität Oldenburg.

dustrial Ecology) bis hin zum ökologischen Produktdesign (*Bionik, Biomimetik*). Sondern deutlich darüber hinaus gehend kann die „Natur als Orientierungsrahmen" auch spezifisch menschliche Bedürfnisdimensionen adressieren, indem sie „uns" ästhetische Werte, ganzheitliche Bildungsräume und spirituellen Sinn zugänglich macht.

Dies mag alles nützlich, schön oder gut sein. Und auch ein planetares Bewusstsein von der Einheit des irdischen Lebensnetzes (*Gaia*) oder die Anerkennung der erdgeschichtlichen Wirkungsmacht der Spezies Mensch (*Anthropozän*) sind sicherlich wichtig für eine Einordnung des naturhistorischen Status Quo. Doch den damit verbundenen Vorschlägen und Forderungen ein homogenisierendes „wir Menschen" zugrunde zu legen, verzerrt das Bild.

Besonders evident wird dies bei der Diagnose, „unser Aussterben" stünde bevor, und bei der Warnung, es ginge um „das Überleben der Menschheit". Wegen seiner evolutionsbiologischen Herkunft kann der Begriff „Aussterben" sich sinnvollerweise nur auf den Menschen als Spezies beziehen. Angesichts der anthropogenen globalen Bedrohungen (Folgen des Klimawandels, nukleare Verwüstung etc.) ist allerdings die völlige Ausrottung des Homo Sapiens ein eher unwahrscheinliches Szenario. Bevor es soweit kommt, hat sich die technologisch-industrielle Zivilisation wohl eher ihrer eigenen Handlungsfähigkeit beraubt – sowie der Gründe, sie als „Zivilisation" im guten Wortsinne zu bezeichnen: Bevor es zu einem selbst verschuldeten Aussterben der gesamten Spezies kommt, dürften eher Frieden, Gerechtigkeit, Menschenrechte, Demokratie u.a. auf der globalen Strecke bleiben. Die Frage nach der Überlebensfähigkeit ist also weniger eine, die sich für die Menschen als biologische Spezies stellt, sondern eine, die auf eine bestimmte historische Zivilisation einer bestimmten Gruppe von Menschen bezogen werden muss.

Insofern wird deutlich, worin das eigentliche Problem besteht: nämlich, dass es dieses „wir" als Menschheit überhaupt nicht gibt. Ohne irgendjemandem etwas Böswilliges unterstellen zu wollen: Die Problembeschreibung in Form einer (evolutionären) Überlebensfrage zu stellen, lenkt meines Erachtens dramatischerweise von den eigentlichen Menschheitsfragen – insbesondere der Gerechtigkeits- und der Verteilungsfrage – ab. An dem gewählten Beispiel – dem Welternährungsproblem – wird dies deutlich: Solange das Armutsproblem eines Teils der Menschheit (Hunger, Unterernährung, fehlendes Trinkwasser etc.) ziemlich leicht in nachvollziehbare ursächliche Zusammenhänge mit dem Wohlstandsproblem eines anderen Teils (Ausbeutung, Verschwendung, Überfluss etc.) gebracht werden kann, solange ist es nicht nur inadäquat, sondern fast schon zynisch zu fragen: „Wie werden *wir* alle satt?"

Dies gilt für viele weitere Problemfelder analog. Die Problemstellung als Überlebensfrage zu formulieren führt selbst dort in die Irre, wo es tatsächlich um das evolutionäre Fortbestehen von Arten geht: die Überlebensfrage in Bezug auf die unzähligen, durch menschliche Einwirkungen bedrohten Tierarten. Auch hier führt es nicht weiter, auf der Ebene der Spezies Mensch anzusetzen und damit die Ursache pauschal in „der Menschheit" zu sehen. Wenn Menschen sich durch Verstand und Moral von anderen Spezies abheben, dann ist es vielmehr angemessen, nach Verursachern und damit Verantwortungssubjekten auf einer – wie auch immer bestimmten – soziokulturellen Ebene zu fragen. Damit handelt es sich nicht mehr um eine naturwissenschaftliche Frage der Evolution, sondern um eine ethische Frage der Verantwortung und der Gerechtigkeit zwischen Menschen und anderen Arten, die durch menschliches Handeln entweder unmittelbar vernichtet oder ihrer Lebensgrundlagen beraubt werden.

Es geht also um einen Teil der Menschheit, dessen Lebensweise sich zerstörerisch auf andere Teile der Menschheit und andere Arten – und wenn man so will: auf „die Natur" – auswirkt; man mag sie mit einer industriellen, kapitalistischen oder kolonialen Kultur bezeichnen. Jedenfalls ist diese Kultur nicht einheitlich, sondern umfasst bestimmte teils hochgradig antagonistische Strömungen, von denen manche radikal naturzerstörend sind, andere dagegen nachhaltig im Sinne von *Natur, Leben oder Zivilisation dauerhaft erhaltend*. Für eine nachhaltige Gestaltung von Wirtschaft und Gesellschaft ist es daher entscheidend, die unterschiedlichen Ziele (Naturbilder), Interessen (Naturnutzungen) und vor allem die Machtverhältnisse zwischen diesen heterogenen Akteursgruppen zu thematisieren. Nur mit einer *politischen Ökologie*, die ihr Augenmerk auf Möglichkeiten des Widerstandes, der Gegenmacht und der Emanzipation richtet, können die Hindernisse für eine zukunftsfähige Entwicklung überwunden werden.

Prof. Dr. Marco Lehmann-Waffenschmidt. Technische Universität Dresden.

Erläuterungen. Annotations.

Der Ausdruck „Anthropozän" lässt beim Lesen alle Alarmglocken läuten. Denn sind nicht alle früheren erdgeschichtlichen Epochen mehr oder weniger (selbst)zerstörerisch zu Ende gegangen, und wieso sollte diesmal alles anders sein? Schon wahr, aber das dauert doch dann noch etliche Millionen Jahre, könnte jemand einwenden. In der historischen Erfahrung ist das tatsächlich so, eine Millionen Jahre andauernde Selbstzerstörung gab es z. B. bei den anaeroben Organismen in der frühen Zeit nach der Entstehung des Lebens, deren eigene Sauerstoff-Emissionen ihnen die Lebensgrundlage entzog und den späteren aeroben Spezies, also auch dem modernen Menschen, die Existenz ermöglichte. Aber was wäre, wenn sich die Beschleunigung unserer Lebenswelt auch auf die Länge der aktuellen „anthropozänen", also die „menschbestimmte" Erdepoche auswirkte, so daß diese vielleicht sehr viel kürzer ausfällt als die vorherigen? Tatsächlich ist keine der früheren Erdepochen durch die Selbstzerstörung denkfähiger und damit bewusst (destruktiv) gestaltungsfähiger Akteure beendet worden. Das Potential zu einer vollständigen physischen Zerstörung des Planeten Erde gibt es durch die nukleare Overkill-Fähigkeit schon seit den 1960er Jahren.

Eine Hoffnung bietet die Evolutionstheorie selbst an: Die alten Verhaltensmuster unserer Spezies sind evolutionsbiologisch offenbar superior, da die Vorläufer des homo sapiens sapiens in der Stammesgeschichte nicht ausselektiert wurden, und könnten daher erwartungsgemäß verhindern, dass sich unsere Spezies sehenden Auges selbst die Lebensgrundlagen abgräbt. Was ist an diesem Argument dran? Hinter dieser Idee steht ein sträflich naiver Optimismus, entstanden aus einem vulgärdarwinistisch-spencerianischem Verständnis, das temporäre Viabilität verwechselt mit retentiver Optimierung, die den langfristigen Fortbestand gewährleisten würde. Die historischen Fakten der Menschheitsgeschichte sprechen jedenfalls nicht dafür, dass alte, stammesgeschichtlich stabile Verhaltensmuster der Spezies „moderner Mensch" automatisch zu nachhaltigem Verhalten führen würden, schon gar nicht in Verbindung mit technikinnovativ generierten erweiterten Wirkungsmöglichkeiten unserer Spezies. Steigerung und Entgrenzung sind per se selbstzerstörende, nicht selbsterhaltende Prozesse.

Aber es gibt eine weitere Hoffnung, die sich aus der natürlichen Evolution unserer Spezies erkennen lässt. Der Erfolg der Spezies homo sapiens sapiens ist ein Ergebnis der im Lauf der biologischen Evolution entstandenen Fähigkeit zur Kooperation in kleinen Gruppen. Viele Voraussetzungen waren dafür notwendig wie z. B. erweiterte Kommunikationsmöglichkeiten und die gewachsene Empathiefähigkeit. Und tatsächlich sind Kooperationsfähigkeit und ein erfolgreicher Umgang mit dem Trittbrettfahrer- bzw. dem „Gefangenendilemma" genau die Erfordernisse in unserer Zeit für die Bewältigung der neuen globalen Herausforderungen wie der Klimaproblematik. Aber genau hier liegen auch die Fallstricke – es geht eben nicht mehr um

Prof. Dr. Marco Lehmann-Waffenschmidt. Technische Universität Dresden.

die überlebenswichtige Koordination kleiner Gruppen durch Kooperation, die durch die natürliche Evolution ermöglicht wurde, sondern um die Koordination der Menschheit und der natürlichen Lebensgrundlagen als Ganzes, bei der Kooperation wieder eine wesentliche Rolle spielt, aber dieses Mal in der größten denkbaren Gruppe, nämlich der gesamten Menschheit. Die globalen Klimakonferenzen bieten eine geradezu paradigmatische Arena für dieses Problem.

Diese neue Herausforderung kommt so schnell und heftig, dass sich das Warten auf natürliche Evolutionsprozesse im zynischen Sinn als Anleitung zu einer destruktiven Selbstorganisation der Spezies „moderner Mensch" erweisen würde. Gefragt ist jetzt also die andere Ebene der Evolution – die „kulturelle Evolution", zu der auch die ökonomische Sphäre gehört. Die kulturelle Evolution hat andere Geschwindigkeitscharakteristika als die biologische. Inventionen, Innovationen, ja „Gestaltbildungsprozesse" aller Art im Bereich des menschlichen Wirkungsbereichs sind nicht der langsamen Generationenfolgelogik der natürlichen Evolution unterworfen. Hier bietet sich die entscheidende Chance, zu der rasant gewachsenen Geschwindigkeit der Entwicklung neuer globaler Gefährdungen aufzuschließen.

Um diese Chance zu nutzen, ist ganz wesentlich die Fähigkeit des „anthropozänischen Hauptakteurs" zur Selbstbeobachtung und Selbstreflexion gefragt, die zu individuellen und sozialen Lernprozessen und damit zu einer nachhaltigen – und ökologisch nachhaltig wirkenden – Verhaltensadaption führen kann. Die 7. Spiekerooger Klimagespräche 2015 haben sich wie schon die Klimagespräche der letzten Jahre als ein interessanter Ansatz zu einer derartigen Selbstbeobachtung und Selbstreflexion erwiesen.

Prof. Dr. Jürgen Manemann. Forschungsinstitut für Philosophie Hannover.

Erläuterungen. Annotations.

„Willkommen im Anthropozän" – so titelte der *Economist* 2011 und stieß damit eine neue klimapolitische Debatte über den Menschen und das neue Erdzeitalter der „Menschenzeit" an. Mittlerweile geistert dieser Begriff nicht nur durch die Gazetten, sondern auch durch Wissenschaft, Politik und Kultur. Wer heutzutage das Verhältnis von Natur und Kultur bestimmen will, muss bei der Debatte über das Anthropozän ansetzen. Dieser Begriff steht für „das menschlich (gemachte) Neue", vielfach wird er übersetzt mit „Zeitalter des Menschen" oder auch „Menschenzeit". Wenn jedoch gegenwärtig unter dem Label „Anthropozän" vom Zeitalter des Menschen gesprochen wird, dann richtet sich der Blick nicht nur auf „die Menschheit" als Gegenstand der Betrachtung. Viel bedeutender ist die Perspektivierung der Menschheit als Agens, als maßgeblicher „geologischer Faktor" (P. J. Crutzen) des Zeitalters. Und so verwundert es nicht, dass der Begriff nicht nur eine diagnostische Komponente enthält, sondern auch eine therapeutische: die ausdrückliche Aufforderung an die Menschheit, diese Gestaltermacht offensiv anzunehmen. Deshalb steht der Begriff nicht nur für eine neue geologische Epoche, sondern für ein neuro-geologisches Phänomen: die Amalgamierung des individuellen als auch kollektiven geistigen Zustandes der Menschen mit der Natur zu einer bio-kulturellen Evolution, in deren Verlauf Natur in Kultur zu verschwinden droht.

Um die zerstörerischen Auswirkungen des Anthropozäns ins Positive zu wenden, setzen die Anthropozäniker in erster Linie auf die Erfindung neuer Technologien. Voraussetzung dafür seien bestimmte Milieus. Am besten würden neue Technologien auf dem Boden der freien Marktwirtschaft gedeihen. Hier zeigt sich bereits, dass der Begriff des Anthropozäns mehr ist als ein Begriff. Er steht für eine neue Großerzählung. Eine solche Großerzählung enthält nicht nur eine bestimmte Soziologie, sondern auch eine bestimmte Anthropologie und eine bestimmte Ethik. Zu den Leitprinzipien der Idee gehören wissenschaftliche Rationalität, kontinuierlicher Fortschritt, aktiver Optimismus, Marktwirtschaft, Technologie etc. Politisch changieren die Konzepte zwischen einer offenen Gesellschaft und öko-diktatorischen Vorstellungen.

Der Körper des Menschen spielt in dieser Neuro-Geologie keine Rolle. Wenn die Anthropozäniker über den Menschen sprechen, so beziehen sie sich in erster Linie auf mentale Zustände. Zwei Handlungen werden als spezifisch menschliche herausgestellt: das Züchten und das Gärtnern. Durch das Züchten habe der Mensch die Welt seinen Bedürfnissen angepasst. Mit dem Züchten beginne bereits die Grenze zwischen Mensch und Natur zu verschwimmen. Kein anderes Motiv prägt die Vorstellung der Verfechter des Anthropozäns stärker als das des Gärtners und der Garten-Erde. Die Anthropo-Erde sei dadurch gekennzeichnet, dass es auf ihr keine reine, d. h. unberührte Natur mehr gebe. Der Begriff „Anthropozän" besitzt nicht nur eine äußere, sondern auch eine nach innen gerichtete Dimension: die „Herrschaft über die molekularen

Prof. Dr. Jürgen Manemann. Forschungsinstitut für Philosophie Hannover.

und genetischen Landschaften" (C. Schwägerl). Hier tritt die trans- und posthumanistische Dimension des Projekts zum Vorschein. Auch wenn an anderer Stelle beiläufig darauf hingewiesen wird, dass solche Visionen nicht erstrebenswert seien, werden sie nichtsdestotrotz als nicht mehr zu verhinderndes Faktum dargestellt, gefordert werden lediglich ethische, politische und rechtliche Rahmenbedingungen, um Missbräuche zu verhindern. Es scheint nur konsequent, wenn der gegenwärtige Zustand nicht als Beginn des Weltuntergangs interpretiert wird, sondern als Beginn des „Weltaufgangs" (C. Schwägerl).

Was ist von alledem zu halten? Man wird den Verdacht nicht los, dass es sich hier um den Versuch handelt, den Teufel mit Beelzebub auszutreiben. Das Anthropozän als Problemdiagnose wird mit umgekehrtem Vorzeichen als Problemlösung präsentiert. Die Perspektiven der Anthropozäniker sind in erster Linie geprägt von technik- und naturwissenschaftlichen Sichtweisen. Der Begriff steht nicht für einen tiefgreifenden Kultur- und Zivilisationswandel, eher für eine Weiterentwicklung hin zu einer postnaturalen trans- bzw. posthumanen Zivilisation. Kritische Fragen nach der eigenen Selbsttransformation, nach menschlichen Verhaltensmustern, Denk- und Handlungsblockaden werden nicht gestellt. Das Konzept des Anthropozäns besitzt kein wirklich transformierendes Potential, weil es kein aktivierendes Konzept ist.

An der Zeit wäre stattdessen eine neue aktivierende Humanökologie, die über den Weg der tieferen Humanisierung des Menschen, deren Motor die Mitleidenschaft für die Natur ist, auf eine kreatürliche Solidarität zielt, auf deren Basis Natur in ihrem Selbstwert anerkannt und in ihr Eigenrecht gesetzt wird. Kreatürliche Solidarität ist Widerstand gegen die Auflösung der Natur in Kultur und gründet in sinnlicher Erkenntnis. Sinnliche Erkenntnis zeichnet sich dadurch aus, dass sie aufgrund der Nähe, die sie zu den Menschen, den Tieren, den Pflanzen und zu allem, was sie wahrnimmt, besitzt, nicht nur ein Wissen hat, sondern auch eine Erfahrung. Es ist die sinnliche Wahrnehmung, welche die Quelle der Moral ist. Trocknet diese Quelle aus, kommt Moral abhanden. Ist die Erfahrung zerstört, so hat der Psychoanalytiker R. D. Laing gezeigt, wird Verhalten zerstörerisch.

Prof. Dr. Georg Müller-Christ. Universität Bremen.

Wirtschaft, Natur und Gesellschaft sind im Titel der Gespräche in einen Kontext gestellt. Und Evolution fragt nach der Entwicklung, und wer dem biologischen Evolutionsbegriff verhaftet ist, der fragt dann nicht gleich im selben Atemzug nach der Richtung dieser Entwicklung – natürliche Evolution ist inhaltlich richtungsoffen, kulturelle Evolution hingegen weist auf jeden Fall in die Richtung einer zunehmenden Komplexität: Die Menschen füllen die Welt mit Artefakten und Informationen jeder Art. Im Ergebnis haben wir einen vollen Wirkungsraum geschaffen, in dem wir uns wundern, welche Haupt- und Nebenwirkungen der vielen individuellen und institutionellen Intentionen nebeneinander stehen und sich beeinflussen – und das eben nicht immer positiv.

Die volle Welt bringt uns Menschen in eine Situation, in der wir den Polaritäten und Spannungen nicht mehr räumlich und zeitlich ausweichen können, wie wir es früher getan haben. Die zunehmende Komplexität zeigt uns zunehmend, dass Dualitäten oder Polaritäten das energetische Grundmuster von Entwicklungen sind. Ich verstehe diese Spannungsfelder als konstruktive Räume voller Energie, die uns die Kraft geben, uns immer wieder zu verändern und der selbst erzeugten Komplexität zu stellen.

Als Grundspannung dieser Welt erkennen wir immer deutlicher das konstruktive Gegenüber von Freiheit und Zwang oder anders gelesen für unseren Nachhaltigkeitskontext: von materieller Restriktion und unendlichem menschlichen Gestaltungsraum. Wir verstehen die natürlichen Restriktionen unseres Planeten, Ressourcen bereitzustellen und Emissionen zu assimilieren, immer besser und haben doch nach oben offene Nutzungsvorstellungen. Selbstbeschränkungen zur Erhaltung aller biologischen und physikalischen Funktionen der Natur und nach oben offene Nutzung aller Erdfunktionen zur Verwirklichung des menschlichen Potenzials sind gleichzeitig nicht möglich und damit ein Dilemma.

Der erste Schritt zur Bewältigung dieses Dilemmas, aus dem es keinen materiellen Ausbruch gibt, auch keinen technologischen, ist die grundsätzlich Akzeptanz dieser Spannung auf allen Ebenen von Wirtschaft, Politik und Gesellschaft. Jenseits der Negation und der Ignoranz wartet die Notwendigkeit der Ambiguitätstoleranz: die Fähigkeit, es in dieser Spannung auszuhalten und konstruktiv handlungsfähig zu bleiben. Spannungsfelder und Dilemmata können nicht gelöst werden, sondern nur bewältigt: Am Ende der Bewältigung steht eine konstruktive Handlung in der Spannung. Wer bei Polaritäten zu stark in der Konfliktsemantik unterwegs ist, lebt leicht in der Vorstellung, dass auch Dilemmata und Polaritäten aufgelöst werden können sowie Konflikte gelöst werden. Das aber ist ein Irrtum: Egal, wie gehandelt wird, das Spannungsfeld bleibt immer erhalten.

Wichtig für ein bereitwilliges Hineinstellen in den Spannungsraum ist das Wissen darüber, dass mit Polaritäten nicht das einfache Kontinuum von Gut und Böse gemeint ist. Im Spannungsraum stehen sich nicht ein positiver, wünschenswerter Wert und ein

Prof. Dr. Georg Müller-Christ. Universität Bremen.

negativer, zu vermeidender Wert gegenüber (bspw. Legalität versus Illegalität, Rücksicht versus Rücksichtslosigkeit), sondern immer zwei wünschenswerte oder auch notwendige Werte, die für das Funktionieren komplexer Systeme notwendig sind. Wir brauchen Selbstbeschränkung und Wachstum gleichzeitig und können diese auch auf unterschiedlichen Ebenen zugleich realisieren.

Ich empfinde jede Art von Umkehrrhetorik, von Win-Win-Semantik und von grundlegenden Entweder-oder-Polarisierungen für die Bewältigung der Klimaproblematik und der Nachhaltigkeitsthematik als nicht hilfreich für die anstehenden Herausforderungen. Es gibt nur ein mutiges Hinein in den Spannungsraum. Dieses mutige Hinein gilt vor allem für die Wirtschaft, weil sich in den wirtschaftlichen Prozessen Selbstbeschränkungen und Wachstum begegnen. Es ist die erwerbswirtschaftlich orientierte Wirtschaft, die ambiguitätstolerant werden muss, weil sich in jeder einzelnen Entscheidung in Unternehmen jedes Mal die Frage stellt, ob die angestrebte Wirkung eher eigennützig dazu beitragen soll, den Gewinn zu steigern, oder ob eine sinnvolle gemeinwohl-orientierte Wirkung erzeugt werden soll. Auch Eigennutz und Gemeinwohl sind eine Polarität, die im Moment der Zuweisung von Geld, Zeit, Ressourcen und Aufmerksamkeit zwar eine Entweder-Oder-Entscheidung sind, über viele Entscheidungen hinweg aber eine Sowohl-Als-Auch-Notwendigkeit. Beides wird gebraucht für eine Einbettung von Unternehmen in eine komplexe Gesellschaft.

In diesem Sinne brauchen wir eine Wirtschaftswissenschaft, die souverän und virtuos auf dem Klavier des Widerspruchsmanagements spielen kann. Führungskräfte brauchen schon heute ein theoretisches und praktisches Rüstzeug, um komplexe Sachverhalte verstehen, schöpferisch tätig sein und Mitgefühl entwickeln zu können. Und immer mehr wird deutlich, dass die analytisch-rationale Zerlegung der Komplexität eine wirkungsvolle Ergänzung braucht. Man braucht dafür nicht immer Albert Einstein zu zitieren mit seinen vielen Hinweisen auf die Notwendigkeit der Intuition, um das Neue zu finden. Es braucht nur ein wenig Selbstbeobachtung, um festzustellen, dass der Geistesblitz, der das Neue transportiert, immer nur den vorbereiteten Geist trifft. Von daher ist es beruhigend zu beobachten, dass mit Abduktion und Intuition, mit Achtsamkeit und Resilienz neue Denkwelten Einzug halten in die Managementlehre. Wenden wir uns diesen aktiv zu und ermöglichen wir Forschenden und Lehrenden, Führungskräften und Mitarbeiter/innen, im Spannungsraum der Polaritäten kraftvoll stehen zu können und gleichzeitig Eigenwohl und Gemeinwohl zu verfolgen.

Prof. Dr. Niko Paech. Carl von Ossietzky Universität Oldenburg.

Wie sonst hätte die Unabdingbarkeit des Klimaschutzes je begründet werden sollen, wenn nicht damit, dass nur so die absehbar größte Gefahrenquelle für essentielle Naturgüter und somit menschliche Lebensgrundlagen abzuwenden sei. Mittlerweile wird allerdings zusehends mehr Natur zerstört, um für eine bestimmte, dominant gewordene Ausprägung von Klimaschutzmaßnahmen die notwendige räumliche Ausdehnung zu ermöglichen. So werden als Folge der sog. „Energiewende" jene allerletzten Naturreserven zur Disposition gestellt und materiell nachverdichtet, die von bisherigen Industrialisierungswellen verschont geblieben sind. Der isoliert betrachtete, mit einem ökologischen Teilsystem assoziierte Zweck heiligt die Mittel, deren Einsatz sich zulasten anderer Naturgüter auswirkt.

In letzter Konsequenz zerstört expansiver technischer Klimaschutz, was er zu schützen vorgibt. Dies ist zwei Phänomenen geschuldet, die aufeinander treffen: (1) Vorangegangene und weiterhin andauernde Wachstumsexzesse hinterlassen einen übervollen Planeten. Auf diesem ist es so eng geworden, dass keine materiellen Bewegungsspielräume mehr existieren, die genutzt werden könnten, ohne direkt in ökologische Zielkonflikte einzumünden. (2) Die als Flaggschiff des „grünen Wachstums" fungierende Energiewende beruht ausschließlich auf materieller Aufrüstung und räumlicher Okkupation oder Nachverdichtung, insbesondere infolge der Diffusion technologischer Anlagen zur Nutzung sog. „erneuerbarer" Energieträger inklusive aller nötigen Infrastrukturen (Wertschöpfungsketten zur Anlagenproduktion, Übertragungsnetze, Informationstechnologien, Speicherkapazitäten etc.). Dies trägt zu einem technologischen „Nachhaltigkeitskannibalismus" bei, der momentan in Echtzeit zu besichtigen ist.

Der Beweis, dass es mittels technischer Lösungen in der Praxis jemals gelungen ist, ein ökologisches Problem bei ganzheitlicher Betrachtung aller umweltrelevanten (Neben-) Wirkungen zu lösen, steht ohnehin noch aus. Und die Praxis ist unerbittlich: Zu den wichtigsten Befunden der nachhaltigkeitsorientierten Innovationsforschung zählt, dass der ökologische Nettoeffekt einer Neuerung nicht nur von der isoliert betrachteten, rein theoretischen Funktionsfähigkeit der betreffenden Technik abhängt, was sich unter Laborbedingungen stets leicht demonstrieren lässt –, sondern von den ökonomischen, sozialen, kulturellen, psychologischen, institutionellen, planerischen, infrastrukturellen und vor allem politischen Kontextbedingungen. Je höher die Komplexität der zeitlich, räumlich, systemisch und materiell verlagerten Folgewirkungen, also „materieller Rebound-Effekte" (Paech 2012), desto leichter gelingt es, Fortschrittsnarrative zu aufzubauen und zu verbreiten, die darauf beruhen, sämtliche damit ausgelösten Rückschritte schlicht auszublenden.

Neirynck (2001) hat versucht, den Verlauf der technischen und gesellschaftlichen Evolution unter Rückgriff auf das Entropie-Gesetz in verallgemeinerter Form zu rekonstruieren. Demnach bewirkt technischer Fortschritt, innerhalb physischer Sachverhalte punktu-

Prof. Dr. Niko Paech. Carl von Ossietzky Universität Oldenburg.

ell eine andere oder neue Ordnung zu erschaffen. Ganz gleich ob Faustkeil, Kraftwerk, Auto, Medikament, Halbleiter-Chip oder Windturbine – dieses Mehr an physischer Ordnung dient der Erweiterung menschlicher Handlungsmöglichkeiten. Der solchermaßen erzeugte Zuwachs an Freiheitsgraden ist nur zum Preis einer erhöhten Unordnung des Gesamtsystems oder anderer Teilsysteme zu haben. Solange die Gesetze der Thermodynamik gelten, lassen sich auf einem endlichen Planeten keine neuen materiellen Freiheiten aus dem Nichts heraus schöpfen (vgl. Georgescu-Roegen 1971), wenngleich es dies ist, was den Kern jeglicher Fortschrittsorientierung bildet.

Wie fatal es sich auswirkt, gegen die Gesetze der Thermodynamik anzurennen, wird nirgends deutlicher als hier: Was die „Energiewende" bislang zu wenden vermochte, sind weniger die Energieverbräuche oder Treibhausemissionen, sondern Landschaften und Naturgüter (vgl. Etscheit 2013). Dieser Umwälzungsprozess wird mittlerweile von einer grünen Goldgräberstimmung beflügelt: Wer hat noch ein unbebautes Flächenstück, das sich verhökern ließe, um durch Windturbinen, Photovoltaikfreiflächenanlagen, Energiepflanzenanbau oder Wasserkraftanlagen an der Einspeisung „sauberer" Elektrizität mitzuverdienen?

Die noch verbliebenen naturnahen Gewässer, Wälder, Naturparke, Landschafts- und Naturschutzgebiete, Natura 2000-Gebiete und absehbar wohl auch die Alpenregionen („Die Alpen als grüne Batterie Europas"; vgl. www.cipra.org/de/news/4615) sind längst kein Tabu mehr. Merkwürdig stumm sind bei alledem die großen Öko- und Naturschutzverbände. Viele von jenen, die sich vormals schützend vor die letzten Umweltgüter stellten, haben sich inzwischen auf die bequemere und lukrativere Seite des Dilemmas geschlagen. Aus wachstumskritischer Sicht sind die Erneuerbaren letztlich nur graduell weniger schädlich als fossile Energieträger.

Damit schraubt sich das Entropieproblem auf ein neues Eskalationsniveau. Während sich die schleichende Unordnung des Gesamtsystems vormals zeitlich und räumlich „strecken" und so aus dem Wahrnehmungsbereich bugsieren ließ, bricht jetzt eine Phase an, in welcher die „Aus-dem-Auge-aus-dem-Sinn"-Option erschöpft ist. Die damit eingeläutete Konfrontation gebiert einen neuen Fortschrittsfundamentalismus, etwa dergestalt, dass die Funktionen von Naturgütern zu relativieren oder leicht zu substituieren seien (vgl. Fücks 2013). Auf der anderen Seite gewinnen energiesuffiziente, zumal wachstumskritische Transformationsszenarien (vgl. D'Alisa/Demaria/Kallis 2016) an Bedeutung, begleitet von einer Naturschutzinitiative (http://www.naturschutz-initiative.de/), die sich nicht länger vom grünen Geldadel der Energiewende korrumpieren lässt.

Literatur

D'Alisa, G./Demaria, F./Kallis, G. (2016): *Das Degrowth-Handbuch,* München.
Etscheit, G. (2013): Ein grünes Energieparadies sieht anders aus. Konjunkturprogramm versus Kulturlandschaft, in: *Politische Ökologie* 134, 140–143.
Fücks, R. (2013): *Intelligent wachsen: Die grüne Revolution,* München.
Georgescu-Roegen, N. (1971): *The Entropy Law and the Economic Process,* Cambrigde/London.
Neirynck, J. (2001): *Der göttliche Ingenieur. Die Evolution der Technik,* Renningen.
Paech, N. (2012): Grünes Wachstum? Vom Fehlschlagen jeglicher Entkopplungsbemühungen: Ein Trauerspiel in mehreren Akten, in: Sauer, T. (Hrsg.): *Ökonomie der Nachhaltigkeit – Grundlagen, Indikatoren, Strategien,* Marburg, 161–181.

Prof. Dr. Dr. Helge Peukert. Universität Erfurt.

Wer über die Natur und unser Verhältnis zu ihr nachdenkt, der kommt in ihr um. Dies ist zumindest mein Eindruck beim Versuch, zum diesjährigen Thema der Spiekerooger Klimagespräche etwas Resümierendes einzubringen. Es hilft wenig, das Universum als uns „bekannte" Hypernatur an den Anfang zu stellen, denn dann würde sie sich von nichts abgrenzen (lassen). Es geht damit weiter, dass wir Menschen selbst als Teil der Natur angesehen werden können. Wenn wir uns als Spezies über alle Maßen vermehren (die Bevölkerungsbombe), sind wir schließlich sehr natürlich und entsprechen der allgemeinen evolutionären Dynamik der Nischenfüllung. Konsum entspricht dem Bemühen aller lebenden Systeme, Energiefallen zu sein. Wir Menschen (zumindest in den materiell reicheren Ländern) übertreiben. Aber wo fängt die Übertreibung an und wo hört sie auf. Gibt es hier einen „natürlichen" Maßstab? Wenn wir sagen, Natur sei das, was nicht vom Menschen geschaffen wurde, ist die Bezeichnung „Natur" für sowohl die belebte (Tiere, Pflanzen), als auch die unbelebte (?) (Gase, Steine, Flüssigkeiten) Natur auch fraglich, denn: ist Natur eigentlich ein sinnvoller Oberbegriff für beides? Warum fallen Steine und Hamster unter den gleichen Naturbegriff? Was eint sie? Sind nicht die Unterschiede größer als die Gemeinsamkeiten? Andererseits: letztlich bestehen auch Steine, Hamster und Menschen aus den letztlich gleichen Elementarteilchen. Nicht einmal der Unterschied zwischen Geist/Kultur und Materie/Natur will recht gelingen, weil unsere Physik-Spekulierer nahelegen, dass es kaum „Materie" gibt und letztlich alles „Natürliche" aus klitzekleinen, schwingenden Strings besteht, Natur und Materie wäre dann einer Musikkomposition vergleichbar. Mal nicht von unseren alltäglichen Wahrnehmungsvorurteilen (objektiver Raum und neutrale Zeit und natürliche Dinge im leeren Raum) ausgegangen: was ist eigentlich da draußen, was als Natur bezeichnet wird? Wir wollen aus einem natürlichen Urgefühl heraus die Natur erhalten. Aber ist sie nicht das schlimmste permanente Kampfgetümmel, bei dem ohne Unterbrechungen getötet und aufgefressen wird? Natürlich gibt es auch Kooperation – z. B. bei der Jagd. Löwen töten die Jungen anderer Männchen, eine schöne Natur ist das. Aber es gibt auch Adoptionen, z. B. eines Ziegenbocks durch einen Löwen. Das ist schön und schlecht, denn genauso wenig wie der Mensch lässt sich daher die Natur auf den Begriff bringen. Doch suggeriert Natur nicht etwas Ruhendes, Bleibendes, Stetiges? Dies mag unser implizites, romantisches Bild nach der Unterjochung der Naturkreisläufe sein, aber im Weltall rast alles durch die Gegend, nichts steht still, Entschleunigung ist nicht angesagt, aber es gibt ein Tempolimit bei der Lichtgeschwindigkeit. Andauernd krachen auch Asteroiden, Planeten usw. aufeinander und wir drehen uns mit mehreren hundert Kilometern pro Sekunde um den Kern unserer Galaxie. Natur vernichtet ununterbrochen bestehende Naturkonstellationen, von Ruhe und Harmonie keine Spur. Das wäre für uns sinnsuchende Menschen verkraftbar, wenn es wenigstens eine Tendenz gäbe, einen

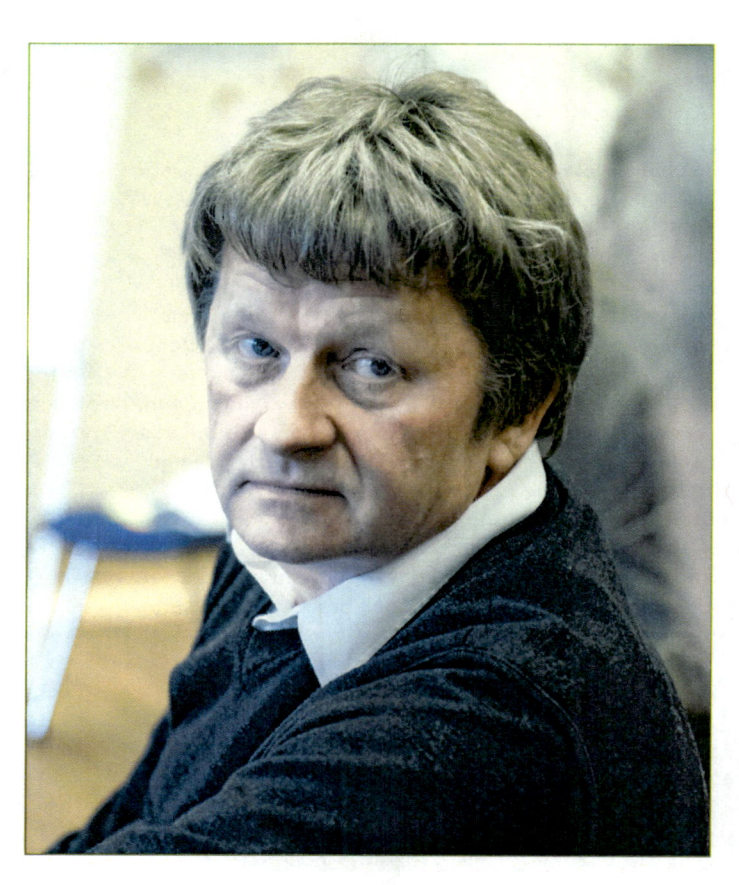

Prof. Dr. Dr. Helge Peukert. Universität Erfurt.

leuchtenden Pfad, auf dem das Alles wandelt. Doch den erkennen wir nicht, das Universum dehnt sich einfach immer weiter aus. Wozu ist das gut, wo läuft das hin? Totale Kompression oder totales Auseinanderreißen selbst aller Atome eines fernen Tages wird prognostiziert. Beides lässt sich mit unseren Vorstellungen von Harmonie und Ästhetik kaum in Verbindung bringen. Wenn man sich die Planeten und Kernfusionssterne durch das Fernrohr anschaut, könnte man auf die Idee kommen, dass das, was wir als Natur auf unserem Planeten Erde emotional positiv besetzt haben, im Vergleich zum kalten uns Bekannten da draußen sehr unnatürlich ist. Doch vielleicht ist die Sprache das Problem unseres Herumirrens, bzw. die Spaltung in Natur und Kultur, nach der die Umwelt als autonome Sphäre objektiviert wird und wir uns trotz aller gutgewillten Abgeklärtheit als soziale Kollektive verstehen, die ihre Beziehungen zu einem naturalistisch aufgefassten (Gesamt)Ökosystem als ontologisch Differentem zu definieren suchen und nach Philippe Descola (Jenseits von Natur und Kultur, Suhrkamp 2013) in den Grenzen dieses Weltbildes und seiner Folgen gefangen bleiben.

Prof. Dr. Reinhard Pfriem. Carl von Ossietzky Universität Oldenburg.

Erläuterungen. Annotations.

Der britische Physiker und Schriftsteller Charles Percy Snow, 1980 verstorben, wird heute noch (zu Recht) viel zitiert wegen seiner 1959 in einem Vortrag aufgestellten These über die dramatischen Nachteile des Auseinanderfallens der Wissenschaften in zwei Kulturen. Der deutsche Untertitel des 1963 unter dem Titel „The two cultures and a second look" erschienen Buches von 1967 – „Literarische und naturwissenschaftliche Intelligenz" (der Vortrag selber findet sich in einem 1987 erschienenen Sammelband von Helmut Kreuzer) – macht deutlich, dass es hier um zwei grundlegend unterschiedliche „Weltzugänge" (Gesa Lindemann) geht. Snows kluge Kritik hat nichts daran zu ändern vermocht, dass die Spaltung der Wissenschaften in den vergangenen fünfzig Jahren trotz immer wieder gestarteter Oppositionsversuche auf beiden Seiten bis heute fortlebt.

Die damit verbundene Natur-Kultur-Unterscheidung (kritisch dazu neben Gesa Lindemann etwa Bruno Latour und Philipppe Descola) sollten wir uns sowohl theoretisch wie praktisch allerdings nicht länger leisten. Was wir als Natur bezeichnen, ist längst menschlich geprägt und kulturell geformt, so dass die Rede von der als natürlich vorgestellten Natur auch empirisch nicht länger haltbar ist (Gernot Böhme).

Trotzdem liefern nachweislich die Begriffe Natur und Kultur unterschiedliche Weltzugänge, war und ist immer noch über weite Strecken die Wissenschaft Soziologie auf Naturvergessenheit aufgebaut und gilt für die Ökonomik, dass sie abgesehen von wenigen Außenseitern nicht in der Lage ist, die Natur anders denn als bloßen „Sack von Ressourcen" (Ulrich Hampicke) zu verstehen – wie umgekehrt die meisten Naturwissenschaftler/innen die Beschäftigung mit Sinnfragen weiterhin als Verrat an wissenschaftlicher Exzellenz betrachten.

Natur und insofern die Verbindungen zwischen natürlicher als vormenschlicher und kultureller als menschlicher Evolution als Weltzugang zu verteidigen, obwohl die Natur-Kultur-Unterscheidung nicht länger haltbar ist, kommt auch durch den Schein des Paradoxen als Zumutung daher. Wir brauchen aber dieses humanismuskritische Trotzdem, mit einem Untertitel des britischen Historikers John Gray den „Abschied vom Humanismus", weil in der selbstherrlichen Vereinseitung des Menschen und der Degradierung alles Anderen zu Mitteln für menschliche Zwecke der fundamentale Pferdefuß der modernen Aufklärung steckt. Niemand hat das präziser auf den begrifflichen Nenner gebracht als 1755 – natürlich wohlmeinend – der französische Aufklärer Dennis Diderot mit seinem Satz: „Der Mensch ist der einzigartige Begriff, von dem man ausgehen und auf den man alles zurückführen muss."

Die mit dem neuen Jahrhundert aufgekommene Wortschöpfung vom Anthropozän (Crutzen u. a.: Die Erde hat keinen Notausgang) markiert ja nichts anderes als den Umstand, dass diese „humanistische" Selbstermächtigung inzwischen dazu geführt hat, dass wir ernsthaft um den Fortbestand der menschlichen Gattung fürchten müssen. Von daher kommt es also darauf an, „Weltlosigkeit zu überwinden" (Pfriem),

Prof. Dr. Reinhard Pfriem. Carl von Ossietzky Universität Oldenburg.

braucht es eine neue kosmologische Selbstbesinnung der Menschen im Sinne eines in der Welt seins, das das, was wir mit Natur bezeichnen, nicht länger verdrängt bzw. bloß instrumentalisiert.

Das Kürzel SKG steht seit Beginn 2009 nicht nur für Spiekerooger Klimagespräche, sondern auch für Sozial-, Kultur- und Geisteswissenschaften. Eine paradigmatische Kehre brauchen freilich nicht nur diese, sondern gerade auch die Naturwissenschaften, so weit der Umstand, dass Systeme nicht fühlen können, für sie kein Problem darstellt. Diese im wahrsten Sinne des Wortes Gefühllosigkeit ist die Voraussetzung dafür, zur vermeintlichen Bewältigung der ökologischen Probleme erst recht die Vergewaltigung der Natur zu eskalieren (Fracking, Geo-Engineering, neue Ambitionen zur Mars-Expedition).

Ludwig Trepl und Thomas Kirchhoff haben gegenüber dem dominant praktizierten Naturverständnis einen Blick auf die Vieldeutigkeit der Natur eingeklagt. Über die Amputation auf Ressourcen und die strukturfunktionalistische Betrachtung von Ökosystemen hinaus gelte es auch, die ästhetischen (Landschaft) und die ethisch-moralischen (Wildnis) Dimensionen zu beachten. Mit einem über zwei Jahrhunderte alten Begriff geht es also um moralische Schönheit (von Schirach, 1772).

Fraglich ist, inwiefern Ökonomie und Ökonomik in der Lage sein werden, dem Rechnung zu tragen. Fraglich ist, inwiefern die ausdifferenzierten modernen Wissenschaften es doch noch hinbekommen könnten, auf einen Begriff des Lebendigen zu orientieren, was nicht nur angemessen naturtheoretisch wäre, sondern „nebenbei" auch zu einem zukunftsfähigen, selber hinreichend lebendigen Selbstverständnis der Menschen führen könnte. Ohne diese Kehre wird eine Kehre zu nachhaltiger Entwicklung von Wirtschaft und Gesellschaft aber kaum zu haben sein.

(Dank an Lars Hochmann, die hier vorgetragenen Überlegungen hängen mit der Vorbereitung eines gemeinsamen Vortrags zusammen.)

Prof. Dr. Wolfgang Sachs. Wuppertal Institut für Klima, Umwelt, Energie GmbH.

Ich hätte es mir von Anfang an denken können. Keinen Stich habe ich gemacht, auf den Spiekerooger Klimagesprächen von der Natur als „Schöpfung" zu sprechen. Zu gefährlich, zu schlüpfrig ist das Terrain der Religion, wenngleich ein jeder die biblische Schöpfungsgeschichte von Kindesbeinen an kennt, mit Michelangelos Fresko zur Erschaffung des Adam in der Sixtinischen Kapelle vertraut ist und eine Ahnung davon hat, dass das Oratorium „Die Schöpfung" von Haydn zu den Sternstunden der klassischen Musik zählt. Hingegen weiß der Schöpfungsbericht nichts von Urknall und Milchstraßen, nichts von Kontinentalverschiebungen und Eiszeiten, nichts von Mikroben und Genen. Die christliche Lehre von der Schöpfung hat keine gemeinsame Basis mit den Naturwissenschaften. Heißt das, dass man das Narrativ von der Schöpfung in die Tonne treten kann?

Viele werden das tun ... Friede sei mit ihnen. Für die Übrigen darf gelten, dass die Welt zwar von Naturgesetzen durchzogen ist, aber dennoch nicht alles auf der Welt von Naturgesetzen erfasst wird. So hat spätestens der Mensch im Laufe seiner Evolution herausragende Fähigkeiten zur Intuition, zur Empathie und zum Denken entwickelt. Ernst Cassirer hat diese Eigenschaften auf den Begriff gebracht: der Mensch ist ein *animal symbolicum*. Sprache, Kunst, Religion sind Cassirers Hauptzeugen, man könnte auch die Gefühlswelt, das Recht und sogar das Bewusstsein anführen. Diese immateriellen Wirklichkeiten sind indes nur begrenzt mit naturwissenschaftlichen Methoden zugänglich. Dilthey hat im 19.Jahrhundert das „Verstehen" dem „Erklären" gegenübergestellt und damit die Grundlage für die Geisteswissenschaften gelegt.

Wenn es um die christliche Schöpfungsvorstellung geht, ist der Modus des Verstehens am Platz. Die Schöpfungsgeschichte ist tief in der abendländischen Geistesgeschichte eingelassen, jede Epoche akzentuiert verschiedene Traditionslinien und jede Generation hat ihren eigenen Verstehenshorizont. Im vergangenen Jahr hat nun Papst Franziskus, der erste Nicht-Europäer auf dem Stuhle Petri, mit der Enzyklika *Laudato si'* eine ökologische Version der Schöpfungslehre verkündet. Es lohnt sich, sich damit auseinanderzusetzen, gerade in einer Zeit, wo manch einer die „Wiederkehr der Religionen" zu erkennen glaubt, welche Perspektive der „grüne Papst" (Spiegel online) auf die Natur als Schöpfung hat.

Zunächst galt es, den Abraum von Jahrhunderten zu beseitigen. Mit dem Spruch Gottes aus Genesis 1,28 „Machet Euch die Erde untertan" lässt sich keine Ethik für die Gegenwart begründen. In der Tat, der Segensspruch hat von Bacon über Descartes bis zu den US-amerikanischen Republikanern ziemlich viel Unheil angerichtet, daher konnte die Enzyklika nicht anders, als das *dominium terrae* zu entsorgen. Zu Hilfe kommt, dass in der Bibel zwei Schöpfungserzählungen zu finden sind. In der Paradieserzählung (Gen 2,4ff.) ist die Rede davon, dass der Mensch den Garten Eden „bebauen und behüten" soll, ein Text, der vermutlich sogar 500 Jahre älter ist als Gen 1,1ff. Im Lichte dieser

Prof. Dr. Wolfgang Sachs. Wuppertal Institut für Klima, Umwelt, Energie GmbH.

Erzähltradition hat sich die Übersetzung von Gen 1,28 mit „urbar machen" und „managen" durchgesetzt, und nicht wie in der Tradition mit dem Verb „niederzwingen". Damit kann auch ein Papst leben, der sich den Namen Franziskus gewählt hat.

Apropos Franziskus von Assisi. Was auch immer man von der Naturvorstellung des Aussteigers, Pazifisten und späteren Ordensgründers Franziskus halten mag – er ist ganz sicher nicht ein geheimer Vorläufer der Romantik gewesen, sondern als mittelalterlicher Mensch hat er durch die Natur Gott verehrt –, jedoch sein Sonnengesang ist in die Literatur eingegangen, mit dem er die Schönheit der Schöpfung gerühmt hat. Die Enzyklika tut das auch. Sie betont die umfassende Verbundenheit aller Lebensäußerungen, von den Mikroorganismen zum Bewusstsein der Menschheit. Weit von den hierarchischen Vorstellungen der Natur in der Tradition entfernt, beschreibt sie in vielen Anläufen, wie sehr ein dynamisches Netz von Beziehungen die Schöpfung auszeichnet. So wird entsprechend die Schöpfung als Gemeingut bezeichnet, Eigentum an Natur wird misstrauisch beäugt. Indem der systemische Blick auf das Leben privilegiert wird, also ein Denken in Verbindungen, Netzwerken und Mustern, hat die Enzyklika den Anschluss an die Naturwissenschaft gewonnen.

Nach christlichem Verständnis schließlich hat Gott mit seinem Atem die Welt erschaffen und trägt sie immer noch. Das ist beileibe keine naturwissenschaftliche Aussage mehr, sondern eine Erzählung, die für den Glaubenden die Perspektive auf die Wirklichkeit verändert. So ist die Mitwelt eine Gabe Gottes, die Geschöpfe haben eine einzigartige Beziehung zum Schöpfer, die Natur verdankt sich Gott. Das führt zu innerweltlichen Konsequenzen: Die Geschöpfe haben ihre eigene Würde, die Idee des Existenzwerts (gegenüber dem Gebrauchs- und dem Tauschwert) hat starke christliche Wurzeln. Deshalb ist der Anti-Utilitarismus ein wiederkehrendes Motiv der Enzyklika. Der Papst hätte auch Kant zitieren können: „Alles hat entweder einen Preis, oder eine Würde. Was einen Preis hat, an dessen Stelle kann auch etwas anderes als Äquivalent gesetzt werden; was dagegen über allen Preis erhaben ist, mithin kein Äquivalent verstattet, das hat eine Würde."

Prof. Dr. Gregor Schiemann. Universität Wuppertal.

Der Mensch ist das Naturwesen, das vorgegebene Grenzen wie kein anderes irdisches Lebewesen zu überschreiten vermag. Für dieses transzendierende Vermögen sind die eigene Natur des Menschen, vor allem der Tod, wie die umgebende Natur der Erde und des Kosmos Zumutungen. Allein schon in zeitlicher Hinsicht steht die Langsamkeit der Natur den Veränderungsgeschwindigkeiten entgegen, die den Schöpfungen menschlicher Gestaltungskraft zukommen. Die gegenwärtige Umweltkrise kann als erster globaler Ausdruck dieser anthropologischen Problematik verstanden werden. Es gibt keine Gewissheit, aber doch einige Gründe anzunehmen, dass nachträgliche Korrekturen die Entwicklung von Wirtschaft und Gesellschaft auf die begrenzten Ressourcen einstellen und damit der Umweltkrise entgegenwirken werden. Solange ihm ein kosmischer Ausweg versperrt ist, bleibt der Mensch an die irdischen Lebensbedingungen gebunden. Aber für diesen Ausweg könnte die menschliche Natur nicht geschaffen sein. Mit der zunehmenden Einsicht in den Inselcharakter der Erde käme die Zumutung der Natur erst ganz zu Bewusstsein. Diese Thesen seien nachfolgend kurz erläutert.

Die anthropologische Bestimmung des Menschen als grenzüberschreitendem Wesen kann an Helmuth Plessners Begriff der exzentrischen Positionalität anknüpfen. Nach Plessner realisieren die Lebewesen ihren Körper als Grenze. Im Gegensatz zum Tier, das im Hier und Jetzt der körperzentrierten Position aufgeht, kann sich der Mensch auf seine eigene Position von einem gedachten Außenstandpunkt her („exzentrisch") beziehen. Aus dieser Charakteristik leitet Plessner als weiteres Merkmal des Menschen eine „Rastlosigkeit unablässigen Tuns" (Plessner 1975, S. 320), eine „Begierde nach ewig Anderem und Neuem" (a.a.O., S. 341) ab. In der nach beständiger Grenzüberschreitung strebenden Aktivität entsteht demnach die Kultur als das Andere der Natur. Plessner war sich nicht ganz sicher, ob den Antriebskräften der frühen Kulturbildung schon eine Fortschrittstendenz innewohnt. Er spricht von der „Mitte zwischen Fortschritt [...und] Kreisprozess [...]" (a.a.O., S. 339). Es ist jedoch davon auszugehen, dass sich die nicht abschließbare lineare Form des Fortschrittes erst spät in der Menschheitsgeschichte Bahn gebrochen hat. Im Okzident nimmt die historische Bewegung erst seit dem 18. Jahrhundert „eine nach vorne offene Bewegung an" (Osterhammel 2009, S. 117), die später global dominant wird. Ihre Form ist die einer kapitalistisch organisierten und sich beschleunigenden Industrialisierung. Mit ihrem exponentiell wachsenden Verbrauch an fossilen Energieträgern ist die Industrialisierung zur entscheidenden Ursache des Klimawandels geworden.

Die zum Klimawandel führende sozialökonomische Dynamik lässt sich also als spezifischer, aber vermutlich nicht notwendiger Ausdruck einer anthropologischen Bestimmung begreifen. Der Klimawandel ist Hindernis und insofern Zumutung für die wahrscheinlich kontingente Form, die das transzendierende Stre-

Prof. Dr. Gregor Schiemann. Universität Wuppertal.

ben des Menschen angenommen hat. Mittlerweile zeichnen sich die dramatischen Ausmaße der mit dem Klimawandel verbundenen ökologischen Problematik ab. Die vorgeschlagenen Lösungen reichen von Maßnahmen zur Verminderung der Wachstumsorientierung bis zu technischen Innovationen, die unter Fortführung des Wachstums auf die Marktkräfte setzen. Gemeinsam ist allen Ansätzen die Einsicht in steigenden aktuellen Handlungsbedarf.

Überlegungen aus der zweiten Hälfte des vergangenen Jahrhunderts, eine Weltraumbesiedelung könne die irdische Biosphäre entlasten (z. B. Heppenheimer 1977 und O'Neill 1978), haben sich als völlig unangemessen herausgestellt, weil sie in nächster Zukunft nicht realisierbar sind. Zum einen scheint die Errichtung bewohnbarer Bereiche auf anderen Planeten des Sonnensystems wegen der dort bestehenden lebensfeindlichen Bedingungen bis auf weiteres allenfalls für wenige Menschen in Frage zu kommen. Zum anderen befinden sich Planeten, die vielleicht über eine bewohnbare Umwelt verfügen, in einer mit heute vorhandenen oder vorstellbaren Antriebssystemen nicht erreichbaren Entfernung. Der bislang nächste erdähnliche, allerdings wohl nicht bewohnbare Planet („GJ 1132b") ist bereits 39 Lichtjahre entfernt, was einer absurden Reisezeit von ca. 15 Millionen Jahren in einem Spaceshuttle entspricht.

Das eklatante Missverhältnis zwischen der Dringlichkeit der Klimaproblematik und den utopischen Lösungsvorschlägen, die auf die (auch von Plessner begrüßte) Weltraumfahrt Bezug nehmen, verweist auf eine tieferliegende Problematik. Die menschliche Natur könnte wegen ihrer erdgebundenen Eigenschaften für ein extraterrestrisches Leben nicht geschaffen sein. Mit der Klimaproblematik würde dann nicht nur die gegenwärtige, sondern auch die zukünftige unausweichliche Angewiesenheit der menschlichen Kultur auf die irdischen Lebensbedingungen deutlich werden. Würde dem Menschen das Streben zur Grenzüberschreitung auch noch eigen sein, wenn er an seine kosmische Position – wie ein wieder ge-

fesselter Prometheus – gebunden bliebe? Aus der Perspektive eines immer möglichen, aber nie erreichbaren Außenstandpunktes entfaltete der Inselcharakter der Erde als Zumutung der Natur erst sein ganzes Gewicht.

Heppenheimer, Thomas A. (1977): *Colonies in Space.* Harrisburg.
O'Neill, Gerard K. (1978): *Unsere Zukunft im Raum. Energiegewinnung und Siedlung im Weltraum.* Bern.
Osterhammel, Jürgen (2009): *Die Verwandlung der Welt: eine Geschichte des 19. Jahrhunderts.* München.
Plessner, Helmuth (1975): *Die Stufen des Organischen und der Mensch. Einleitung in die philosophische Anthropologie.* Berlin/New York.

Dr. Andreas Weber. Autor und Journalist, Berlin.

Einer Kultur des Lebens ist daran gelegen, aus der Einsicht in die schöpferischen Prinzipien der Lebendigkeit für uns selbst Lebendigkeit zu erschaffen. Damit das möglich ist, brauchen wir so etwas wie Daseinstapferkeit: Wir müssen ertragen, der Begrenztheit und dem Tod ins Auge zu blicken und das Notwendige zu tun, so wie es eine Wasseramsel tut, die noch im kältesten Winter am Grunde des Bergbaches nach ihrer Nahrung sucht, weil es nicht anders möglich ist.

Daseinstapferkeit heißt "unlearning brainhood". Sie verlangt, sich dem Umstand zu stellen, dass wir lebendig und damit sterblich sind, dass wir Bedürfnisse haben, die sich in poetischen Konstellationen und emotionaler Eindringlichkeit äußern und die sich nicht kontrollieren lassen, nur unterdrücken, weil sie die Wahrheit sagen.

Kultur muss diese Wahrheit suchen und aussprechen. Um das möglich zu machen, imaginiert sie unsere eigene Natürlichkeit im Medium des Menschen, das zugleich immer auch das Medium des Anderen ist. In einer solchen Sicht ist Kultur nicht das, was uns grundlegend von anderen unterscheidet. Ihr Ziel ist vielmehr, uns zu dem zu machen, was wir sind, indem wir es immer zu sein begehren: Selbstsein-durch-Verbundenheit.

Es ist ein Irrtum, Kultur für etwas zu halten, was uns Menschen von anderen Wesen abhebt. Wahlweise nach Temperament feiern oder beklagen wir dann, dass dieses Unterschiedliche nun die Geschicke des Planeten bestimmt und daraus je nach Gelingen einen gepflegten Garten oder das Szenario eines Mad Max machen wird oder vermutlich sogar, nach Einkommen und Wohnlage wählbar, beides.

Eine Kultur aber, die sich nicht auf das innere Gefüge der Lebendigkeit einlässt und auf deren Prinzipien, die der Wirklichkeit entspringen, muss diese zerstören. Es ist nämlich die Lebendigkeit, welche die grundlegende Spannung zwischen selbstbehaupteter Autonomie und sehnsuchtsvollem Aufgehen aufspannt, die Kultur immer vermittelt. Kultur kann sich höchstens entscheiden, diese Vermittlung mehr oder weniger toxisch vorzunehmen. Im Augenblick, in einer Welt, die das Lebendige als Problem identifziert und aus dieser Zuschreibung sich anmaßt „Lösungen" für ein „besseres Leben" zu entwickeln, sind wir alle ziemlich therapiebedürftig.

Wir sollten die existentielle – und das heißt metabolische, aber auch emotive – Verflechtung des Menschen mit Lebewesen und biochemischen Zyklen ernst nehmen. Das gelingt, wenn wir diese Verflechtung in einer Poetik der verkörperten Bezogenheiten denken. Wenn wir als beständige Erfahrung in unseren Körpern erleben, dass die schöpferischen Kräfte der Wirklichkeit nicht in die dualen Sphären von „Mensch" versus „Natur" auftrennbar sind, sondern nur verwoben miteinander den Regeln schöpferischer Lebendigkeit gehorchen können.

Das bedeutet einerseits anzuerkennen, dass der Mensch heute *de facto* die Erde begärtnert, umgräbt und nivelliert – dass aber andererseits die tellurischen

Dr. Andreas Weber. Autor und Journalist, Berlin.

Kräfte, die nicht unserer Kontrolle gehorchende Selbstorganisation und der Sehnsuchtsdrang komplexer Systeme, sich in Lebendigkeit zu erfahren, irreduzible Quelle auch des Menschlichen sind.

Kultur muss die Sehnsucht des Lebendigen so imaginieren, dass sie die Biosphäre nicht zerstört, sondern steigert. Kultur kann nichts anderes ermöglichen, als dass Leben sei. Sie hat dies in der Imaginationssphäre des Humanen zu tun, nicht in jener der Anchovis oder der Monarchfalter. Diese inszenieren ihre Lebendigkeit, ohne darüber nachzudenken, als sinnlich erfahrbare, sehnsuchtsvoll expressive Strudel in einer Kaskade von Verwandlungsprozessen. Von uns aber wird eine explizite Entscheidung darüber, wie wir an diesen Transformationen teilnehmen, verlangt.

Diese Entscheidung und die mit ihr verbundene Voraussicht aber darf nicht zu unserer Blindheit werden. Sie erhebt uns nicht über die Prinzipien der Lebendigkeit, sondern kann sie nur intensivieren. Wir müssen unsere Verbindung mit den Anderen entwerfen, imaginieren und als kulturellen Prozess wirksam machen, was nichts anderes heißen kann, als beständig lebensspendend tätig zu sein. Kultur ist die Aufgabe, die Bedingungen der Natürlichkeit imaginativ nachzuvollziehen. Auch sie muss, wie die Nahrungssuche der Wasseramsel an einem kalten Morgen im Gebirge, Freiheit aus der Einsicht in die Notwendigkeit eröffnen.

Diese Haltung hat nichts Deterministisches, weil Natürlichkeit nicht determiniert, sondern in einen Freiheitsprozess hineinzieht. Das Schöpferische ist Zentrum dieser Wirklichkeit. Das Schöpferische aber ist das Lebendige, und die Erfahrung des Lebendigen ist nichts anderes als schöpferisches Handeln, erlebt von der Innenseite, als dessen Subjekt in Struktur und Gefühl. Unsere Kultur kann nichts anderes sein als eine schöpferische Interpretation der Natur und der sie hervorbringenden, nicht zu unterdrückenden Allmende gegenseitiger Verwandlung.

Kultur ist damit die Interpretation unserer eigenen Lebendigkeit im Medium des Humanen. Sie bedeutet schöpferische Imagination dessen, was wirklich ist. Subjektivität, Kooperation, Aushandeln und unvereinbare Fremdheit sind nicht die Muster, die wir über die Welt legen, um sie kulturell zu formen. Es sind Muster, die bereits Natur ausmachen. Sie verbürgen Wahrnehmung als ko-kreative Allmende aus existenziell um sich besorgtem Subjekt und Umgebung, durch die beide sich wechselseitig ernähren und verwandeln.

In dieser Hinsicht ist Kultur, das Vermittelnde, der kreative Austausch, unsere Natur – aber sie ist nicht der Natur da draußen entgegengesetzt, sondern eine ihrer Spielarten. Darum kann diese Kultur nicht Kontrolle und Engineering der Natur sein. Sie kann sich nicht aus den Prinzipien schöpferischer Imagination befreien, ohne diese zu zerstören. Aber sie kann sehr wohl zu einer Kultur unserer Lebendigkeit werden, die in schöpferischer Freiheit das für fortgesetzte gegenseitige Verwandlung Notwendige gemeinschaftlich immer wieder neu erzeugt.

Der Mensch ist die Art und Weise, wie sich die Erde denkt, wenn sie von der Unbeschränktheit träumen darf. Kultur heißt, dass Erde die Art und Weise sein muss, wie der Mensch die Unbeschränktheit träumt.

Literatur

David Bollier & Silke Helfrich, eds. (2015): *Patterns of Commoning*. Amherst: Off the Commons Books.
Italo Calvino (1967): *Ti con Zero*. Torino: Einaudi.
Michael McCarthy (2015): *The Moth Snowstorm. Nature and Joy*. London: John Murray.
Andreas Weber & Hildegard Kurt (2015): "Towards Cultures of Aliveness. Politics and Poetics in a Postdualistic Age, an Anthropocene Manifesto". *Solutions* 6: 58-65.
Andreas Weber (2016): *Enlivenment. Eine Kultur der Lebendigkeit. Versuch einer Poetik für das Anthropozän*. Berlin: Matthes & Seitz.
Andreas Weber (2016): *Biology of Wonder. Aliveness, Feeling, and the Metamorphosis of Science*. Gabriola Island: New Society Press.

Prof. Dr. Ulrich Witt. Max-Planck-Institut für Ökonomik, Jena.

In gewissem Sinn ist die Evolutionstheorie unerbittlich. Ihr zufolge ist der Zustand der Natur und ihr Wandel – Natur hier verstanden als die physische Erscheinung unseres Planeten, der physikalischen Prozesse und der Gesamtheit der lebenden Arten auf ihm – das Resultat eines doppelten Konkurrenzkampfes: Konkurrenz innerhalb der Arten und zwischen ihnen. Über die Jahrtausende hinweg haben beide Formen der Konkurrenz und die mit ihnen einhergehende natürliche Auslese eine einzigartige menschliche Intelligenz entstehen lassen. Sie wurde und wird umgehend in beiden Wettbewerbsprozessen instrumentalisiert. Die kulturelle Evolution von Fähigkeiten und Wissen, die diese Intelligenz ermöglichte, hat Züge eines autokatalytischen Wachstumsvorgangs angenommen. Der Wettbewerb mit konkurrierenden Arten ist zugunsten des Menschen entschieden. Er hat sich im biblischen Sinne die Natur untertan gemacht.

Wie der zwischenmenschliche Wettbewerb auf Kosten anderer Arten geht, zeigt geradezu paradigmatisch das Schicksal der Fischbestände in den Weltmeeren. „Wenn ich den Fisch nicht fange, fängt ihn ein anderer." Wenn jeder im Prinzip Fischer werden kann und alle Fischer so denken, ist es nur eine Frage der Zeit, bis es keinen Fisch mehr gibt. Alle Versuche, diesen Wettbewerbsprozess zu beschränken, haben ihr Ziel nicht erreichen können. Die Anreize, sich als Politiker, Produzent oder Konsument auf Kosten des nur begrenzt regenerierbaren Lebens in den Meeren einen Anteil gegenüber anderen zu sichern, sind zu stark. Der Gegenstand des Begehrens, die „Ressource Fisch", die über Jahrmillionen aus der Evolution hervorgegangen ist, bleibt auf der Strecke.

Nun hat das wirtschaftliche Wachstum, das aus dem gleichen Wettbewerbsimpuls folgt, begonnen, auch die unbelebte Natur nachhaltig zu verändern: Geologie, Atmosphäre, Wasserbestände, Klima. Führte der Wettbewerbsdruck einer hypertroph wachsenden Spezies in der Vergangenheit allenfalls zu einem lokalen Zusammenbruch des Ökosystems, kann dies nun wegen der Verbreitung und dem Einflusspotential des Menschen auf globaler Ebene drohen. Unsere Intelligenz befähigt uns, diese Bedrohung zu verstehen, aber befähigt sie uns auch, entgegen dem Wettbewerbsimpuls in unserem Verhalten eine Lösung für sie zu finden? Wenn sich schon die Natur durch unseren Einfluss massiv verändert, was müsste geschehen, damit allen acht bis zehn Milliarden Menschen auf diesem Planeten zumindest die Lebensgrundlage erhalten bleiben kann?

Eine Möglichkeit wäre ein sagenhafter technischer Fortschritt. Er müsste die zerstörerischen Begleiterscheinungen des Anthropozän kompensieren oder wenigstens die Dynamik der Veränderungen beherrschbar machen. Ist der Glaube daran magisches Wunschdenken, bequemer Zweckoptimismus, oder eine reale Chance? Da wir technischen Fortschritt nicht voraussagen können, werden wir es erst wissen, wenn es möglicherweise zu spät ist – ein gänzlich unkalkulierbares Risiko. Gerade einige der reichsten Nationen scheinen sich mit ihrem Technikoptimismus darauf einlassen zu wollen und reden gerade deshalb dem Wettbewerbsimpuls das Wort. Was wäre die Alternative, wenn alle das unkalkulierbare Risiko des glo-

Prof. Dr. Ulrich Witt. Max-Planck-Institut für Ökonomik, Jena.

balen Zusammenbruchs nicht tragen wollten? Dann müssten *alle* Nationen – die am weitesten entwickelten vorneweg – auf Selbstbescheidung setzen. Das würde eine kollektive Absage an den Wettbewerbsimpuls in unserem Verhalten bedeuten. Ist das ohne Zwang möglich? Und was wäre die Instanz, die ohne Selbstinteresse diesen Zwang ausübt, um mit ihrer Gestaltungsmacht Wirtschaft und Gesellschaft zukunftsfähig zu machen?

Was erreicht werden müsste, ist klar: eine Rückkehr zu ressourcenschonenden und energiearmen Formen des Produzierens mit geringerer Produktivität (denn wachsende Produktivität bedeutet letztlich größeren Energie- und/ oder Ressourcenverbrauch). Wir müssten zu einem anderen Konsum- und vielleicht auch Lebensideal finden. Und zwar nicht hier und da, z. B. mit einem Aufgehen in nostalgischen handwerklichen oder naturverbundenen Produktionsformen, wo der erreichte Wohlstand es einem schon gut genug gehen lässt. Nein, dies müsste flächendeckend von allen und überall vollzogen werden. Denn der viel, viel größeren Zahl der Menschen in den weniger industrialisierten Ländern führen wir mit der umfassenden Medienpräsenz, Internet und Werbeindustrie heute mehr denn je vor, wie es sich mit Ressourcen- und Energieverschwendung gut leben lässt. Das müsste sich dramatisch ändern, wenn alle diese Menschen davon überzeugt werden sollen, auf Industrialisierung und Produktivitätswachstum wie bei uns zu verzichten und bei den handwerklichen Traditionen zu bleiben, die dort mit ihrer geringen Produktivität noch existieren.

Auch hier stellt sich die Frage: ist ein kollektiver Übergang zur Selbstbescheidung auf diesem Planeten nur eine vage Hoffnung und Wunschdenken oder eine reale Chance? Werden wir uns gerade in unserem mit Wohlstand gesegneten Land darauf einlassen wollen, wenn andere sich dann umso mehr bedienen können und durch unseren Verzicht sogar noch einen Wettbewerbsvorteil erzielen? Was wird dann z. B. aus all den ressourcen-intensiven Exporten, die bei uns jetzt Beschäftigung und hohes Einkommen sichern? Und werden die Völker und ihre Herrschenden sich von der Idee, um des geopolitischen Wettbewerbs willen wirtschaftlich wachsen zu müssen, überhaupt verabschieden können?

Evolution hat keine Richtung. Der Evolutionstheorie nach ist sie das Ergebnis der Selektionsprozesse, die der Wettbewerb in den jeweiligen Ökosystemen antreibt. Der Untergang von Arten ist nicht ausgeschlossen. Was können wir von der Evolution erwarten, wenn unsere Spezies – all ihren intelligenten Bemühungen zum Trotz – die technologische Bezwingung des Anthropozäns verfehlt und eine kollektive Selbstbescheidung am Wettbewerbsimpetus ebenfalls scheitert? Der altnordischen Sage nach beginnt der Untergang der Welt mit der Götterdämmerung, in der die entfesselten Ungeheuer, die der Natur innewohnen, die Götter vom Thron stoßen und in einen Todeskampf verwickeln. Das Anthropozän könnte in einem solchen pessimistischen, aber leider nicht ganz unrealistischen Szenario der Beginn der Menschendämmerung sein.

Dr. Christine Zunke. Carl von Ossietzky Universität Oldenburg.

Erläuterungen. Annotations.

Mit wachsender industrieller Naturbeherrschung wächst zugleich die Kritik an der Ausbeutung von Natur. Dabei geht es nicht nur um die Sorge, dass wir durch exzessive Nutzung natürlicher Ressourcen langfristig unsere Lebensgrundlage schädigen oder gar vernichten könnten, sondern oft wird der Natur selbst ein moralischer Eigenwert zugesprochen, den es zu verteidigen gelte. Der Mensch solle seinen Machbarkeitswahn zügeln, die moralischen Rechte der Natur (an)erkennen und mit ihr in einem harmonischen Miteinander eine neue nachhaltige Lebensweise finden. Die Natur leide unter der Ausbeutung durch den Menschen und müsse darum geschützt werden.

Bei dieser Erhebung von Natur zum leidenden Subjekt findet offensichtlich eine Projektion statt; die rücksichtslose industrielle Vernutzung von Tieren, Pflanzen, Böden und Gewässern gemahnt stets an das eigene Leben unter Bedingungen globalisierter ökonomischer Ausbeutung.

In ihrer ‚Dialektik der Aufklärung' zeigten Adorno und Horkheimer auf, dass die Befreiung des Menschen von den Zumutungen der Natur historisch nicht zu einer vernünftigen Gesellschaft führte, sondern dass im Gegenteil die Naturbeherrschung sich „in der Beherrschung von Menschen durch andere Menschen"(1) fortsetzt. Denn die Beherrschung, also die gezielte Bearbeitung von Natur, setzt eine Disziplinierung der eigenen inneren Natur voraus. Im bearbeiteten Naturstoff zeigt sich darum nicht allein die menschliche Freiheit, im Naturmaterial den eigenen Willen zu vergegenständlichen, sondern auch der hierbei tätige ökonomische Zwang, dem der Einzelne in Lohnarbeit wie Konsum unterliegt. Was an menschlichen Bedürfnissen unterdrückt werden muss, um industrielle Produkte herzustellen, spiegelt sich in Monokulturen oder Massentierhaltungen als unterdrückter Natur. Was die Arbeitsprozesse den Menschen antun, bleibt in Wohlstandsgesellschaften meist unsichtbar – deutlich sichtbar ist dagegen, was der Produktionsprozess dem Naturstoff antat. Darum ist die Vorstellung von unberührter Natur ideeller Ort der Freiheit geworden. Als Mensch ist man in gewisser Hinsicht immer Teil des Problems; lieber wäre man Teil der Landschaft. Die Emanzipation von den Zumutungen der Natur durch technischen Fortschritt, die den Menschen von der unmittelbaren Verstrickung mit Naturphänomenen befreit und ihn also von der Natur entfernt hat, erweckt zugleich einen Wunsch nach lebendiger Naturerfahrung, in der Natur wieder unmittelbar – auch als Zumutung – erfahren werden kann. Das eigene Erleben von sich als Naturwesen in Auseinandersetzung mit widerständiger innerer wie äußerer Natur steht darum immer öfter im Fokus der Freizeit- und Lebensgestaltung in den Industrieländern.

Natur bietet sich solcher Projektion an, weil sie selbst widerständig gegen ihre Beherrschung ist. Schon bei Engels gerät sie hierüber zum widerständigen Subjekt, das sich – historisch zuverlässiger als die Arbeiterklasse – gegen ihre Ausbeutung zur Wehr setzt. Wir können die Natur durch unser Wissen über

Dr. Christine Zunke. Carl von Ossietzky Universität Oldenburg.

ihre Gesetze für unsere Zwecke umformen. „Schmeicheln wir uns indes nicht zu sehr mit unsern menschlichen Siegen über die Natur. Für jeden solchen Sieg rächt sie sich an uns. Jeder hat in erster Linie zwar die Folgen, auf die wir gerechnet, aber in zweiter und dritter Linie hat er ganz andre, unvorhergesehene Wirkungen, die nur zu oft jene ersten Folgen wieder aufheben."(2) Umweltschäden wie der Klimawandel werden oft als eine solche ‚Rache' der Natur für unseren ausbeuterischen Umgang mit ihr dargestellt. Doch die wahre Dialektik der Naturbeherrschung hat ein anderes Subjekt, den Menschen, der ihren Widerspruch aus sich auszulagern versucht, wenn er nicht sich, sondern Natur zum durch kapitalistische Industrialisierung gedemütigten und bedrohten Subjekt erklärt.

Radikale Aktionen wie die ‚Befreiung' von Tieren aus Massenhaltungen entlarven sich so als Performance eigener sentimentalischer Wünsche, dem formierenden Zwang einer Gesellschaft zu entkommen, in der das eigene Bedürfnis noch in seiner Befriedigung zum Mittel des ökonomischen Zwecks der Wertverwertung sich pervertiert. Verlassen von Kunstlicht, Klimatisierung und Einheitsfutter kollabieren Nerze wie Hühner binnen kürzester Zeit unter Panik. Dass sie dabei in Freiheit sterben dürfen, ist ein schaler Trost. Angesichts der Tatsache, dass in der deutschen Fleischindustrie nach wie vor AusländerInnen in einer „Form moderner Sklaverei" (3) beschäftigt sind, bekommt die Solidarität mit Tieren einen zynischen Beigeschmack. Dieser wird bleiben, solange Menschen nicht auch solidarisch gegen die subtileren Mechanismen ihrer eigenen Unfreiheit kämpfen.

Anmerkungen

(1) Theodor W. Adorno, *Spengler nach dem Untergang*, in: derselbe, *Prismen. Kulturkritik und Gesellschaft*, Frankfurt/M. 1992, S. 61.
(2) Friedrich Engels, *Dialektik der Natur*, MEW 20, Berlin 1975, S. 452 f.
(3) Bernd Maiweg, in: *Wiesenhof am Pranger*, Frankfurter Rundschau, 14.12.2013.

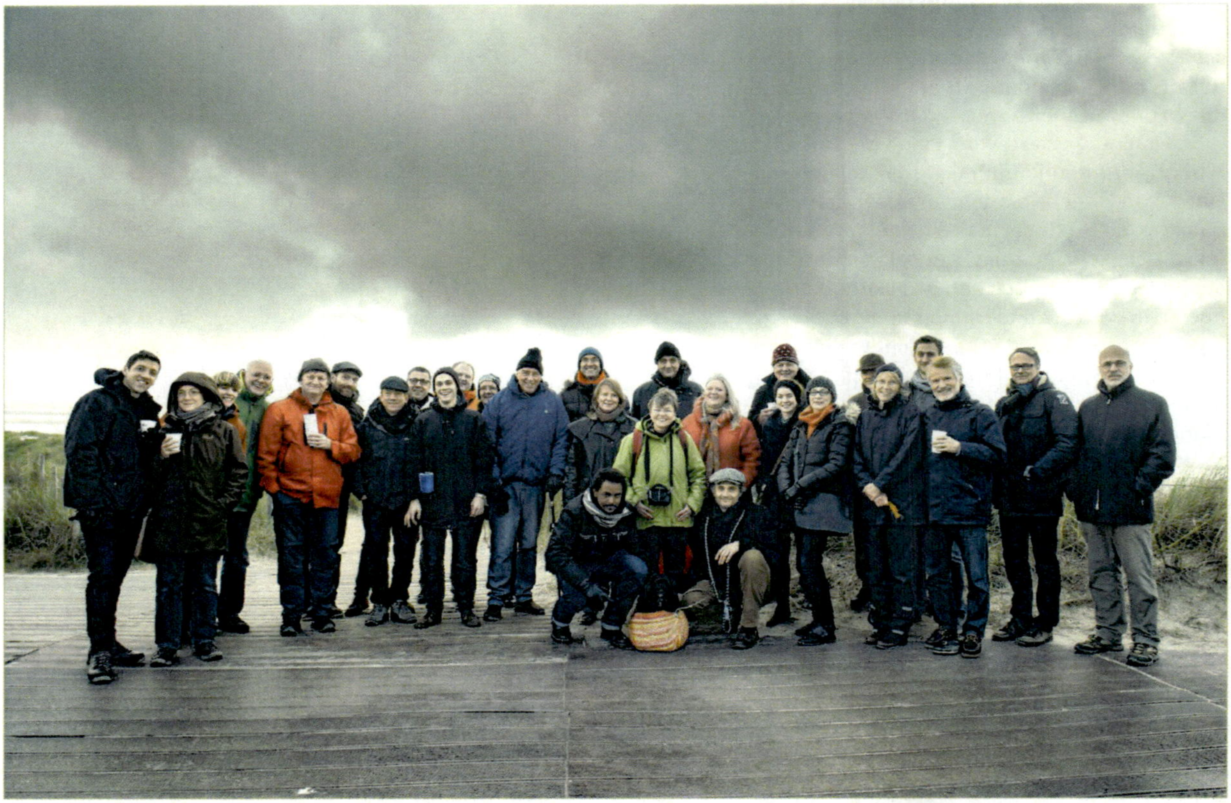

Präsentationen
Presentations

Kapitel 3
Chapter 3

Valentin Thurn. 10 Milliarden – Wie werden wir alle satt?

Bis 2050 wird die Weltbevölkerung auf zehn Milliarden Menschen anwachsen. Doch wo soll die Nahrung für alle herkommen? Kann man Fleisch künstlich herstellen? Sind Insekten die neue Proteinquelle? Oder baut jeder bald seine eigene Nahrung an?

Regisseur, Bestseller-Autor und Food-Fighter Valentin Thurn sucht weltweit nach Lösungen. Auf der Suche nach einer Antwort auf die Frage, wie wir verhindern können, dass die Menschheit durch die hemmungslose Ausbeutung knapper Ressourcen die Grundlage für ihre Ernährung zerstört, erkundet er die wichtigsten Grundlagen der Lebensmittelproduktion. Er spricht mit Machern aus den gegnerischen Lagern der industriellen und der bäuerlichen Landwirtschaft, trifft Biobauern und Nahrungsmittelspekulanten, besucht Laborgärten und Fleischfabriken.
    Ohne Anklage, aber mit Gespür für Verantwortung und Handlungsbedarf macht der Film klar, dass es nicht weitergehen kann wie bisher.
    Aber wir können etwas verändern. Wenn wir es wollen!

In welchen globalen Wahnsinn haben wir uns hineingelebt und -konsumiert? Wie können wir besser, nachhaltiger leben und vor allem ÜBERleben? Mit seinem letzten Film, dem Kino-Erfolg „Taste the Waste", löste Valentin Thurn eine intensive gesellschaftliche Debatte aus, indem er zeigte, welche immensen Mengen an Lebensmitteln ungenutzt auf den Müll wandern. In 10 MILLIARDEN fasst er die derzeit drängendsten Fragen der Welternährung zusammen. Den von Massentierhaltung, Monokulturen und Gen-Fleisch überzeugten Fortschrittsgläubigen der Industrie stehen die biologische Landwirtschaft, Kleinbauern in den Entwicklungsländern und Selbstversorger-Gemeinschaften gegenüber, die zwar weniger Masse produzieren, dafür aber schonend mit den begrenzten Ressourcen umgehen. Als Mischung aus sorgfältiger Analyse, ausgewogener Darstellung vieler Lösungswege und Plädoyer für Respekt und Mitgefühl bietet 10 MILLIARDEN eine fundierte Diskussionsgrundlage und wagt vorsichtigen Optimismus: Wir alle haben genug Möglichkeiten, etwas zu verändern – wenn wir es wollen.

Ich koche gerne, liebe guten Wein und das Ritual, gemeinsam mit Familie oder Freunden zu essen. Aber ein richtiger „Foodie" war ich nie. Erst der Blick in die Mülltonnen unserer Supermärkte hat mir klargemacht, dass die Art und Weise, wie unsere Lebensmittel produziert und verteilt werden, immer größere Probleme aufwirft. Es war ein Gefühl von Zorn, das mich dazu trieb, „Taste the Waste" zu machen. Die Reaktion des Publikums hat mir klargemacht, dass auch viele andere Menschen zornig sind über den zunehmend unachtsamen Umgang mit unserem Essen.
    Der Verlust unserer Esskultur fängt aber nicht erst bei der Verschwendung an, er beginnt bereits bei der Erzeugung auf dem Feld. Wenn die Nahrungsmittel von immer weiter her kommen, dann wird auch der Blick darauf erschwert, wie sie erzeugt wurden. Dass

Valentin Thurn. 10 Milliarden – Wie werden wir alle satt?

viele Menschen diese Entfremdung von ihrem Essen beklagen, habe ich in über 100 Diskussionsrunden im Kino und außerhalb erlebt. Sie alle begannen beim Mindesthaltbarkeitsdatum und endeten beim Welthunger.

Es war also ein regelrechter Auftrag von meinem Publikum, dass ich jetzt „10 Milliarden – Wie werden wir alle satt?" gedreht habe. Schon bei der Recherche wurde mir klar, dass es ein Unbehagen gegenüber den industriellen Methoden der Lebensmittelproduktion und -verteilung gibt, und zwar überall auf der Welt. Und dass immer mehr Menschen versuchen, eine neue Landwirtschaft aufzubauen, die Mensch und Natur respektiert.

Allerdings habe ich mich gefragt, ob das nicht eine romantische Vorstellung ist, die an der harten Realität scheitern muss. Wie sollen wir denn alle ernähren, wenn die Bevölkerung weiter wächst? Und mit dieser Fragestellung bin ich prompt auf die Rhetorik der Agrarkonzerne reingefallen. Das ist mir erst auf meiner Reise so richtig klar geworden, vor allem in den Entwicklungs- und Schwellenländern Thailand, Indien, Malawi und Mosambik.

Dort ist es offensichtlich, dass es nichts bringt, wenn wir einfach nur mehr Lebensmittel erzeugen. Die Menschen müssen auch einen Zugang zu den Lebensmitteln haben. Wir aus den Industrieländern sind üblicherweise in einem Wachstumsdenken gefangen. Einem Kleinbauern aus der Dritten Welt hingegen ist völlig klar, dass es Wachstum gibt, von dem er gar nichts hat, oder sogar Wachstum, das ihm schadet.

Und das ist das eigentlich Unheimliche am Produktivismus: Er bringt eine Landwirtschaft hervor, die sogar noch Hunger macht! Unter dem Deckmantel der Hungerbekämpfung wird die Ernährungssicherheit geringer – weil sie den Kleinbauern das Land wegnimmt, die Grundnahrungsmittel teurer macht und den ganzen Prozess den Zwängen des Weltmarktes unterordnet.

Vielleicht war unser Hauptfehler, dass wir das Essen als eine Ware betrachtet haben wie jede andere. Sie ist aber die Basis unseres Lebens, und sollte eine Sonderrolle haben. Es ist kein Problem, wenn Luxusgüter weltweit gehandelt werden. Aber die Grundversorgung mit Nahrung sollte möglichst aus der eigenen Region oder aus dem eigenen Land kommen. Das ist das Gefühl, mit dem ich aus Südasien und Afrika zurückgekehrt bin und mit dem ich auch in Deutschland eine Stärkung der regionalen Landwirtschaft starten wollte.

Im Juli 2014 haben wir deshalb den Verein „Taste of Heimat" gegründet. Rund die Hälfte der anwesenden Gründungsmitglieder waren Landwirte. Und jetzt

Valentin Thurn. 10 Milliarden – Wie werden wir alle satt?

sind wir dabei, einen Ernährungsrat in Köln und Umgebung zu gründen. Zu meinem Erstaunen kannte ich ganz viele Initiativen in meiner eigenen Stadt noch gar nicht. Und ich erlebe noch einmal, dass Essen Menschen verbindet, die aus ganz unterschiedlichen politischen Lagern und sozialen Schichten kommen.

16 von 10 Milliarden: Die wichtigsten Protagonisten

In wenigen Jahrzehnten müssen 10 Milliarden Menschen auf der Erde satt werden: Das ist der Ausgangspunkt des Films. Hat die Agrarindustrie, wie sie suggeriert, wirklich die Lösung für das drohende weltweite Ernährungsproblem? Im Mittelpunkt dieser Diskussion steht zunehmend das Saatgut, der Ursprung jeder Pflanze. Zehn Konzerne beherrschen hier 75 % des Weltmarkts. Bei der Bayer AG ist das Thema Chefsache.

Liam Condon (Leverkusen, Deutschland) ist Vor-standsvorsitzender von Bayer Crop Science, einem der weltweit größten Hersteller und Entwickler von Saatgut, Hybriden und Pestiziden. Condon setzt auf Hochleistungs-Saatgut, vor allem gentechnisch verändertes, um die wachsende Weltbevölkerung zu ernähren. Dafür hält er noch mehr Patente als Monsanto.

„Der nächste Weltkrieg könnte durch Lebensmittelknappheit ausgelöst werden. Um es dazu nicht kommen zu lassen, brauchen wir schnelle und bedeutsame Innovation. Wir brauchen eine Revolution, um die Menschen aufzurütteln – und zwar jetzt."

Die „Leistungsfähigkeit" von Pflanzen verbessern und ihre Toleranz gegenüber Dürre, Versalzung, Überschwemmung und anderen Naturphänomen zu stärken, ist erklärtes Ziel der Wissenschaftler. Ihre „Innovationen" binden die Landwirte jedoch in eine Spirale der Abhängigkeit.

Kusum Misra (Balasore, Indien) kämpft gegen die Abhängigkeit der Kleinbauern ihrer Region von den Saatgut-Konzernen. Gemeinsam mit den Bauern hat sie eine Saatgutbank mit über 700 Reissorten aufgebaut, damit sie wieder selbst bestimmen können, was sie anbauen. Ihrer Erfahrung nach übersteht das industrielle Saatgut Naturkatastrophen wesentlich schlechter als die traditionellen Sorten aus der bäuerlichen Landwirtschaft. Deren Ertrag fällt zwar generell geringer aus, ist jedoch krisenfester.

„Die Saat sollte den Bauern gehören, nicht den Unternehmen. Wenn sich die Bauern darauf einlassen, sind sie Gefangene der Konzerne. Doch die Menschen verstehen erst, wenn sie leiden."

Dass Bauern mit lokalen Sorten arbeiten, kann nicht im Interesse der Konzerne sein: Sie setzen dann nicht nur weniger Hybridsorten ab, sondern auch

Valentin Thurn. 10 Milliarden – Wie werden wir alle satt?

keine unverzichtbar dazugehörigen Pestizide und Düngemittel.

Andreas Gransee (Philippstal, Deutschland) ist Forschungsleiter bei der Kali + Salz AG, einem der größten Düngerhersteller der Welt. Er ist überzeugt: Ohne Mineraldünger wird es Hungerkrisen auf der Welt geben. Jedoch:

„In 40 bis 50 Jahren sind unsere Kalivorräte aufgebraucht, und die Produktion muss stoppen."

Gibt es angesichts des auslaufenden Kunstdünger-Zeitalters alternative Wege, um Ackerpflanzen zu düngen?

Felix Prinz zu Löwenstein (Gut Habitzheim, Deutschland) ist Ökobauer und Vorsitzender des Bundes Ökologischer Lebensmittelwirtschaft. Als Entwicklungshelfer in Haiti hat er erleben müssen, wie nicht nachhaltige Anbaumethoden für eine katastrophale Erosion der Ackerböden sorgten. Deshalb ist für ihn der Erhalt der Bodenfruchtbarkeit auf der Welt die oberste Priorität. Um die Nährstoffe im Kreislauf zu halten, praktiziert er die so genannte „Gründüngung", in der dem Boden Klee untergepflügt wird. Doch können mit solchen Methoden zehn Milliarden Menschen ernährt werden? Löwensteins Antwort:

„Nur mit solchen Methoden, statt in einem Produktionsfeuerwerk alle Ressourcen abzufackeln."

Der Industriedünger geht zur Neige und es ist zweifelhaft, dass die Erträge aus der Bio-Landwirtschaft für alle Menschen ausreichen. Daher wird unsere Zukunft auch entscheidend davon abhängen, WAS wir essen.

Bangaruswami Soundararajan (Coimbatore, Indien) ist Vorstandsvorsitzender von Suguna Chicken, dem Marktführer für Hühnerfleisch in Indien. Er setzt auf starkes Wachstum beim Fleischkonsum im bisher weitgehend vegetarischen Indien und legt jedes Jahr um etwa 20 Prozent zu. Sein Geschäftsmodell hat er sich beim deutschen Hühnchen-Konzern Wesjohann („Wiesenhof") abgeschaut. Sein Ziel ist es, die derzeit 1,2 Millarden Inder und vor allem die 40 Prozent, die traditionell vegetarisch leben, vollends vom Fleischkonsum zu überzeugen.

„Als wir vor 25 Jahren starteten, war es schwer, 10 oder 20 Hühner zu verkaufen. Heute produzieren wir eine Million Hühnchen am Tag – und verkaufen alle."

Massentierhaltung kann jedoch keine Lösung für die Welternährung sein, vielmehr ist sie eine der Gründe für die drohende Krise. Gibt es Wege, die Fleischproduktion halbwegs „menschlich" zu gestalten?

Karl Schweisfurth (Glonn, Deutschland) ist Öko-Bauer und will auch bei der Tierhaltung die Genetik wieder zurück in Bauernhand holen. Derzeit dominieren – auch bei Biofleisch – die Hybride aus dem Wesjohann-Konzern. Konsequenz: Es gibt entweder eierlegende oder fleischproduzierende Rassen. Bei den eierlegenden braucht es die männlichen Küken nicht – sie werden deshalb millionenfach getötet. Schweisfurth setzt dagegen auf sein Zweinutzungshuhn, das sowohl Eier legt als auch Fleisch ansetzt.

„Ich setze auf die „große Symbiose" und wirtschafte intensiv statt extensiv."

Bleibt die Frage nach dem Preis. Öko-Fleisch kostet bekanntlich wesentlich mehr als Discounterware, die weltweit den Standard setzt. Da der Fleischkonsum steigt, erhöht sich kontinuierlich auch der Bedarf an Futtermitteln, für die derzeit 75 Prozent der weltweiten Ackerfläche genutzt werden.

Jes Tarp (USA) ist Vorstandsvorsitzender der Aslan Group, die Soja-Farmen in der Ukraine und in Afrika betreibt. Auf seiner 10.000-Hektar-Plantage in Mosambik erzeugt er Tierfutter für den Weltmarkt. Er findet es nicht gut, dass andere Großfarmen ihr Land den Kleinbauern wegnehmen, und hat deshalb für seine Farm bisher ungenutzten Urwald gerodet. Er ist stolz darauf, mit dem extensiven Soja-Anbau neue Arbeitsplätze in der Region zu schaffen.

„Die ultimative Nachhaltigkeit ist der Profit. Darin liegt echte Hoffnung und die Chance zur Veränderung. Wenn wir verdienen, gewinnen alle."

Andere Großfirmen machen noch kürzeren Prozess, indem sie – vor allem in Kulturen, die kein Grundbuch kennen – Kleinbauern enteignen und ihre Versprechen auf Saatgut, Kredite und Verbesserung der Infrastruktur nicht einhalten.

Valentin Thurn. 10 Milliarden – Wie werden wir alle satt?

Bernd Schmitz (Hennef, Deutschland) will an seine Kühe kein Soja aus Übersee verfüttern. Im Sommer stehen sie auf der Weide, und auch das Futter für den Winter stellt der Milchbauer aus dem Gras seiner Weiden selbst her. Er ist überzeugt davon, dass dies eine hochwertigere Milch ergibt. Seinen Betrieb hat er immer in einer für ihn überschaubaren Größe gehalten, daher fiel ihm die Umstellung zum Biohof leicht.

„Kurze Wege, weniger Transportkosten, Transparenz und Qualitätsgarantie – und die Menge, die ich produziere, ist absolut genug."

Auch die moderne Wissenschaft bemüht sich, den weltweiten Ernährungsbedarf zu decken, ohne seine Grundlagen zu zerstören.

Shinji Inada (Japan) ist Direktor der Pflanzenfabrik Spread Inc., in der Salat und andere Pflanzen völlig abgeschirmt von Umwelteinflüssen produziert werden: ohne Boden, ohne Sonnenlicht und mit einer kontrollierten Atmosphäre, die mehr CO_2 enthält als die natürliche Luft. Menschen sind in diesem Prozess nicht vorgesehen, weil sie als unberechenbare Größe ein Risiko für Kontamination sind. Trotz hoher Energiekosten, vor allem für das künstliche Licht, kann Shinji Inada bereits heute rentabel arbeiten, weil er neun Mal pro Jahr ernten kann, und das auf 16 Etagen.

„Erde ist kein kontrollierbares Medium, deshalb wollen wir sie nicht benutzen."

Ronald Stotish (Kanada/USA) will mit seinem Unternehmen AquaBounty einen Lachs auf den Markt bringen, der sechsmal so schnell wächst wie normale Lachse – dank Gentechnik. Durch Einpflanzung eines zusätzlichen Gens sind sie identisch mit natürlichen Lachsen – „in jeder messbaren Hinsicht".

„Wenn wir als Menschheit überleben wollen, sind wir auf die intelligente Entwicklung solcher Innovationen angewiesen."

In den Niederlanden wiederum werden ganz neue Wege beschritten, um tierische Proteine noch effizienter herzustellen.

Mark Post (Maastricht, Niederlande) leitet das „Cultured Beef Project", in dessen Rahmen Fleisch im Labor gezüchtet wird. Er hat bereits Hamburger aus dem künstlichen Fleischgewebe hergestellt und ist sich sicher, dass in wenigen Jahrzehnten das meiste Fleisch aus dem Labor kommen wird. Einer der Hauptsponsoren des Projekts, von Tierschützern als „No Kill Meat" begrüsst, ist Google-Mitgründer Sergey Brin. Umweltbewusster, gewaltloser, identisch in Geschmack und Textur – die Lösung?

„Die Kuh ist ein sehr ineffizientes Tier. Im Labor können wir zielgerichteter arbeiten. Oder wir hören auf, Fleisch zu essen – was nicht passieren wird."

Als vorläufig nur auf die reichen Länder gezielte Innovation wird auch hier langfristig der Preis entscheiden. In einem größeren Maßstab gilt dies für die gesamte Entwicklung der Landwirtschaft. Dieser Preis wird an der Börse bestimmt.

Jim Rogers (Chicago, USA) gilt als der Guru des Handels mit Agrar-Rohstoffen an der Börse in Chicago. Er gründete den Rogers International Commoditiy Index und den milliardenschweren Quantum-Fonds. Doch kann man mit Nahrungsmitteln wirklich als abstrakter Größe spekulieren oder geht es hier nicht direkt um Menschenrechte? Wie hoch ist der Preis der Lebensgrundlage? Rogers prognostiziert:

„Die Preise an der Börse werden kräftig steigen müssen, weil die Bauern nur dann genügend Nahrungsmittel produzieren werden."

Aus diesem Griff globaler Marktzwänge hat sich unter anderem eine Kleinstadt in Großbritannien befreit.

Rob Hopkins (Totnes, Großbritannien) gründete das „Transition Town Network", in dem bereits 450 Kommunen weltweit versuchen, sich von der internationalen Finanzwirtschaft abzukoppeln und insbesondere bei der Lebensmittelversorgung lokale Netzwerke aufbauen.

„Unsere Gesellschaft handelt zu 97 Prozent mit nicht vorhandenen Dingen. Wir wollen diese Prozesse wieder greifbarer machen."

Fanny Nanjiwa Likalawe (Malawi) ist stolze Kleinbäuerin in einem der ärmsten Länder der Welt, das sehr unter den Schwankungen der Weltmarktpreise leidet. Ein Entwicklungsprojekt half ihrem Dorf, das sich heute wieder von den Erzeugnissen seiner Felder ernähren kann.

Valentin Thurn. 10 Milliarden – Wie werden wir alle satt?

„Früher hatten wir immer 10 bis 15 Familien, die an Hunger litten. Unsere Unabhängigkeit hat das verändert."

Krisenvorsorge durch die Grundversorgung aus eigener Kraft: International formiert sich eine Bewegung, die beim Sichern der Ernährung auf Eigeninitiative setzt.

Will Allen (USA) war Basketball-Star in der NBA. Heute betreibt er einen Bauernhof mitten in einem Armutsviertel der Millionenstadt Milwaukee und gilt in den USA als Vorreiter des Urban Farming.

„Wir brauchen lokale Ernährungssysteme."

Mary Clear (Todmorden, England) hat die Mauern um ihren Garten abgerissen und ein Schild aufgestellt: „Bedient Euch." Sie lud die Bürger in ihrer Heimatstadt Todmorden ein, frisches Obst und Gemüse aus ihrem Garten zu holen. Dadurch hat sie das Projekt *Incredible Edible* (Essbare Stadt) initiiert, in dessen Rahmen überall in der Stadt öffentliche Flächen bepflanzt werden.

„Nicht die Wissenschaft wird das Ernährungsproblem lösen, sondern Mitgefühl und Menschlichkeit."

Valentin Thurn. Interview: Eine Frage des (Über)Lebens.

Eine Frage des (Über)Lebens
Interview mit Regisseur Valentin Thurn

Herr Thurn, die veränderten Grundlagen der globalen Lebensmittelversorgung erfordern ein Umdenken bei der Ernährung. Wie haben Ihnen am Anfang des Films die frittierten Insekten geschmeckt?
Sehr gut, das war keine große Überwindung. An die großen Spinnen habe ich mich nicht herangewagt, das schafft unsereins nicht, aber die Heuschrecken gingen ganz gut. Sie haben eine ähnliche Konsistenz wie Shrimps, außerdem werden sie in Thailand mit viel Knoblauch, Chili, Zitronengras und Basilikum gewürzt.

Ihre persönliche Perspektive gibt dem Film seine Struktur. Was war Ihr Ausgangspunkt bei der Konzeption?
Ich habe die Ich-Perspektive gewählt, um als Stellvertreter des Zuschauers eine faktenorientierte Reise durch die Welt der alten und neuen Ernährungsformen anzutreten. Eine Wertung oder gar Schmähung habe ich versucht zu vermeiden, weil ich denke, dass wir die ideologischen Grabenkämpfe überwinden sollten.

Vielen Zuschauern dürften Sie bereits aus Ihrem erfolgreichen Dokumentarfilm „Taste the Waste" bekannt sein.
Der Erfolg hat uns selbst überrascht – bei einem „ekligen" Thema wie Abfall war das nicht unbedingt zu erwarten. Dass es in letzter Konsequenz um die Wertschätzung unserer Lebensgrundlage geht, hat dann eine erstaunlich breite Öffentlichkeit zu schätzen gewusst, von sehr jungen Öko-Aktivisten bis hin zu älteren Menschen, die selber noch großen Mangel erfahren haben.

Es gibt die Annahme, dass diese Themen vor allem Menschen ansprechen, die ohnehin schon einen bewussten Lebensweg gehen.
In den letzten Jahren ist das Publikum für diese Themen größer geworden. Neben der klassisch engagierten Szene gibt es ein wachsendes allgemeines Unbehagen und Interesse an den Dingen, die ganz offensichtlich falsch laufen. Laut Marktforschung sind 25 Prozent der Konsumenten ansprechbar für die Frage „Wo kommt mein Essen her?" – mehr als doppelt so viele wie noch vor fünf Jahren. 75 Prozent ist es jedoch nach wie vor egal. Diese Menschen kaufen nach Preis und halten alles andere für Schaumschlägerei. Das muss man auch wissen.

Welche Form von Aufklärung bzw. „Erziehung" steckt in 10 MILLIARDEN?
Ich sehe mich keinesfalls als Pädagoge, der weiß, wo es langgeht, dazu ist das Thema viel zu komplex. Pamphletartige Aussagen wie „Bio für zehn Milliarden" oder „Alle müssen vegan werden" will ich vermeiden.
Dennoch sehe ich 10 MILLIARDEN zusammen mit unserem begleitenden Buch „Harte Kost" und der Plattform „Taste of Heimat" als Kampagne, die auch in Schulen und Institutionen eingesetzt werden kann und vor allem eines vermitteln soll: Ich kann die globale Entwicklung beeinflussen, indem ich regionale Produkte kaufe. Dem zweifellos vorhandenen Trend zur Nachhaltigkeit will ich das Niedliche, Landlustige nehmen, denn eine Umstellung unserer Ernährung hat weltpolitische Bedeutung. Beispielsweise ist lange unterschätzt worden, welch großen Anteil die Lebensmittelindustrie am Klimawandel hat: Bereiche wie Landwirtschaft, Transport, Verarbeitung und die Veränderung der Landnutzung machen 40 Prozent aus. Wir müssen nicht bei jedem Bissen daran denken, dennoch möchte ich eine gesellschaftliche Debatte anstoßen und eine bestimmte Richtung zeigen – ohne erhobenen Zeigefinger.

Wie etwa auf Fleisch zu verzichten?
Ich bin selbst kein Vegetarier, aber staune, wie sehr sich mein Fleischkonsum im Entstehungsprozess des Films reduziert hat. Insgesamt neige ich nicht zu radikalen Lösungen. Fleischproduktion muss nicht zwangsläufig unnachhaltig sein – so wie derzeit in den meisten Fällen. Beispielsweise gibt es nichts Besseres für marginale Gebiete wie das Hochgebirge oder Wiesen in Mittelgebirgen als Weidehaltung. In manchen Dürrezonen wächst nur Gras, das ausschließlich von Tieren genutzt werden kann. Die Landwirtschaft ist eine der wenigen Wirtschaften, die CO_2-negativ sein, Kohlendioxid also binden kann. In der aktuellen Form der Massentierhaltung passiert das natürlich nicht,

Valentin Thurn. Interview: Eine Frage des (Über)Lebens.

und für die Industrieländer gilt zweifellos, dass wir viel zu viel Fleisch konsumieren.

10 MILLIARDEN zeigt politischen, ökologischen, wissenschaftlichen und menschenrechtlichen Wahnsinn, aber auch beeindruckende Einzelinitiativen.

Jeder von uns hat ja auch Handlungsspielraum und es ist nicht nötig, in Pessimismus zu verfallen. Die Aussicht auf „10 Milliarden" wird durchaus auch von den Geschäftsinteressen der Großkonzerne missbraucht, um Angst zu verbreiten und die eigenen Lösungen durchzudrücken. Ich sage nicht, dass alles, was dort passiert, brandgefährlich ist, aber man sollte die Motivation hinter den vermeintlich heilsbringenden Innovationen sehen. Mir selbst liegt es fern, einfache Lösungen zu präsentieren. Was heißt schon „Esst regional"? Über Regionalität, Saisonalität muss man sich auch erst mal informieren können.

Wäre für diesen Film auch eine rein beobachtende Form möglich gewesen, in der nur wenig erklärt oder kommentiert werden muss?

Wir hatten auf jeden Fall Erklärungsbedarf. Es gibt durchaus spontan entstandene, beobachtende Szenen, was sich aus der Natur des Dokumentarfilms ergibt. Beim Schnitt haben wir jedoch gemerkt, dass es zwischen den Episoden Lücken gibt, die Erklärung und Verbindung brauchten. Mir war wichtig, verständliche Übergänge zu schaffen und die Informationen zu gewichten – als eine Art Reiseleiter durch das Thema und die Orte, für die ich bewusst sowohl Industrie- als auch Entwicklungsländer ausgewählt habe.

Welche Art von gesellschaftlicher Debatte wollen Sie anregen?

Wir wollen einen Diskurs schaffen, der den produktivistischen Lösungsweg – also „mehr produzieren hilft mehr" – infrage stellt. Nach wie vor bestimmt der klassische Fortschrittsgedanke die öffentliche Einstellung. Aber wir dürfen auf der anderen Seite auch die Bio-Landwirtschaft nicht nur durch unsere europäische Brille betrachten. So spielt das Konzept „Bio" eigentlich nur für die Industrieländer, speziell Europa, eine Rolle, woanders ist es eher der Konflikt Großbauer versus Kleinbauer.

Die Episode in der indischen Hühnerfabrik, die im Zuge des gestiegenen Fleischkonsums floriert, stimmt bedenklich. Was wird passieren, wenn Nationen wie China oder Indien im Zuge von „Wirtschaftswundern" die Handlungsweisen der Industrieländer übernehmen?

Das ist in dieser Form gar nicht möglich, da ihnen eine „Vierte Welt" fehlt, deren Ressourcen sie in dem Maße ausbeuten können, wie wir es getan haben. Deshalb können die vielen Menschen, die dort noch auf dem Lande leben, nicht einfach in die Städte abwandern. Doch zunehmend werden sie von Großfarmen verdrängt, die ihnen den Zugang zu Land und Wasser nehmen. Oft bauen sie Tierfutter an, für unsere Massentierhaltung in Europa.

Haben Sie jedem Gesprächspartner bei der Anfrage das gleiche Filmkonzept vorgelegt?

Ja, was aber stellenweise neutraler klang, als die Schlüsse, zu denen ich im Film komme. Die Pressesprecher beispielsweise bei Bayer wussten, dass ich keinen Pro-Gentechnik-Film plane, aber sie kannten „Taste the Waste". Sie sagten das Gespräch zu, weil sie erkannten, dass mir eine Haltung, die Konzerne platt in die Pfanne haut, zu langweilig ist. Ich polarisiere da, wo es nötig ist. Bei Monsanto sind wir übrigens baden gegangen, die stehen bereits zu sehr in der Kritik.

In puncto Lifestyle ist die 1980er-Vollkorn-Askese einer eher hedonistischen Einstellung mit fairem Kaffee in der 1.000-Euro-Maschine gewichen.

Wir sind verwöhnt. Ich esse und koche gerne, was für mich kein Widerspruch zu Engagement ist. Für mich liegt der Schlüssel in der Wertschätzung. Auch Resteverwertung kann lustvoll sein. Ich muss nicht zwangsläufig an Hungerbäuche denken, wenn ich mein Essen aus einer lokalen Bauerngemeinschaft beziehe.

… die jedoch nie das Idyll darstellt, das wir aus Kinderbüchern oder von den fröhlichen Kühen auf Milchpackungen kennen.

Selbst in der Bio-Variante nicht. In der Landwirtschaft hat man es täglich mit Gedeih und Verderb zu tun. Wir Städter haben dazu keinen direkten Zugang mehr, sondern müssen bei der Unterscheidung zwischen gut und schlecht auf Krücken wie das Mindest-

Valentin Thurn. Interview: Eine Frage des (Über)Lebens.

haltbarkeitsdatum vertrauen. 10 MILLIARDEN versucht auch, etwas Grundwissen über Landwirtschaft zu vermitteln, um einschätzen zu können, wie und wo man wirkliche Qualität erhält. An der Distanz, die zwischen Bauern und Verbrauchern entstanden ist, leiden auch die Landwirte. Durch die Billig-Entscheidungen der Konsumenten sind sie zu Praktiken wie unfreiwilliger Vergrößerung der Betriebe gezwungen. Der Bauernverband gibt vor, die Interessen der kleinen Landwirte zu vertreten, ist aber für kompletten Freihandel, der die Kleinen kaputt macht.

Für Ihre Reise sind Sie rund um die Welt geflogen ...

... und habe in der Tat eine schlechte CO_2-Bilanz erzielt. Das ging in diesem Rahmen nicht anders: Wenn ich über Welternährung erzähle, muss ich mir die Welt anschauen. Wir haben zwar manchmal den Landweg gewählt, unter anderem in Japan, aber das ist angesichts des Equipments schwierig. Unser Kameramann Hajo Schomerus hat das allerdings gut einschränken können, zumal durch unsere Arbeit mit natürlichem Licht der Beleuchtungskoffer wegfiel.

Die Privatinitiativen in Deutschland (SoLaWi) und Großbritannien (Transition Network, Incredible Edible) setzen auf Eigenverantwortung. „Die Wissenschaft wird das Problem nicht lösen, sondern die Menschlichkeit" sagt Mary Clear. Eine Qualität, die wir neu entdecken müssen?

Ja, denn warum ändert jemand etwas? Trotz des vorherrschenden Bildes nicht nur dann, wenn es sich bezahlt macht. So ticken Menschen nicht. Sie müssen zwar ihre Grundbedürfnisse befriedigen, aber die Mehrheit geht weit darüber hinaus. Mitgefühl und Menschlichkeit sind Bedürfnisse, die wir allzu oft negieren. Dazu kommt der Respekt vor der Schöpfung, der sich auch ausnahmslos in allen Religionen wieder findet: Ich entnehme etwas, worum ich mich verantwortungsvoll kümmern muss. Nahrungsmittel waren in der Menschheitsgeschichte immer knapp. Wir

drehen durch, weil wir in unserer Kultur erstmals mit flächendeckendem Überfluss konfrontiert sind.

Zwei Wochen nach Filmstart beginnt am 1. Mai in Mailand die Weltausstellung Expo 2015. Ihr Motto lautet „Feeding the Planet, Energy for Life". In diesem Rahmen wird den Regierungschefs das „Mailander Protokoll" als Vorlage für ein globales Ernährungsabkommen präsentiert. Welche Chancen geben Sie einem solchen Papier?

Guido Barilla hat hier eine beachtliche Initiative gestartet, profitiert aber als Pasta-Weltmarktführer nebenbei sehr vom Vegetarierboom. Ich persönlich würde nicht darauf warten, dass sich die Politik des Themas annimmt, sie aber auch nicht davon entlasten. Die Menschen wissen inzwischen zu viel, um einfache Antworten zu bekommen. Im Mittelpunkt der Veränderung steht die individuelle Konsumentscheidung.

Folgen wir also Mary Clears (und Martin Luthers) Vorschlag: „Lasst uns ein Apfelbäumchen pflanzen?"
Aber keinen aus dem Baumarkt! Gerne eine alte Apfelsorte aus regionalem Anbau.

Valentin Thurn ist Filmemacher und Publizist, Regisseur und Filmproduzent.
Studium der Geographie in Aix-en-Provence, Frankfurt und Köln. Deutsche Journalistenschule in München. Gründer von Foodsharing und Taste of Heimat.
www.ThurnFilm.de

Valentin Thurn drehte über 40 Dokumentationen für Fernsehen und Kino. Sein Film „Ich bin Al Kaida" war 2006 für den Deutschen Fernsehpreis nominiert, „Mit meiner Tochter nicht!" wurde beim Filmfestival Eberswalde ausgezeichnet und „Tod im Krankenhaus" gewann den ARGUS-Medizinpreis 2008.

Sein bekanntester Kinofilm „Taste the Waste" war 2011 mit 130.000 Zuschauern einer der erfolgreichsten deutschen Dokumentarfilme. Er wurde auf der Berlinale uraufgeführt und auf 30 Filmfestivals weltweit gezeigt, gewann den Umwelt-Medienpreis der Deutschen Umwelthilfe sowie 15 weitere Preise.

2011 schrieb er das Buch „Die Essensvernichter", das mit einer Auflage von 35.000 Exemplaren zum Spiegel-Bestseller avancierte. 2012 folgte das „Taste the Waste"-Kochbuch, und 2013 drehte er „Die Essensretter", was ihm wieder zahlreiche internationale Preise, darunter den Econsense Journalistenpreis, brachte.

Valentin Thurn ist Diplom-Geograf und wurde an der Deutschen Journalistenschule in München ausgebildet. 1993 gründete er die „International Federation of Environmental Journalists" (IFEJ), 2012 den Verein „Foodsharing e.V.".

2014 rief er zur Stärkung der Direktvermarktung von Lebensmitteln die Plattform „Taste of Heimat" ins Leben. Unter www.tasteofheimat.de bietet sie eine Umkreis-Suche für auf regionale Produkte spezialisierte Restaurants und Händler. Ein Magazinteil und der „Taste-O-Mat", mit der individuell passende Angebote ermittelt werden können, runden den Auftritt dieser Online-Community ab. Im gleichen Jahr erschien sein neues Buch „Harte Kost", das auf der gleichen Reise wie 10 MILLIARDEN – WIE WERDEN WIR ALLE SATT basiert und den Film begleitet. Er veröffentlichte es gemeinsam mit Co-Autor Stefan Kreutzberger im Ludwig Verlag.

Filmografie (Auswahl)

2015 10 MILLIARDEN – Wie werden wir alle satt? (Kino-Dokumentarfilm)
2014 Die Milchrebellen (WDR)
2013 Die Essensretter (ARD)
2011 Taste the Waste (Kino-Dokumentarfilm)
2010 Frisch auf den Müll – Die globale Lebensmittelverschwendung (ARD)
2010 Essen im Eimer (WDR)
2009 Der aufsässige Staatsdiener – Ein Beamter packt aus (WDR)
   Unschuldig im Knast (ARD)
   Ein Lotse fürs Leben (ARD)
2008 Tod im Krankenhaus (Arte)
2008 Gefundenes Fressen – Leben aus dem Abfall (WDR)
   Samenspender unbekannt – Anna sucht ihren Vater (WDR)
2007 Impfen – Nur ein kleiner Nadelstich? (Arte)
   „Mit meiner Tochter nicht!" – Frauen-Beschneidung in Europa (Arte)
   Faustrecht hinter Gittern – Wege aus der Gewalt (WDR)
2006 Ohne Papiere – Illegale Einwanderer in Deutschland (ARD/WDR)
   Ich bin Al Kaida – Das Leben des Zacarias Moussaoui (Arte/NDR)
   Mein Kind in deinem Bauch – Das dunkle Geschäft mit den Leihmüttern (ZDF)
   Armutszeugnis – Kinderarmut im reichen Europa (Arte)

Valentin Thurn. Nachtrag: Fakten zur Welternährung.

**Welt-Getreideernte:
Die Konkurrenz der 4 großen "T"**

- Tank (Biosprit) 13%
- Tonne (Verschwendung) 33%
- Trog (Futtermittel) 24%
- Teller (Ernährung) 30%

Grafik: Valentin Thurn, Quelle: Weltagrarbericht

Die Zahl der Menschen wird bis Mitte des Jahrhunderts auf rund zehn Milliarden anwachsen. Gleichzeitig schrumpft die weltweite Agrarfläche. Und gleichzeitig steigt der Lebensstandard in den Schwellenländern, so dass sich die Mittelschicht dort immer mehr Fleisch leisten kann. Bereits heute wird jedoch ein Drittel der Welt-Getreideernte an Tiere verfüttert. Erhöht sich dieser Anteil noch, dann bedeutet das: Die Grundnahrungsmittel werden teurer und die Ärmsten der Armen werden sich noch weniger Essen leisten können.

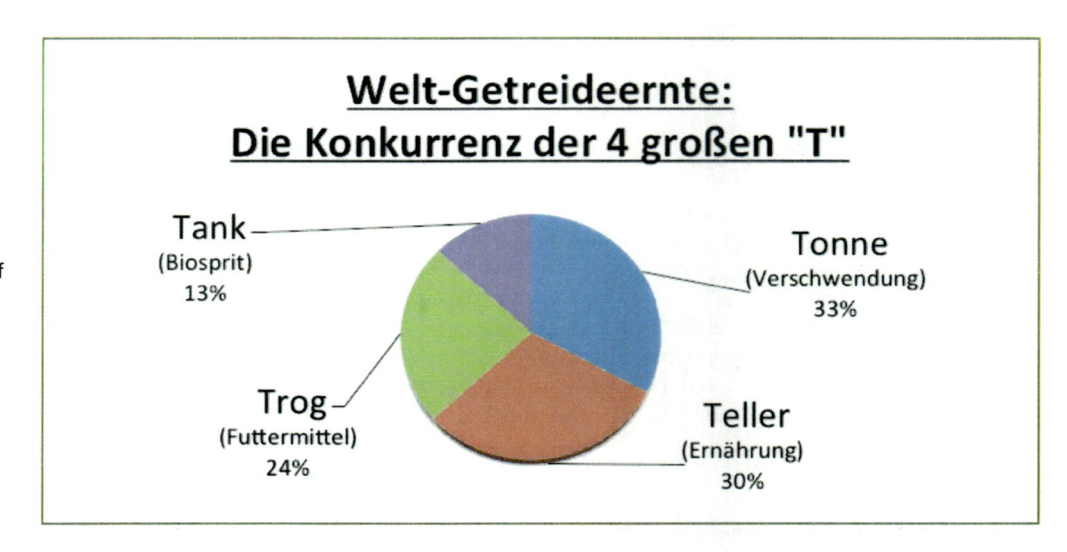

Die Agrarindustrie folgert daraus, dass wir die Produktion an Nahrungsmitteln verdoppeln müssen. Vor allem in den Entwicklungsländern sehen sie Potenzial – und Märkte für ihre Produkte. In den Industrieländern hingegen ist das Ende der Möglichkeiten fast erreicht. Nach Jahrzehnten kräftigen Wachstums stagnieren in den letzten Jahren die landwirtschaftlichen Erträge.

Ist die Übertragung unseres Wachstumsmodells auf die Entwicklungsländer überhaupt möglich? Die Ressourcen des Planeten geraten zunehmend an ihr Limit, und in den meisten Fällen ist die moderne, industrielle Landwirtschaft daran schuld. Sie verbraucht bzw. erzeugt weltweit:
- 75 Prozent des Wassers
- 40 Prozent der Treibhausgase

Die Methoden der industriellen Landwirtschaft haben es geschafft, die Erträge zu steigern. Doch dieser Erfolg ist nicht nachhaltig, denn durch das großflächige Ausbringen von Kunstdüngern und Pestiziden wird das Bodenleben zerstört. Daraus folgt ein Rückgang der Bodenfruchtbarkeit, was langfristig auch weniger Erträge bedeutet. Denn die künstliche Zufuhr von Dünger ist begrenzt, die natürlichen Lagerstätten von Kali und vor allem von Phosphor werden am Ende dieses Jahrhunderts oder am Anfang des nächsten zur Neige gehen.

Auf der anderen Seite erzeugt die biologische Landwirtschaft, so wie sie in den Industrieländern betrieben wird, weniger Nahrungsmittel pro Hektar Land. Für die Welternährung heißt das aber nicht, dass die Lage ausweglos ist.

In den Entwicklungsländern heißt der Gegensatz: Kleinbauern versus Großfarmen. Und erstaunlicherweise holen die Kleinbauern im Durchschnitt mehr aus dem Hektar Land heraus als die Großfarmen. Das liegt an den billigen, in großer Zahl verfügbaren manuellen Arbeitskräften. Sie wirtschaften nahezu ökologisch, aber mit dem Unterschied, dass durch den Einsatz ihrer Hände auch kleinste Unterschiede im Relief und der Bodenbeschaffung beim Anbau berücksichtigt werden können, während Maschinen nur in einem groben Raster arbeiten können.

Aber wie sollen die Nahrungsmittel ausreichen, wenn jetzt die Menschheit noch mal um fast die Hälfte wächst? Die Welt-Getreideernte wird heute sehr ineffizient verwendet (siehe Grafik). Ein Drittel der weltweiten Ernte wird entlang der Produktionskette verschwendet, und ein Viertel wird an Tiere verfüttert. Bevor wir mit fragwürdigen Methoden die Produktivität steigern, sollten wir zunächst diese gigantischen Reserven nutzen.

Valentin Thurn. 10 Milliarden – Wie werden wir alle satt?

Valentin Thurn. Taste the Waste – Alternativen zur Lebensmittelverschwendung.

Ein Drittel der Lebensmittel, die weltweit erzeugt werden, landet auf dem Müll, in den Industrieländern sogar die Hälfte (1). Eine erschreckende Zahl, die zeigt, wie sehr die Wertschätzung von Lebensmitteln gesunken ist. Und der Müllberg wächst weiter: Seit 1974 hat er sich noch einmal um fünfzig Prozent erhöht. Die Verschwendung fängt schon auf dem Acker an – aussortiert und liegen bleibt alles, was nicht den Handelsnormen entspricht. Auf Handelsebene beschleunigt das Mindesthaltbarkeitsdatum das Wegwerfen von noch guter Nahrung. In den Entwicklungsländern hingegen liegt das Problem vor allem im Verderben nach der Ernte. Die „kollateralen Schäden" dieser Verschwendung auf Welternährung, Umwelt und Klima sind weitaus größer als bisher angenommen: Etwa 10% unseres Energieverbrauchs, 50 % der Landnutzung und 80 % des Wasserverbrauchs gehen auf das Konto der Verschwendung. Wir können dem entgegenwirken, wenn wir den Konsum wieder als politisches Handlungsfeld begreifen.

Offenbar sind die Erfahrungen der Lebensmittelknappheit nach dem Krieg in Europa längst vergessen. Vorbei die Ermahnungen unserer Mütter und Großmütter, keine Reste auf dem Teller liegen zu lassen, während die Kinder in Afrika verhungern. Lebensmittel sind heute Massenware, die Discounter unterbieten sich im Preis. Im Supermarkt können wir uns zwischen über 100 Joghurtsorten entscheiden, eine Auswahl, die nur zu oft im Kühlschrank verdirbt.

Die Verschwendung ist global: Der japanische Wissenschaftler Kohei Watanabe hat Mülltonnen in England, Deutschland, Österreich, Japan und Malaysia untersucht und ist zu dem Ergebnis gekommen, dass der Anteil essbarer Lebensmittel überall rund 10 % beträgt – dazu kommen noch einmal etwa 5 % Speisereste, die nicht mehr essbar sind.

In dem Moment, in dem das System Supermarkt in einer Gesellschaft angekommen ist, beginnt eine Entfremdung des Konsumenten von den Erzeugern, die die Verschwendung begünstigt.

Wertschätzung verloren

Warum haben die Menschen die Wertschätzung für ihr Essen verloren? Das mag damit zusammenhängen, dass die Lebensmittel immer billiger werden. Heute geben die Menschen in den Industrieländern nur noch 10 bis 20 Prozent ihres Einkommens dafür aus. In den sechziger und siebziger Jahren des vergangenen Jahrhunderts waren es noch 40 bis 50 Prozent. In der Hektik des Alltags kaufen viele nur noch einmal in der Woche ein: Am Samstag wird der Kühlschrank vollgestopft, aber in den nächsten Tagen kommt man erst spät nach Hause oder entscheidet sich spontan, doch einmal essen zu gehen. Und schon verkommt ein Teil der Waren. Wir sind es gewohnt, im Supermarkt zu jeder Tages- und Jahreszeit alles zu finden, was wir benötigen: Erdbeeren im Dezember und frisches Brot bis in die Nacht. Das sorgfältig arrangierte Überangebot verführt uns, mehr zu kaufen, als wir letztendlich verarbeiten können. Vieles wandert vom Kühlschrank direkt

Valentin Thurn. Taste the Waste – Alternativen zur Lebensmittelverschwendung.

in den Mülleimer, ohne dass es überhaupt auf den Tisch gekommen ist. Weil es schnell gehen muss, greifen wir gern zu vorgefertigtem Convenience Food mit geringer Haltbarkeit. Das, was von den vorportionierten Mengen übrigbleibt, wird entsorgt. Denn viele von uns haben verlernt, wie wir aus den Resten einer Mahlzeit ein neues Essen zaubern können. Dabei haben sich auch die tradierten Formen des Essens gewandelt. Alles, was mit Schmutz und Ekel bei der Essenszubereitung zu tun haben könnte, wird vermieden. Ein Fisch darf keinen Kopf mehr haben, die Hähnchenbrust nicht mehr an ihren tierischen Ursprung erinnern. Aufgrund unterschiedlicher Tagesabläufe und Arbeitszeiten wird gegessen, wann es sich gerade einrichten lässt, und jeder isst, was ihm schmeckt. Niemand fühlt sich mehr dauerhaft für die Essensbeschaffung und –zubereitung zuständig. Das wird nach außen delegiert: an Fastfood-Ketten, Supermärkte, Restaurants, Fertiggerichte und Pizzabringdienste. Alles muss schnell gehen, darf nicht belasten und nicht viel Reinigungsaufwand nach sich ziehen.

Welche Verantwortung trägt der Verbraucher? In Deutschland hat das Bundesernährungsministerium in Reaktion auf unsere Filme „Frisch auf den Müll" und „Taste the Waste" eine Studie bei der Uni Stuttgart in Auftrag gegeben (2). Sie sollte ermitteln, an welchen Stellen wie viel verschwendet wird. Die Pressestelle des Ministeriums verkürzte das Ergebnis auf die Aussage, dass zu 61 % der Verbraucher schuld sei. Doch das ist eine unzulässige Schlussfolgerung, schließlich wurde ein riesiger Bereich komplett weggelassen: Die Landwirtschaft.

Fast alle anderen Studien aus der EU kommen hingegen zum Schluss, dass die Verbraucher für rund 40 – 45 % des Lebensmittel-Müllbergs verantwortlich sind. Das heißt aber auch: Das meiste wird weggeworfen, bevor es uns Verbraucher erreicht. Unter dem Strich heißt das: Eine Lösung wird es nur geben, wenn alle in der Produktionskette zusammenarbeiten. Ein Händler kann nicht agieren, wenn seine Kunden nicht mitziehen. Aber wir Verbraucher können auch nichts machen, wenn keine krummen Gurken im Supermarkt angeboten werden.

Geteilte Verantwortung

Eine andere Studie, die parallel von der FH Münster erstellt wurde, zeigt deutlich, dass echte Lösungen nur entstehen können, wenn man in der Produktionskette zusammenarbeitet. (3) Wenn sich z. B. Supermärkte „just in time" beliefern lassen, dann verlagert das die Müllproblematik nur auf die Transporteure, die viel mehr Ware vorhalten müssen, um diesen Anforderungen gerecht zu werden. Folge: Die Supermärkte haben weniger Überschüsse, die Lkw-Speditionen umso mehr.

Valentin Thurn. Taste the Waste – Alternativen zur Lebensmittelverschwendung.

Wie man die ganze Produktionskette anspricht, zeigt das Beispiel Großbritannien. Die Briten sind zwar sonst nicht gerade als Öko-Vorreiter bekannt. Aber vielleicht liegt es genau daran. Denn immer noch deponieren sie einen großen Teil ihrer Abfälle auf Müllkippen. Und die sind randvoll, zudem droht die EU mit Millionen-Strafzahlungen. Beides hat eine Dringlichkeit geschaffen, unter der schon 2007 die Regierung von Gordon Brown drastische Gegenmaßnahmen beschloss.

Um eine Verringerung der Müllmengen zu erreichen, gründete die britische Regierung das „Waste Resources Action Programme" (WRAP). Es führte detaillierte Studien durch, die nachwiesen, wie viele kostbare Ressourcen unnötig verschleudert werden, und führte Kampagnen durch, die zeigten, wie einfach es ist, weniger wegzuwerfen.

Die britischen Bemühungen verschonen auch die Unternehmen nicht. Die Regierung holte sie mit sanftem Druck an den Verhandlungstisch, indem sie mit gesetzlichen Regulierungen drohte. Mit Erfolg: Im „Courtauld Committment" verpflichteten sich die Lebensmittel-Unternehmen zu einer Müll-Reduzierung um fünf Prozent in zwei Jahren. Zum Bedauern vieler Umweltpolitiker gab es keine Straf-Androhung, falls dieses Ziel nicht erreicht wird. Einziges Druckmittel war, dass die Unternehmen blamiert wären. Und das reichte offenbar: Industrie und Handel schafften die angepeilten fünf Prozent. Diese Bemühungen haben auch den Regierungswechsel von Labour zu den Tories überdauert. Die aktuelle konservative Regierung verhandelt gerade mit der Gastronomie-Branche über ein weiteres „Courtauld Committment".

Eigentlich müsste der Handel schon aus rein betriebswirtschaftlichen Gründen daran interessiert sein, die Verschwendung zu begrenzen. Doch um den Käufern immer volle Regale, große Auswahl und die immer gleichen, perfekt aussehenden Produkte anbieten zu können, wird besonders bei frischer Ware kräftig aussortiert. Sobald ein einzelnes Blatt faulig ist, wird der ganze Salat weggeworfen. Wenn nur ein einziger Pfirsich schimmelt, wird der Rest der Packung gleich mit entsorgt. Die Arbeitszeit der Angestellten darauf zu verwenden, einzelne Obst- und Gemüsestücke auszusortieren, ist offenbar für den Händler zu teuer. Die entsorgte Ware ist natürlich eingepreist: Wenn wir zehn Joghurtbecher kaufen, dann zahlen wir einen weiteren mit, der im Müllcontainer landet.

Milch- und Käseprodukte werden zwei bis sechs Tage vor Ablauf des Mindesthaltbarkeitsdatums aus den Regalen entfernt und weggeworfen. Das meiste davon wäre noch gut genießbar, auch über das Datum hinaus. Eine einfache Prüfung – schauen, riechen, schmecken – würde reichen, doch viele trauen sich das nicht mehr zu. Was fast kein Verbraucher weiß: Das Datum wird von den Herstellern selbst aufgedruckt, nicht von einer Behörde. Unter dem Vorwand des Verbraucherschutzes werden die Haltbarkeitsfristen immer kürzer. Doch in Wirklichkeit geht es nicht um Haltbarkeit. Schon der Begriff ist irreführend! Um Haltbarkeit geht es nur bei Fleisch-, Fisch- und Eiprodukten, da ist das „Verbrauchsdatum" aus hygienischen Grün-

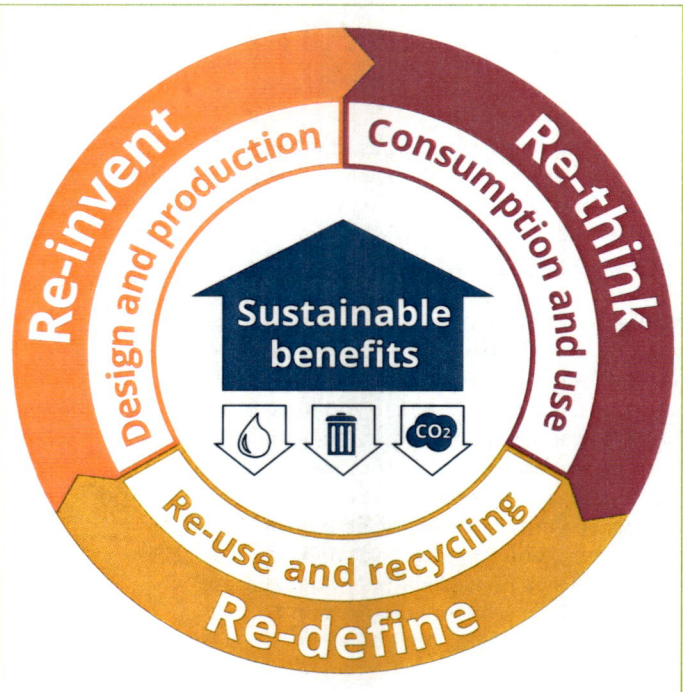

Our work is underpinned by ground-breaking research. Examples of this can be found at **www.wrap.org.uk/keypublications**

Valentin Thurn. Taste the Waste – Alternativen zur Lebensmittelverschwendung.

den unbedingt zu beachten. Aber das Mindesthaltbarkeitsdatum, das auf allen andern Produkten steht, garantiert nur bestimmte Eigenschaften des Produktes. Zum Beispiel, dass ein Joghurt cremig bleibt. Nach Ablauf ist ein Joghurt meist noch tagelang einwandfrei für den Verzehr geeignet, es kann nur geschehen, dass sich etwas Molke oben absetzt. Einmal durchrühren und der Joghurt wäre wieder so cremig wie zuvor.

Eine Supermarktkette in den Niederlanden hatte kürzlich eine geniale Idee: Kunden, die ein Produkt mit einer Ablauffrist von unter zwei Tagen im Regal entdecken, dürfen ihren Fund umsonst mitnehmen. Ein origineller Einfall, der die Optik umdreht: Die Kunden suchen nicht mehr nach Produkten mit möglichst langem Haltbarkeitsdatum, sondern sie machen es sich zum Sport, Lebensmittel mitzunehmen, die sonst mit großer Wahrscheinlichkeit vernichtet worden wären. Hierzulande sind solche Ideen noch nicht verbreitet. Einige Supermärkte reduzieren immerhin die Preise für Waren kurz vor Ablauf oder mit leichten Beschädigungen. Die meisten Händler aber scheuen das Verramschen, weil sie befürchten, sich damit die Preise kaputtzumachen.

Auch in Zeiten der Krise scheint es für die durchaus scharf kalkulierenden Unternehmen rentabler zu sein, Überschuss für die Mülltonne zu produzieren. Denn schlimmer als Wegwerfen ist es, Kunden an die Konkurrenz zu verlieren. Angesichts des immensen Wettbewerbsdrucks des Lebensmittelhandels ist das Risiko hoch. Die Befürchtung: Kunden könnten wegbleiben, weil sie nicht zu jeder Tageszeit die gesamte Produktpalette angeboten bekommen.

Brot – Verschwendung übertrifft alles

Ein besonders dramatisches Beispiel ist das Brot. Kein anderes Produkt wird in so großen Mengen weggeworfen. Eine Durchschnitts-Bäckerei wirft 10 bis 20 Prozent ihrer Tagesproduktion weg und liefert den Ausschuss im besten Fall an eine Tafel oder einen Tierfutterhersteller. Die Verschwendung ist immens –

jährlich werden in Europa drei Millionen Tonnen Brot weggeworfen. Damit könnte ganz Spanien versorgt werden! Damit diese Lebensmittelvernichtung funktioniert, haben die Handelsketten mit den Bäckern Kommissionsvereinbarungen – alles, was nicht verkauft wird, muss zurückgenommen werden. Nur ein Bruchteil davon kann an bedürftige Personen verteilt werden. Eigentlich müsste es uns klar sein: Wir sind es gewohnt, bis Ladenschluss das komplette Angebot an Brot und Backwaren vorzufinden. Und, Hand aufs Herz: Wenn ein Bäcker am späten Nachmittag nur noch ein reduziertes Angebot hat, gehen wir dann nicht lieber zur Konkurrenz, wo wir unser Lieblingsbrot noch finden? Die Wahrheit ist daher ganz simpel: Je größer die Auswahl in den Läden und je länger ihre Öffnungszei-

Valentin Thurn. Taste the Waste – Alternativen zur Lebensmittelverschwendung.

ten sind, desto größer ist auch die Verschwendung.

Was der Norm nicht entspricht, fliegt raus

Das System der Verschwendung fängt bereits auf dem Acker an. Das liegt vor allem an den Normen des Handels, die Form, Farbe und Größe von landwirtschaftlichen Erzeugnissen bestimmen. Viele denken bei Normen in erster Linie an die übertriebene Bürokratie der Europäischen Union. Das bekannteste Beispiel ist die Gurke, deren Krümmung bis 2009 von der EU geregelt wurde. Doch als Brüssel die Gurken-Norm abschaffte, hat der Handel die alten Standards einfach behalten. Auch heute gibt es keine krummen Gurken im Supermarkt. Denn es ist für den Transport und die Lagerung praktischer, wenn die Gurken schön gerade sind und dieselbe Länge haben. Den Verbrauchern wäre es eigentlich egal, sie würden auch krumme Gurken kaufen.

Bei optischen Macken ist es etwas anderes: Wir sind inzwischen gewohnt, dass das Obst und Gemüse im Supermarkt perfekt aussieht. Äpfel mit etwas Schorf, Bananen mit braunen Flecken, unhandlich verzweigte Karotten – das würde im Supermarkt liegen bleiben. Die Städter wissen gar nicht mehr, wie unterschiedlich die Früchte auf dem Feld wachsen. Auch in der Größe: Wir sind es gewohnt, dass wir Äpfel oder Kartoffeln immer in der gleichen Größe angeboten bekommen. Was nicht in das Raster passt oder kleine Macken hat, bleibt direkt auf dem Feld liegen oder wird auf dem Bauernhof aussortiert und im besten Fall den Tieren verfüttert, so der Bauer überhaupt noch welche hat. Bei Kartoffeln sind es rund vierzig bis fünfzig Prozent der Ernte. Valide wissenschaftliche Zahlen gibt es zum Wegwerfen in der Landwirtschaft nicht. Bei den Kochaktionen zum Kinostart von „Taste The Waste" sammelten wir bei vielen Bauern das nicht-normgerechte Gemüse ein, das sie nicht vermarkten können. Wir stellten fest, dass auch bei Kürbissen, Kohl, Paprika, Tomaten oder Karotten ein Anteil von einem Drittel bis zur Hälfte aussortiert wird, egal ob konventionell oder bio.

> **Verschwendung weltweit**
> Jährlich werden rund 1,3 Millarden Tonnen Nahrungsmittel umsonst produziert. Die Welternährungsorganisation FAO kommt in einer Studie zum Schluss, dass es „effizienter ist, in der gesamten Wertschöpfungskette Verluste zu begrenzen, als mehr zu produzieren". Damit rückt die FAO deutlich von ihrer bisherigen Position ab, das Hungerproblem einer steigenden Weltbevölkerung könne nur durch Produktionssteigerungen gelöst werden. Verschwendung und Hunger werden erstmalig in einen Zusammenhang gebracht.
> Dem „food waste" (Lebensmittelverschwendung) in den Industrieländern steht der „food loss" (Nacherteverluste) in den Entwicklungsländern gegenüber, verursacht durch fehlende Kühl- und Lagerhäuser und schlechte Straßen. In den Entwicklungs- und Schwellenländern verderben bis zu 40 Prozent der Nahrungsmittel, bevor sie überhaupt die Märkte erreichen. In Europa hingegen werden 40 Prozent aller Lebensmittel auf Handels- oder Konsumentenebene ungenutzt entsorgt. Besonders krass ist der Unterschied, wenn man die Verbraucher betrachtet: Während sie in Europa und Nordamerika über 100 Kilogramm pro Person und Jahr wegwerfen, sind es in Afrika südlich der Sahara weniger als 10 Kilogramm. (4)

Die Handelsnormen haben nichts mit der Ernährungsqualität oder dem Geschmack der Lebensmittel zu tun, es geht nur um die Optik. Auf dem globalisierten Markt, auf dem Produkte oft über mehrere Kontinente hinweg gekauft werden, erleichtern die Normen dem Handel außerdem, Produkte unbesehen zu bestellen. So weiß er genau, was er zu erwarten hat. Doch das, was nicht in diese Norm passt, kann der Landwirt bestenfalls noch auf einem lokalen Wochenmarkt verkaufen, das meiste aber muss er aussortieren.

Folgen für Welternährung, Umwelt und Klima

Die Mechanismen, die bei uns zur Verschwendung führen, können anderswo auf der Welt das Hungerproblem verschärfen – in den Ländern, die uns mit Lebensmitteln beliefern, sogar in doppelter Hinsicht. Auf der einen Seite können die Landwirte aufgrund der Handelsnormen nicht die ganze Ernte nutzen, so wird etwa ein Zehntel der Bananenernte schon auf der Plantage

Valentin Thurn. Taste the Waste – Alternativen zur Lebensmittelverschwendung.

aussortiert. Auf der anderen Seite sorgen wir durch das Wegwerfen hier bei uns für einen Preisdruck auf dem Weltmarkt. Denn wenn wir mehr konsumieren, wenn auch zum Teil nur für die Mülltonne, steigt die Nachfrage und damit der Preis. Die Preise für Getreide wie Weizen, Mais und Reis werden heute weltweit von den Börsen bestimmt. Gerade im Moment gibt es wieder einen Getreideboom an den Börsen, der dafür sorgt, dass sich Menschen in ärmeren Ländern die Grundnahrungsmittel kaum mehr leisten können.

Es geht nicht um Verzicht. Es geht um mehr Effizienz und um ein Bewusstsein dafür, dass Mechanismen, die für einzelne Unternehmen rentabel sein mögen, volkswirtschaftlich gesehen katastrophal sind. Die Verschwendung von Essen ist auch eine Verschwendung von kostbaren menschlichen und natürlichen Ressourcen. Lebensmittel werden mit einem enormen Energieaufwand erzeugt. Das Stockholm Water Institute errechnete, dass ein Viertel des gesamten Wasserverbrauchs der Erde für die Produktion derjenigen Lebensmittel vergeudet wird, die schließlich vernichtet werden. (5)

Katastrophal sind auch die Folgen für das Weltklima, denn ein Drittel der Klimagase wird von der Landwirtschaft produziert. Konkret heißt das, dass rund 10 Prozent der Klimagase nur auf das Konto unseres Lebensmit-tel-Mülls geht. Das ist in etwa der gesamte Ausstoß des weltweiten Transportsektors, Schiffe, Flugzeuge und Autos zusammengenommen. Diese Größenordnung wurde bisher unterschätzt. Man wird die Abfälle nie auf null herunterfahren können, aber die EU hält eine Halbierung des Lebensmittel-Mülls für durchaus realistisch. Ohne große Einbußen beim Lebensstandard könnten wir damit etwa ebenso viele Klimagase einsparen, wie wenn wir jedes zweite Auto stilllegen würden.

Was tun? (6)

Ein Großteil unserer Lebensmittelverschwendung ist unnötig und vermeidbar. Angesichts schwindender Ressourcen ist das eine Einsicht, die sich zunehmend durchsetzt. Die FAO fordert, die weltweiten Verluste und die Verschwendung in den nächsten 15 Jahren auf

Valentin Thurn. Taste the Waste – Alternativen zur Lebensmittelverschwendung.

die Hälfte zu reduzieren. RRR – reduce – redistribute und recycle auf deutsch: reduzieren, umverteilen, wiederaufbereiten heißt die neue Formel, statt eine Produktion anzuheizen, die dann am Ende doch nur weggeschmissen wird. In Entwicklungsländern gilt es vor allem die Nacherntverluste durch bessere Infrastruktur, verbesserte Kühlketten, aber auch fairen Marktzugang von Kleinproduzenten und den Aufbau effektiverer Wertschöpfungsketten zu minimieren. Aber es ist nicht nur eine fehlende Technik. Agrarsubventionen, die nicht einer nachhaltigen Landwirtschaft dienen, müssen abgeschafft, Qualitätsnormen, die nur den Interessen von Transport- und Verarbeitungsindustrie geschuldet sind, abgebaut werden.

In einem Wirtschaftssystem, das auf Wachstum gepolt ist, ist die Verschwendung von Ressourcen quasi „eingebaut": Solange es für den Handel rentabler ist, Ware wegzuwerfen, anstatt ihren Preis kurz vor Ablauf herunterzusetzen, wird er es auch tun. Deshalb müsste die Politik Anreize schaffen, damit die Unternehmen die wertvollen Lebensmittel wenigstens der lokalen Tafel spenden oder an Kunden oder Mitarbeiter verschenken anstatt sie in die Mülltonnen zu stopfen. Mit einer Erhöhung der Müllgebühren allein ist es nicht getan. Ausgerechnet die Amerikaner gehen hier voran, der US-Bundesstaat Massachusetts hat Ende 2012 ein Gesetz erlassen, das Unternehmen dazu verpflichtet, ihre Lebensmittel-Überschüsse entweder an karitative Organisationen zu spenden oder dem Recycling zuzuführen (Kompost oder Biogas).

Literatur

(1) Stefan Kreutzberger und Valentin Thurn (2011): *Die Essensvernichter. Warum die Hälfte aller Lebensmittel im Müll landet und wer dafür verantwortlich ist*. Das Buch zum Film „Taste The Waste", Köln: Verlag Kiepenheuer & Witsch.
(2) Universität Stuttgart ISWA (2012): *Ermittlung der weggeworfenen Lebensmittelmengen*.
(3) FH Münster (2012): *Verringerung von Lebensmittelabfällen*.
(4) FAO (2010): *Global Food Losses and Food Waste*, Rome.
(5) Lundquist, J., C. de Fraiture, D. Molden (2008): *Saving Water, From Field to Fork – Curbing Losses and Wastage in the Food Chain*, SIWI Policy Brief, SIWI.
(6) Valentin Thurn und Gundula Oertel (2012): *Taste the Waste. Rezepte und Ideen für Essensretter*, Köln: Verlag Kiepenheuer & Witsch.

From the most to the least environmentally friendly

Themen und Reflexionen
Topics and Reflections

Kapitel 4
Chapter 4

Wunschbild Natur. Ideal of Nature.

Themengruppe 1: Leitfragen

1. Welche Natur wollen wir eigentlich?
2. Wie kann Natur zu einem zukunftsfähigen Narrativ werden?
3. Inwiefern kann Natur (noch) Orientierungsrahmen oder Vorbild sein?
4. Worauf kommt es beim wirtschaftlichen Umgang mit Natur an?

TeilnehmerInnen
Thomas Kirchhoff, Reinhard Pfriem, Wolfgang Sachs, Andreas Weber, Christine Zunke
Pate: Lars Hochmann

Reinhard Pfriem: Was mich immer wieder und in jüngster Zeit mehr denn je beschäftigt ist, dass wir in den Wirtschaftswissenschaften, also gerade auch in der Betriebswirtschaftslehre, das mit der Natur und der Ökologie sehr ernst nehmen müssen. Ich habe auch in dem Gründungsdutzend 1984/1985 dieses radebrecherische Kürzel IÖW Institut für ökologische Wirtschaftsforschung zu meiner eigenen Freude durchgesetzt – statt dass das irgendwie U [Umwelt] geworden wäre, na das wäre ja leichter. Ganz viele Institute nannten sich dann damals irgendwie mit Umwelt oder so. Weil im Begriff Ökologie sich anders das mit der Natur manifestiert und nach meinem Dafürhalten die gesellschaftspolitische und auch gesellschaftstheoretische Herausforderung dabei deutlicher wird, als wenn man jetzt Institut für Umweltmanagement oder sonst etwas gesagt hätte. So, und ungelöstes Problem ist für uns, dass wir zwar einerseits – also von wegen Narrativ und Orientierungsrahmen – dass wir einerseits diese verkürzende ökonomistische Sicht und diesen verkürzenden ökonomistischen Zugriff auf Natur kritisieren, dass wir aber im Grunde genommen trotz dieser Kritik der Herausforderung Nachhaltigkeit, das ist ja auch nicht dasselbe, irgendwie überhaupt nicht Rechnung tragen. Auch diese verschiedenen Begrifflichkeiten, die in den letzten 20 – 30 Jahren gebildet sind, wo ich mich teilweise auch selbst daran beteiligt habe – also ob sozialökologisch oder was auch immer – ich denke, dass die irgendwo noch nicht scharf genug sind, um tatsächlich diese kulturelle Kehre geistig hinreichend zu befördern, was ein erneut anderes Verhältnis zur Natur sein müsste – so steige ich mal ein.

Thomas Kirchhoff: Was meint man eigentlich mit „Natur" – darüber muss man sprechen aus meiner Sicht. Vielleicht an die Ökonomen gerichtet der Hinweis, dass man halt schauen muss auf die Grenzen der ökonomischen Erfassbarkeit von bestimmten Naturaspekten, darüber muss man sprechen. Was in der Grenznutzentheorie ja nicht unbekannt ist – von der Problemstruktur, also welchen Wert hat das letzte Stück von etwas. Und spontan würde ich zudem sagen, dass man sich weniger fragen muss, wie berücksichtigt man die Natur, sondern die Auswirkungen der Nutzung von Natur auf andere Menschen – das muss man eigentlich berücksichtigen – also nicht den Wert direkt von Natur, weil das nicht funktioniert … bzw. diesen wird man immer erfassen müssen im Hinblick auf das, was es für Konsequenzen für andere Menschen hat. Wäre das nicht ein Ansatz? – Vielleicht machen das die Ökonomen auch schon? Der Adressat ist nicht die Natur, was die Natur wird – sondern was bedeutet es, wenn ich das nutze, für einen anderen als Nachteil. Vielleicht kann man diesen Nachteil monetarisieren, entscheidend ist, zu welchen Ungerechtigkeiten die Nutzung führt. Ich würde die Referenzen immer beim Menschen sehen, weil die Natur das nicht sein kann. Die Ökologie als Naturwissenschaft informiert über Konsequenzen von Handlungen, aber hat eben keinen normativen Ausgangspunkt.

Christine Zunke: Mir ist als Erstes aufgefallen, als ich diese Gruppenzuordnung gesehen habe – Wunschbild Natur, dass das erst mal in einem starken Kontrast zu stehen scheint zu dem Oberthema der Klimagespräche „Natur als Zumutung" – also Zumutung Natur, Wunschbild Natur schienen mir erst mal zwei verschiedene Sachen zu sein. Und dann habe ich ein bisschen darüber nachgedacht und habe gedacht, eigentlich gehört das in gewisser Weise auf einer abstrakten Ebene auch zusammen, deswegen würde ich jetzt gerne so ein bisschen abstrakter anfangen … und nicht mit der konkreten Naturerfahrung. Denn eigentlich ist ein Wunschbild ja erst mal etwas rein Ideelles, etwas rein Gedachtes, eine Vorstellung, was man sich wünscht. Natur als Inbegriff der Gegenstände möglicher sinnlicher Erfahrung ist hingegen erst mal etwas sehr Materielles und diese Materialität hat die Eigenschaft, widerspenstig zu sein – erst mal sowohl dem Zugriff durch das Denken sich in gewisser Weise zu entziehen, das heißt Naturerkenntnis ist etwas, wo man sich erst mal an der konkreten Natur abarbeiten muss. Die Natur erklärt sich nicht von selbst, sondern sie sperrt sich erst mal gegen das Erkennen – man muss da einiges an Arbeit reinstecken; als auch materiell, wenn es um die technische Veränderung von Natur geht, was ja das ist, was Menschen permanent machen – also Natur umformen nach den eigenen Bedürfnissen. Auch da leistet das Material einigen Widerstand und man kann nicht aus einem alles machen. Sie fügt sich nicht den Wünschen, sie fügt sich nicht dem Zweck, den ich in sie setze, sondern man muss in der Bearbeitung immer Rücksicht nehmen auf ihre eigene Gesetzmäßigkeit, ihre eigene materielle Verfasstheit, um sie überhaupt brauchbar zu machen. Das heißt, sie ist sozusagen sowohl auf der ideellen als auch auf der materiellen Ebene erst mal sperrig. Adorno hat dazu mal den schönen Satz geäußert: Erkenntnis der Natur ist nichts als eine sublimierte Wut darüber, dass sie sich einem entziehen will. Und ich glaube, auf einer erkenntnistheoretischen Ebene ist es genau das, was man sowohl braucht als auch von der Natur will – also dass man sozusagen in ihr etwas hat, das dem eigenen Zugriff erst mal einen gewissen Widerstand entgegen setzt. Dieser Widerstand ist nicht absolut. Natur lässt sich erkennen, Natur lässt sich bearbeiten, Natur lässt sich formen – in gewissen Grenzen. Die Grenzen sind nicht fix. Es gibt immer wieder technische Verschiebungen dieser Grenzen. Aber Natur ist eben nicht in jeder Weise unendlich zugänglich. Ich glaube, das ist es, was ich auch – um jetzt wieder zum Konkreten zu kommen – was ich dann auch bei bestimmten Naturerfahrungen oder beim Umgang mit konkreten Naturgegenständen immer wieder ganz wichtig finde, dass man da etwas hat, woran man sich abarbeiten kann. Von daher glaube ich, lassen sich das Wunschbild und die Zumutung doch in einen Zusammenhang bringen.

Wolfgang Sachs: Der Naturbegriff, der beim Wuppertalinstitut herrscht, ist einfach zu beschreiben: Ressourcen und Reduzierung von Ressourcen – also Nützlichkeit, anthropozentrisch und Effektivität von Ressourceninanspruchname. Das genügt mir nicht mehr und ich schaue nach neuen Ufern aus.

Zweitens: Ich bin Sozialwissenschaftler oder Geschichtsforscher und ich möchte darauf hinwirken, in unserer Diskussion immer den Zusammenhang von Naturbild, Gesellschaftsbild und Selbstbild im Auge zu behalten – weil ich glaube, dass das ein gutes politisches Mittel ist, um die Zeitläufe und Systemeigenschaften zu begreifen.

Und drittens würde ich gerne sagen: Welche Natur wollen wir? Ich bin heimgesucht worden von der Natur – nämlich ich habe vor fünf Jahren einen Schlaganfall gekriegt und möchte das zur Erklärung vorbringen, dass ich nicht schwierig sprechen kann und deswegen eloquent – es war einmal, aber nicht mehr.

Reinhard Pfriem: Nachfrage: Also Natur ist das, was über uns kommt?

Wolfgang Sachs: Ja!

Reinhard Pfriem: Wir stehen ja vor der Herausforderung – ich sage das jetzt mal so, das mit dem Normativen ein Stück weit zu klären. Und das ist ja mindestens ambivalent, eigentlich multivalent und deswegen finde ich es außerordentlich gut, dass du das Beispiel mit dem Schlaganfall gebracht hast. Weil das, was nicht instrumentell beherrscht werden kann, was unvorhergesehen kommt, das hat ja auch was damit zu tun – also wenn man vom Verfügbaren redet. Also ist das ja ein gutes Beispiel dafür, dass nicht nur in der Vergangenheit und nicht nur vor fünf Jahren, sondern auch in 50 oder wie viel Jahren wir gut finden, wenn medizinische Forschung etwas schafft auf dem Weg, so was zu verhindern – abgesehen von der Minderung der Schäden oder der Nachfolgen oder so. So, dann gibt es auf der anderen Seite des Extrems den Punkt, dass wir seit Jahr und Tag von Naturzerstörung reden im eindeutig negativ konnotiertem Sinne. Und dazwischen gibt es nämlich interessanterweise auch eine Menge. Ich war vor Jahrzehnten – das ist schon dreißig Jahre her – mal eine ganze Reihe von Jahren mit einer Frau aus einem oberbayrischen Dorf zusammen und in diesem oberbayerischen Dorf haben die Menschen die jüngere Vergangenheit, wo sie die Verhältnisse – wo um die Höfe herum kaum Wege waren, nur Matsche – verändert haben durch Planierung, Straßen etc. – diese Veränderung nur positiv empfunden. Wenn wir von Zubetonierung reden, dann reden wir nicht positiv. Also das heißt, es gibt nicht nur schwarz-weiß, sondern es gibt auch unter einem Zeitablauf oder in unterschiedlichen kulturellen Kontexten normativ völlig unterschiedliche Konnotierungen von den Prozessen, die da stattfinden – das macht ja die Sache so schwierig.

Christine Zunke: Gerade dieser Zusammenhang von Selbstbild und Naturbild … Da kann man ja erst einmal grob die Tendenz ausmachen, dass diejenigen Leute, die immer auf betonierten Wegen mit trockenen Füßen gehen, eher das Bild von der Natur haben, wo das nicht der Fall ist – auch als Wunschbild von einer Natur. Wo hingegen diejenigen, die jeden Tag durch die Matsche aufs Klo gehen müssen, was dann auch noch draußen ist, eher ein Wunschbild von der Natur haben, wo dies nicht der Fall ist, sondern wo man dann eben Gehwegplatten legt oder betoniert. Das finde ich spannend, wenn man dann auf das Gesellschaftsbild – das war ja das Dritte in diesem Spannungsfeld – guckt, wenn man noch mal auf die Begriffe Naturzerstörung und vielleicht Naturbeherrschung guckt. Also Naturbeherrschung hat ja in den letzten Jahrzehnten eine eher negative Konnotation. Herrschaft ist was Schlechtes, was Gewaltsames. Gleichzeitig ist ja der Sache nach Naturbeherrschung erst einmal alles, was überhaupt menschliche Kultur, menschliches Leben in der Form, wie wir es haben, möglich macht. Von Kleidung über Heizung, elektrisches Licht bis hin zu medizinischem Fortschritt. Vielleicht braucht man da ein anderes Wort, weil Naturbeherrschung findet man ja heute in diesem negativen Kontext, dann oft, wenn es sozusagen um sehr radikale zerstörerische Formen von Naturausbeutung geht: Massentierhaltung, Regenwaldrodung etc. Und wenn man da nur einen Begriff für hat, dann werden all die Sachen, die man als eigentlich notwendig braucht, um in der Natur als Naturwesen am Leben zu bleiben – das geht als Mensch mit Bewusstsein ja nur über den Weg der Naturbeherrschung – dann mit angegriffen oder mit kritisiert, wenn bestimmte Auswirkungen davon kritisiert werden. Vielleicht braucht man da noch eine Differenzierung im Begriffsinstrumentarium.

Thomas Kirchhoff: Man kann von Naturaneignung, der Naturnutzung neutraler sprechen. Dann geraten andere Dinge in den Fokus. Dann ist man nicht auf der normativen Ebene, sondern man kann über Nützlichkeiten sprechen und über die Nachhaltigkeit nützlicher Naturnutzung oder so etwas – das ist viel neutraler. Die Beherrschung ist ein normativer Begriff: das war das, was man sollte – früher. Und heutzutage ist es das, was tendenziell eher problematisch ist. Aber vor dem Horizont dessen, was allgegenwärtig ist. Die Bedingung der Möglichkeit der Wertschätzung von Nicht-Naturbeherrschung ist die Naturbeherrschung.

Also die Theorie der Entstehung von Landschaft – zumindest wenn man der von Ritter folgt – sagt, das entsteht komplementär oder auch kompensatorisch zur Naturbeherrschung in den Naturwissenschaften. Das Sehen von Landschaft ist aber auch selbst eine Form von Beherrschung, nämlich der ästhetischen Beherrschung – zentralperspektivisch. Dass diese

Naturbilder mit dem, was real geschieht und passiert, und mit technischer Beherrschung zu tun haben und das – nicht nur, aber auch – im Sinne von Realgeschichte von Landschaft und der Eroberung der Natur.

Reinhard Pfriem: Die Natur-Kultur Unterscheidung können wir nicht mehr so schlicht wie früher treffen. Dann ist ja genau das – also von wegen in die Zukunft gerichtet: welche Natur wollen wir eigentlich oder brauchen wir eigentlich – spannend, was haben wir eigentlich für Vorstellungen von Herstellung – nicht einfach Wiederherstellung, sondern kultivierender Arbeit an Natur, so dass wir uns legitimiert fühlen, dabei von Natur auch weiterhin oder erst recht zu reden. Das finde ich einen unheimlich spannenden Punkt. Weil das nämlich von uns erfordert, Dinge als Natur oder natürlich oder naturnah auszuzeichnen – nicht deshalb, weil sich die Menschen noch nicht darüber hergemacht haben im verändernden oder zerstörendem Sinne, sondern weil es Qualitätsmerkmale sind, die da irgendwo mehr oder minder hergestellt werden.

Christine Zunke: Ein Beispiel, das mich sowohl emotional als auch theoretisch sehr beschäftigt hat. Ich war mal auf den Galapagosinseln – ein schönes Naturerlebnis auf der einen Seite auf jeden Fall. Auf der anderen Seite ist das extrem pervers, was da abläuft. Das ist so eine Mischung aus Zoo und Hochsicherheitstrakt – mit einem immensen technischen Aufwand, Kontrollen, Hygienevorschriften, Bakterienfußbäder, durch die man gehen muss, Gepäckkontrollen noch und nöcher. Man kommt sich vor als, als ob man in einen Gefängnistrakt geht, wo mit sehr viel Aufwand und sehr viel Arbeitseinsatz versucht wird, einen Zustand herzustellen, wie man ihn sich vorstellt, dass Darwin ihn dort vorgefunden habe. Das ist ein absolutes Kunstprodukt. Das ist auch nur finanzierbar durch diesen massenweisen Tourismus von Leuten, die dahinkommen, um das letzte Paradies, das letzte Stück unberührte Natur zu sehen. Es ist auch toll, keine Frage. Es ist auch toll, dass die Tiere fast keinen Fluchtinstinkt haben. Es ist wirklich sehr sehr nett, da zu sein. Aber es ist etwas, was ein hoch künstliches Produkt ist, wo es aber offenbar sehr einhellig die Meinung gibt, man muss das in einen guten Naturzustand zurückbringen. Und ich weiß bis heute nicht genau, was ich davon halten soll.

Andreas Weber: Ich finde ja, dass in diesen Fragen eine andere Frage stecken könnte und die wäre: Wie können wir uns als Natur erfahren? Ja, so wie ich es heute formulieren würde, würde ich sagen: Wie können wir uns als lebendig erfahren. *[Nachfrage: Können wir uns nicht als Natur erfahren, Erfahrung ist doch immer etwas Sinnliches, oder?].* Ja, die Idee ist: wie kann man das steigern, wie können wir das pointieren. Was gibt es für Erfahrungen, in denen wir uns als Natur erfahren? Und die Frage: Können wir uns überhaupt als Natur erfahren? Ich würde fragen: Wie können wir lebendig sein? Und das ist da nicht nur ein methodischer, sondern auch ein erfahrungspraktischer Begriff.

Reinhard Pfriem: Was ist denn mit dem Menschen, der zweimal im Jahr nach Kanada fährt – fliegt natürlich, um da auf Bärenjagd zu gehen, und sich dabei unheimlich, im Sinne von Resonanzbeziehung, toll findet? Problem, was ich meine, ist, wie man von einer, vielleicht sogar auf einen relativ schnellen Blick hin kritisierbaren, subjektiven, vielleicht sogar situativen Befindlichkeit das, was Du völlig zu Recht mit dem Begriff der Erfahrung sagst, abgrenzt. Weil: das ist, glaube ich von wegen Naturstimmung und sonst etwas – das ist für unser ganzes Thema glaube ich nicht unwichtig und schwierig.

Welche Frage(n) sollten diskutiert werden?

Reinhard Pfriem: Es gibt ja eben u.a. auch ein Verständnis von Natur, wo es um ökosystemare Stabilitäten geht. Und der Resilienzbegriff ist ja deswegen so in Mode gekommen u.a. in der ganzen Forschung und Diskussion zu Fragen der Anpassung an den Klimawandel. Und gestern kam der Begriff des Lebendigen und der Lebendigkeit ins Spiel – ich führe jetzt eine Gedankenschraube weiter – für mich damit verbunden, an der Stelle von Stabilität und der Fragen nach den Bedingungen von Stabilität, ist die Frage nach den Bedingungen von Qualität zu setzen. Und das hat etwas mit der Diskussion, die wir gestern angefangen haben, aber vielleicht nicht weit geführt haben, zu tun nach meinem Dafürhalten – dass Erfahrung nicht verwechselt werden darf mit vielleicht sogar subjektiver Befindlichkeit usw. Weil Erfahrung eingebettet ist in einen Qualitätsentwicklungsprozess. So würde ich es mal versuchen zu formulieren. Von Einzelnen, wie auch von den Einzelnen im Gefüge mit Anderen und auch im Gefüge mit dem, was wir als Natur bezeichnen. Insofern noch mal stark gemacht für den Begriff des Lebendigen im Sinne der Antithese Qualität vs. Stabilität. Deswegen gehört die Kritik des Resilienzbegriffs meiner Meinung nach unbedingt dazu.

Wolfgang Sachs: Was ist mit dem Unbelebten? Es hat das Naturverständnis und die Naturphilosophie zuerst auf die unbelebte Natur fokussiert: Sterne, Sonne, Erde und so Sachen mehr. Was ist das Verhältnis von unbelebter Natur, lebender Natur und lebendig sein?

Thomas Kirchhoff: Statt von Lebendigkeit könnte man auch von Resonanz sprechen – wenn wir den Begriff Lebendigkeit nicht verwenden wollen. Auf jeden Fall müsste man sagen, welche Formen von Beziehungen zur Natur es in einer lebendigen Naturbeziehungen, in Resonanzerfahrungen mit Natur es gibt – also welche Arten von In-Beziehung-Treten zur Natur dann möglich sind, die woanders – ohne Natur – vielleicht nicht möglich sind oder die vorbildhaft für etwas anderes sind. Also: Wofür steht dann Natur, für welche Art von Verhältnissen, die man in zwischenmenschlichen Verhältnissen z. B. nicht haben kann?

Christine Zunke: Ich glaube, ein wichtiger Punkt bei diesem In-Beziehung-Treten, den man auch bei dieser Vorstellung des Resonanzverhältnisses bei Hartmut Rosa hat, ist, dass es sich dabei um etwas handelt, das nicht vollständig technisch beherrscht ist, dass da immer ein Moment mit drin ist – vielleicht nicht vollständig, aber zumindest als herauskristallisierbares oder auch unmittelbar spürbares Moment etwas mit dabei ist – was sich sozusagen einer vollständigen Kontrolle, Beherrschung, Disziplinierung in einer Weise entzieht, die nicht unmittelbar gleich greifbar ist. Gewissermaßen eine Anlehnung an diese alte Vorstellung: Natur als das Andere. Aber eben nicht als das ganz Andere. Aber als Etwas, das ein Moment hat, das außerhalb von vollständig unterworfener technisch beherrschter Natur steht.

Andreas Weber: Das war jetzt eine Naturdefinition. Natur als das Andere, das aber das Gleiche ist. Ein cooles naturdefinitorisches Zwischenfazit. Ich sehe, dass wir uns eigentlich an der Idee, an der Frage abarbeiten: Was ist eigentlich Natur?

Thomas Kirchhoff: Meine Auffassung ist, dass unsere Unterfragen alle so global sind, dass man sie nicht beantworten kann, ohne ein tausendseitiges Buch zu schreiben und dass wir deshalb nur eine Engführung vornehmen können, wenn wir nicht Allgemeinplätze produzieren wollen. *Vorschlag für eine diskussionsleitende Fragestellung:* Was kann man sinnvoll meinen, wenn man sich dafür einsetzt, dass es lebendige Natur oder eine lebendige Naturbeziehung geben sollte? Was kann man damit sinnvollerweise meinen – dass man dafür eintritt: Wir wollen eine Natur, die lebendig ist, die lebendig erscheint, mit der wir in lebendige Beziehung treten usw. Das könnte man ja nachher noch enger fassen.

Was kann man sinnvollerweise meinen, wenn lebendige Naturbeziehung möglich sein soll?

Reinhard Pfriem: Dann war aber doch tatsächlich das, was Christine zur Vielfalt und Biodiversität gesagt hat, schon ein erster Aufschlag dazu oder ein Verweis, dass man nämlich Biodiversität begründen kann, ohne es über Eigenwert der Natur oder ökonomische Vorsicht begründen zu müssen und zwar über…?

Christine Zunke: … indem man, wenn wir jetzt bei dem Terminus der lebendigen Naturbeziehung bleiben, indem man sagt: zu einer lebendigen Naturbeziehung gehört eben auch eine gegebene möglichst große Vielfalt von Naturerscheinungen, gerade von lebendigen Naturerscheinungen – das wäre dann die Biodiversität. [Hinweis A. Weber auf das Anorganische] Genau, wenn man auf der ganzen Welt nur Wüste hätte oder nur Berge, hätte man diese Vielfalt nicht, zu der man in Beziehung treten kann. Das heißt, da könnte man auch in der unbelebten Natur sagen, bräuchte man analog zur Biodiversität eine Diversität von möglichen – sag ich jetzt Landschaften, sag ich jetzt Räumen, sag ich jetzt Bildnisse – das ist jetzt die Frage. Eine Vielfalt von Dingen, zu denen man sich in Beziehung setzen kann.

Andreas Weber: Ich habe eben gedacht, sozusagen noch weiter gedacht als das, was du gesagt hast. Dann ist aber auch das chinesische Gedicht aus dem 11. Jahrhundert über diesen Berg ein Teil einer lebendigen Resonanz. Das Coole ist, wir haben jetzt eben mal die Natur-Kultur-Grenze locker übergaloppiert. [Das heißt also die kulturelle Vielfalt des möglichen Bezugs auf Natur ist dann natürlich auch etwas – wenn man das nutzen kann – was einen Beziehungsreichtum ermöglicht]. Ganz genau. [Wenn du das chinesische Gedicht kennst, hast Du mehr Möglichkeiten der lebendigen Naturbeziehung].

Thomas Kirchhoff: Das ging mir jetzt zu schnell. Wir hatten darüber gesprochen, dass die lebendige Natur eine ist, die von sich aus neue Bildungen spontan hervorbringt oder so etwas. Und dass das dazu führt, dass wenn man mit Natur konfrontiert ist, einem automatisch eine Vielzahl entgegenspringt von Etwas. Unterschiedlichkeit ist konstitutiv dafür, dass da Natur ist. Ein Aspekt von Natur ist ja, dass sie zu Ungleichförmigkeit und Diversität führt. Und es ist eine Diversität, von der man unterstellt oder immer schon weiß, dass sie eine natürliche und keine künstliche ist. Deshalb gibt es dann die Enttäuschung, wenn ich feststelle: Oh, das hat ja doch nur einer irgendwie hergestellt, das ist ja nur ein menschliches Ornament, ist ja gar nicht Natur – soweit würde ich mitgehen. Das heißt also, die lebendige Natur – ihr Wert liegt darin, dass einem eine Diversität entgegentritt, die nicht vom Menschen gemacht ist. Meine These ist, dass das etwas ist, was wir an der Natur schätzen.

Und jetzt müsste man die Frage stellen: Warum eigentlich? Es könnte einen ja auch unglaublich nerven. Und Biodiversität ist jetzt sozusagen das – Leben und Leben macht das, Diversität erzeugen, ja… aber braucht man davon beliebig viel?

Muss man den Begriff der Biodiversität noch spezifizieren? Und über anorganische Prozesse muss man erst mal genauso sprechen: Bringen die auch so eine Art von Vielfalt hervor? Ja wahrscheinlich: weil das technische Material, meinetwegen eine Eisenplatte, homogen ist – und die rostet dann und es entsteht natürliche Diversität. Das wäre sozusagen ein diversitätserzeugender abiotischer Naturprozess. Man muss den Begriff der natürlichen Diversität differenzieren. Wie, deute ich einmal mit Fragen an: Ist es eine beliebige Vielfalt – solange sie nur natürlich ist oder natürlich erscheint? Könnte man natürliche Diversität imitieren, künstlich – solange es nicht auffällt – faking nature? Worauf kommt es an – also der Schein oder das Sein?

Andreas Weber: Aber kann man nicht umgekehrt die Fragen, die Du jetzt stellst, aus der im Raum stehenden Drehung des Ganzen beantworten? Also ist sozusagen nicht erst die Antwort des lebendigen in Beziehung Tretens… gibt es ein lebendiges ins Beziehung treten und ist dann sozusagen von da aus nicht zu entscheiden, ob das da rein gehört oder nicht, und ob es dann natürlich oder künstlich ist, ist sozusagen sekundär.

Christine Zunke: Vielleicht assoziativ noch mal von Kant zu Hegel gesprungen – ich lese das ja immer sehr gerne, wenn er schreibt, dass es im Amazonasgebiet genau 27 verschiedene Arten von Papageien gibt und dass sich dies nicht aus dem Begriff des Papageien deduzieren lasse, sei eine Zumutung für die menschliche Vernunft. Da haben wir die Zumutung wieder. Und diese Zumutung findet man bei Hegel relativ oft. Dass es sich nicht aus dem Begriff ableiten lässt und es trotzdem eine Ordnung hat. Und deswegen ist die Natur ein Abfall gegen das Denken, weil sie eben nicht so geordnet ist wie das Denken. Das Problem kennt die Naturwissenschaft ja auch – also man kann die Sachen immer exakter denken, als sie dann im Experiment tatsächlich ablaufen. Und ich glaube, dieses Moment der Zumutung, dieses Moment der Unverfrorenheit, das ist, glaube ich, sowohl auf der naturwissenschaftlichen, als auch auf der wissenschaftlichen Ebene das Faszinierende.

Thomas Kirchhoff: Lebendigkeit heißt dann z. B., kann also heißen, dass man nicht festgelegt ist auf bestimmte Deutungen, sie meint, was man nicht in Begriffe fassen kann. Da bleibt ein Rest, das geht immer weiter, man kann immer weiter schauen – dem setzt man sich gerne aus. Das könnte einen Teil der Faszination ausmachen. [Chr. Zunke: Das könnte im Umkehrschluss heißen: Wenn man die Weltformel hätte, wäre das der Tod]. Das wäre der Tod der Natur, die wir wollen.

Zwischenfazit

Thomas Kirchhoff: In unserer Gruppe haben wir ein Spektrum sehr heterogener Fragen angesprochen. Wir haben uns konzentriert auf die Frage: Welche Natur wollen wir eigentlich? Man könnte auch sagen „brauchen". Aber „wollen" betont den Aspekt der Entscheidung und „brauchen" würde eher unsere Abhängigkeit von Natur beschreiben. Das war die Kernfrage, mit der wir uns befasst haben, und wir haben uns ihr genähert, indem wir zunächst überlegt haben, welche verschiedenen Naturbegriffe, Naturauffassungen und Naturverhältnisse es gibt. Dabei haben wir über Natur als Wildnis oder Landschaft oder Ökosystem als Beispiele für verschiedenartige Naturauffassungen gesprochen. In der zweiten Gesprächsrunde haben wir dies dann erweitert, haben gefragt, ob es auch Naturauffassungen gibt, die sich solchen begrifflichen Differenzierungen, Klassifikationen, Typologisierungen entziehen, da sie etwas mit Unmittelbarkeit, mit Erleben zu tun haben. Kontrovers diskutiert wurde dann, ob es bei der Frage, welche Natur wir wollen, um unmittelbare Naturverhältnisse geht oder um irgendwie kulturell vermittelte oder konstruierte oder wie auch immer man beides nennen soll. Wie verhalten diese beiden Formen von Naturverhältnissen sich zueinander? Wie kommt es, dass es bestimmte Wertschätzung von Natur gibt? Ist die kritisierte Naturbeherrschung zum Beispiel selbst wiederum Vorrausetzung für bestimmte Formen der Wertschätzung von Natur, zum Beispiel von Wildnis oder von ästhetischer Landschaft und so weiter.

Der zweite Punkt, der diskutiert wurde, war, ob man die Frage, welche Natur wir wollen, nicht erweitern muss um den Aspekt, in welchem Verhältnis eigentlich Menschen zu anderen Menschen stehen? Wie wirkt sich die eigene Wirtschaftsweise auf andere Gesellschaften und Kulturen aus? Diese Auswirkungen können direkte sein oder sie können vermittelt sein über Natur. Auch zu thematisieren ist die Naturausbeutung, Naturbeherrschung durch bestimmte Wirtschaftsweisen und deren Auswirkungen auf andere Gesellschaften. Muss man nicht eher das Verhältnis der Menschen zueinander in den Blick nehmen als das Verhältnis Mensch/Natur, oder beides komplementär ergänzend. Also dass man nicht nur die Frage stellen sollte: Wie sollen wir uns zur Natur verhalten?, sondern auch: Wie sollen wir uns anderen Menschen gegenüber verhalten?

Der dritte Diskussionspunkt, es wurde schon angesprochen, war, dass man sich viele schöne Gedanken machen kann, es gab hier ein sehr heterogenes Meinungsspektrum, damit aber etwas passiert, sollte auch gefragt werden: Wer sind eigentlich die Akteure? Und welche Positionen und Ideen sind umsetzbar? Wo kann eine Aktion eintreten, damit das, was man sich ausdenkt, was man für wichtig hält, auch eine Verbreitung findet?

Der vierte Diskussionspunkt war dann, dass wir doch gemerkt haben, ohne das vielleicht durchzudekli-

Wunschbild Natur. Ideal of Nature.

nieren und weiter zu reflektieren, dass wir immer vorausgesetzt haben – wir alle in unserer Redeweise –, dass es einen Punkt gibt, an dem wir Natur brauchen und eben auch Natur haben wollen. Bezüglich dieser normativen Annahme schien ein Konsens zu bestehen.

Zum Schluss möchte ich gerne das Wort an meine Mitdiskutand/innen übergeben, denn drei von ihnen haben etwas mitgebracht, Andreas eine Feder, Reinhard einen Stock und Christine Sand. Ich bitte um eine eigene Darstellung dazu.

Andreas Weber: Diese Feder ist mir vor die Füße geweht worden und ich mag Federn, weil man mit ihnen, auch wenn man schwer ist, doch ganz leicht werden kann und deswegen habe ich sie sofort aufgenommen. Ich habe diesen Reflex, alle Federn aufzusammeln, die ich so finde, alle Kastanien und eigentlich auch alle Steine, Muscheln etc. Dazu fällt mir Simone Weil ein, die sagt, zwei Kräfte beherrschen die Welt, Schwere und Licht, und die Feder ist irgendwo dazwischen.

Reinhard Pfriem: Ja, es ist ja nicht ganz einfach, auf Spiekeroog was zu finden. Ich habe das (einen Stock) mitgenommen, weil wir ja irgendwie seit Jahren unter dem Begriff der kulturellen Kehre diskutieren und das ist ja sowas hier wie eine Weggabelung, was das für mich illustrieren soll ist, dass wir vielleicht auch ein bisschen von diesem Bemühen, hier das längere Stück, weiter zu kommen und das Steigerungsspiel immer weiter zu treiben, zurückgehen müssen, um auf einen anderen Pfad zu kommen. Das heißt, wir haben uns in einer ganzen Reihe von gesellschaftlichen Bereichen schon sehr stark eingeriegelt, verriegelt und die Frage ist, ob wir diese Verriegelung oder Lock-In, wie in der Ökonomik ja teilweise auch gesagt wird, ob wir das noch überwinden können. Und es geht glaube ich nur in einer gewissen Weise durch, nicht historisch gemeint, sondern praktisch trotzdem gemeint, sozusagen durch ein Zurück. Ihr seht, das ist sowohl dünner, als auch kürzer (Stock), um zu einer genügsameren Zukunft zu kommen.

Christine Zunke: Ich habe als ein ganz unmittelbares Mitbringsel vom Strandspaziergang Sand in den Schuhen, Sand im Haar und im Gesicht mitgebracht. Und den haben wahrscheinlich alle mitgebracht. Weil ich das erwähne, weil aus der unmittelbaren kurzzeitigen, temporär begrenzten Naturerfahrung heraus, der Eindruck entsteht, das ist angenehm, das ist nett, das ist eine Erfahrung, die man mal macht. Und es ist angenehm genau deshalb, weil ich weiß, ich kann den Sand heute Abend in der Dusche wieder loswerden. Das heißt, nur aus der Perspektive der kulturellen Möglichkeiten der Naturbeherrschung heraus ist dieses unmittelbare Naturerlebnis dann eben keine große Zumutung, sondern ein Erlebnis. Und ich glaube, das ist auch ein Spannungsfeld.

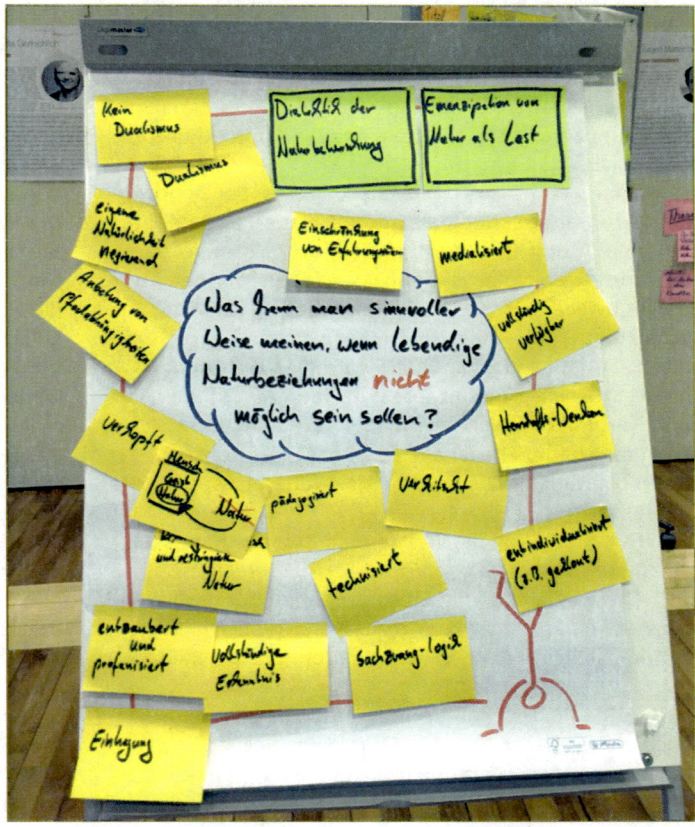

Anregungen und Kommentare

Kristian Köchy: Eine Bemerkung zur Vorstellung und damit zu den Beispielen. Ein Naturbegriff, der so im Hintergrund schwingt oder der nicht so stark thematisiert wurde, wäre vielleicht zu beachten. Die Natur, die wir selbst sind, also sozusagen diese Opposition. Brauchen wir Natur? Das ergibt sich natürlich nur, wenn wir das abstrahieren, dass wir selbst eben auch immer Natur sind, und in der Form, dass wir natürliche Wesen als Wesen benötigen, sonst wäre wir nicht die, die wir sind. Müsste man dann vielleicht nochmal mit reflektieren.

Gregor Schiemann: Ja, ich hätte auch noch einen Naturbegriff anzubringen, und zwar den naturalistischen Naturbegriff. Den finde ich besonders wichtig, weil die ganze Naturvergewaltigung sehr eng mit ihm verbunden ist. Naturalismus heißt die Behauptung, alles sei Natur, oder auch die Auffassung, die ganze Welt könne Gegenstand der Wissenschaft sein. In den Naturwissenschaften ist das der zentrale Begriff. Was von der Gruppe vorgestellt wurde, ist eine Alternative zum naturalistischen Begriff.

Thomas Kirchhoff: Die Tatsache bzw. der Begriff der Naturbeherrschung als Voraussetzung und Bedingung der Möglichkeit bestimmter Formen der Wertschätzung von Natur ist in unseren Überlegungen im Spiel gewesen, nicht nur als Gegenbegriff zur Wertschätzung von Natur, sondern auch als ein Rahmen für diese. Genauer zu diskutieren wäre dies z. B. an der Frage, wie sich die Konzepte von Natur als Gegenwelt und Natur als Mitwelt zueinander verhalten. Man könnte dazu die These vertreten, dass das Konzept der Natur als Mitwelt das Konzept der Natur als Gegenwelt voraussetzt.

Eve-Marie Engels: Würde man dann nicht besser von einem szientistischen Naturbegriff sprechen?

Gregor Schiemann: Es kommt eben nur darauf an, dass es keinen Gegenbegriff zur Natur gibt. Wie beim kulturalistischen Begriff, der behauptet, nichts sei Natur.

Helge Peukert: Ich dachte immer, es gibt eben auch die dualistische Kritik. Dass man sagt, da ist die, machen wir mal, worauf wir Lust haben und hier sind die schlauen Menschen mit ihren Zielen.

Gregor Schiemann: Während der szientistische und kulturalistische Begriff monistischen Charakter haben, kontrastieren die dualistischen Bedeutungen Natur mit Nichtnatur: Natur wird dann etwa abgegrenzt von Geist, Technik oder Gott.

Fazit

Christine Zunke: Ich glaube, unser Thema war „Wunschbild Natur" ursprünglich. Wir hatten am Anfang etwas Startschwierigkeiten, weil es eine sehr breite Rahmung war und weil wir entweder abstrakte Allgemeinsätze formuliert haben oder uns in Detailsachen verrannt haben, die gar nicht der eigentliche Punkt waren. Der wirtschaftliche Umgang mit der Natur soll natürlich nachhaltig und menschenfreundlich sein, das muss nicht alles noch einmal gesagt und genannt werden. Wir haben uns dann entschlossen, uns auf einen Punkt zu konzentrieren und dabei in die Tiefe zu gehen. Das war die Frage „Was kann man sinnvollerweise meinen, wenn man behauptet, dass lebendige Naturbeziehungen möglich sein sollen". Wir haben uns über den Begriff der lebendigen Naturbeziehungen und der Lebendigkeit länger unterhalten. Lebendigkeit nicht im rein biologischen Sinne, dass das Herz schlägt, sondern wenn es um eine Resonanz aus der Natur geht, wenn es um eine Aktivität, einen Bezug auf die Natur geht. Wir haben das dann vertieft zu der Frage „Was ist eigentlich Natur als Wunschbild?". Wir haben heute morgen gesagt, wir machen es klar, indem wir einen Kopfstand machen und das Ganze noch einmal negativ wenden, also „Was kann man sinnvoller Weise meinen, wenn Naturbeziehungen nicht möglich sein sollen? Wie wären diese lebendigen Naturbeziehungen nicht möglich?" Und das ist das Ergebnis, zu dem wir gekommen sind. Ich erkläre die Karten nicht der Reihe nach, sondern vom Einfachen zum Schwierigen. Eine These war, dass ein sinnvoller lebendiger Bezug zur Natur nicht möglich ist, wenn die Natur vollständig verfügbar oder vollständig erkannt ist. Das heißt, bei einer vollständig gelungenen Naturbeherrschung fehlt das Moment der Zumutung und des sich Entziehens von Natur und damit auch eine Art von Eigenständigkeit, von Natur als das Andere zum Menschen, was offenbar eine Bedingung für einen lebendi-

Wunschbild Natur. Ideal of Nature.

gen Naturbezug ist. Das war ein Moment. Dann haben wir auf der unmittelbaren Ebene gesagt, dass ein lebendiger Bezug zur Natur nicht verkitscht, technisiert oder medialisiert sein soll. Das heißt auch, dann fehlt etwas in dieser Naturbeziehung. Es darf sich nicht aus einer Sachzwanglogik erschließen. Und kann auch in gewisser Weise nicht vollständig verkopft sein. Das heißt, es ist auch immer etwas, was eine Unmittelbarkeit, eine sinnliche Komponente haben soll. In diesem Zusammenhang sind dann diese beiden Karten hier oben interessant. Die beiden haben hier auch ihre Berechtigung. Einmal „kein Dualismus" und einmal „Dualismus". Das heißt, man hat auf der einen Seite in diesem lebendigen Bezug auf Natur das Moment der Unverfügbarkeit, des Verweigerns eines vollständigen Zugriffs auf Natur. Das heißt, man hat eine Trennung zwischen Mensch und Natur, aber gleichzeitig darin auch das Erleben des Menschen als selbst wiederum Naturwesen und Teil der Natur. Das heißt, man hat eine Dialektik, eine Gleichzeitigkeit von Identität und Trennung, die in diesem Naturbezug auch einen Moment der Lebendigkeit ausmacht. Das Ganze muss unter der Reflexion stehen, was wir immer mitgedacht haben, was aber auch vielleicht noch einmal explizit gesagt werden muss, damit das hier nicht als anthropologische Konstante erscheint. Was wir hier Dialektik der Naturbeherrschung oder Emanzipation von Natur als Last genannt haben. Das heißt, dieses Bedürfnis nach diesem sinnvollen lebendigen Naturbezug ist natürlich ein Bedürfnis, das von einem gewissen relativ hohen Stand der Naturbeherrschung aus möglich und sinnvoll ist. Das heißt, wenn die Zumutung der Natur an den Menschen so groß ist, dass man sozusagen durch Naturbeherrschung ihr das eigene Leben täglich abringen muss, dann ist das Bedürfnis erst einmal Emanzipation von Natur, Emanzipation von der unmittelbaren Unterworfenheit unter die Naturzwänge. Das heißt, ab einem gewissen Grad der gelungenen Naturbeherrschung und auch der gelungenen Naturerkenntnis dreht sich das offenbar um und dann kommt man zu

diesem Punkt, wo die Emanzipation von Natur, die notwendig und sinnvoll und toll ist, ab einem gewissen Punkt auch zu einer Last wird. Das führt zu einem Gefühl von Fremdheit von Natur und zu einem Bedürfnis nach einem lebendigen Bezug zu Natur. In dieser Rahmung ist dies insgesamt zu verstehen.

Auf dieser Karte geht es um den Versuch einer kurzen Darstellung des Gedankens, dass der Mensch als einerseits auf der sinnlich-biologischen Ebene vollständiges Naturwesen, andererseits als Geistwesen davon losgelöstes Wesen zu sehen ist, dass es da um einen Bezug zu Natur geht, wo wir in dieser lebendigen Naturbeziehung eine Natur haben wollen, in der wir uns selbst als natürlich wiedererkennen können. Das heißt, eine Natur, die von einer Art und Weise ist, dass die Erkenntnis der eigenen Natürlichkeit in ihr erlebbar und spürbar wird.

Fragen, Anmerkungen, Kommentare

Helge Peukert: Ich fand das nicht übel und fände es schön, wenn diese Punkte so in der Broschüre auftauchen würden. Diese verschiedenen Aspekte liest man mal hier und mal da und ich finde, durch diese Fokussierung hat das etwas.

Nina Gmeiner: Ich fände es ganz spannend, oben diese beiden Punkte noch einmal in einem Diagramm darzustellen, weil Sie das auch so erklärt haben, als gäbe es Tipping Points, und das lässt sich vielleicht ganz schön darstellen und macht es noch etwas greifbarer.

Christine Zunke: Das ist immer schwierig mit solchen abstrakten Sachen, wie man die dann genauer fasst, aber das kann man auch so machen.

Thomas Kirchhoff: Für mich ist es eine Rahmung des Ganzen. Man könnte darüber schreiben: „Wir wissen um die Dialektik der Aufklärung, um die Dialektik der Emanzipation von Natur, die Zumutung der Natur und der Naturbeherrschung usw." Dass es nicht banal ontologisierend gedacht ist in irgendeiner Form.

Christine Zunke: Dass man da keine ahistorische, anthropologische Konstante hat, sondern dass es natürlich einen bestimmten Standard voraussetzt, weil es in unmittelbareren, weniger vermittelten Naturverhältnissen natürlich erst einmal kein Bedürfnis werden kann.

Irene Antoni-Komar: Ich würde gerne noch einmal auf den Punkt lebendige Beziehungen zur Natur zurückkommen, und da sagtest du so nebenbei, das darf kein pädagogischer Ansatz sein. In unserer Gruppe haben wir uns gerade mit dieser Handlungspädagogik beschäftigt, wo wir Solidarische Landwirtschaft als handlungspädagogischen Erfahrungsraum definiert haben. Als ein Verhältnis zu Natur, zum Sinn, um Zusammenhalt wiederzugewinnen. Und da würde ich gerne aus eurer Gruppe noch einmal hören, wie ihr zu dieser These gekommen seid.

Christine Zunke: Pädagogik ist ein weites Feld. Da gibt es viel Sinn und viel Unsinn, auch auf der Unsinnsseite einiges. Die Überlegung pädagogisiert meint sozusagen diejenige, dass eine bestimmte Anleitung, wie Natur erfahren werden soll, bestimmten für Kinder angelegten Lehrfahrten in einer bestimmten Reihenfolge nahegebracht wird und so weiter. Dass das auch schon wieder eine Vermittlung darstellt, die den unmittelbaren Zugang und die unmittelbare Auseinandersetzung damit unmöglich macht oder zumindest verhindert. Und dass unserer Erfahrung nach die meisten Kinder ein sehr feines Sensorium dafür haben, was das Lernziel ist und was sie machen sollen. Die übliche Reaktion darauf ist Ablehnung. Das heißt, statt auf dem Lehrpfad hinterher die dreizehn verschiedenen Entenarten aufzählen zu können, ist es manchmal wichtiger, sich nasse Füße zu holen, sich mit dem Finger am Schilfgras zu schneiden. Das war sozusagen damit gemeint. Erfahrungen muss man selber machen. Und wenn man die so aufbereitet in der genau der Form vorgeführt bekommt, dann ist das eine Vermittlung, wo die Unmittelbarkeit und die Lebendigkeit des Naturbezuges hervorkommen.

Kristian Köchy: Also pädagogisiert. Also nicht pädagogisch und man kann sich auch über Naturpädagogik Gedanken machen, aber das würde eben dazu gehören.

Gregor Schiemann: „Welche Natur wollen wir noch eigentlich …?" „brauchen" steht darüber und „können" darunter. Meine Frage bezieht sich darauf, ob diese Frage problematisiert worden ist, insofern, als dass doch schon die ganze Verfügbarkeit als Selbstverständliches voraussetzt. Also, als könnte man sich überhaupt überlegen, das ist ja sozusagen ungeheuerlich, „welche Natur wollen wir überhaupt haben?". Das wäre, als gehe ich in einen Laden rein, gucke durch die Regale und suche mir etwas aus. Das ist eine erstaunenswerte Fragestellung und das ist meine erste Frage. Und die zweite Frage ist: Es gibt ja sehr viele Naturbegriffe. Gibt es nicht einen Bedeutungskern, den alle Begriffe gemeinsam haben? Wurde das erwogen? ich selbst meine, dass es da Kandidaten gibt, die, egal wie man Natur denkt, doch noch dazu gehören, und eine Möglichkeit wäre, wenn man es als Gegenstandsbereich betrachtet, das von dem Menschen noch nicht Berührte. Das gibt es ja. Im Erdinneren zum Beispiel.

Christine Zunke: Zur ersten Frage. Natürlich war das Thema. Deswegen haben wir ja auch überlegt:

Wunschbild Natur. Ideal of Nature.

Welche Natur wollen wir eigentlich, brauchen wir eigentlich, können wir eigentlich? Hatten zwischendurch auch mal die Frage „Brauchen wir Natur?". Das haben wir dann auch eingesehen. Das heißt, die gewissermaßen menschliche Überheblichkeit, die Du hinter dieser Frage gesehen hast, die war uns schon bewusst, weswegen wir dann auch noch mal diesen Rahmen gesetzt haben. Diese Frage ist gewissermaßen auch nur eine Frage, die sich stellen lässt von einem sehr hohen Grad der Naturbeherrschung aus. Das heißt, man kann natürlich nicht beliebig, aber man kann relativ viel machen und man verändert als Mensch auch durch diverse Nutzungsprozesse in der Natur die Welt sehr grundlegend und das heißt, die meisten Landschaften sind menschengemacht, und das heißt, es gibt die Erfahrung. Man kann große Bereiche gestalten, und dann kann man sich das auch fragen, wir, die eigentlich gestalten wollen. Und zu der zweiten Frage des Naturbegriffs. Wir hatten am Anfang, das haben wir auch im Zwischenfazit gestern kurz angedeutet, gemerkt, dass wir mit sehr vielen verschiedenen Naturbegriffen arbeiten, uns dann aber entschlossen, uns nicht auf einen Naturbegriff festzulegen, weil man im Gespräch schon meistens weiß, welcher Naturbegriff gerade gemeint ist, je nach Kontext. Wir wollten uns aber auch noch die Frage stellen zwischendurch, was wir gerade damit meinen. Naturbegriffe haben gemeinsam, dass es auch immer einen Bezug hat auf etwas Physisches, etwas Erlebbares, was möglicherweise Sinnliches. Was jetzt aber hiermit gemeint ist, das ist tatsächlich, was sich in der Diskussion herausgestellt hat, nicht der Erdkern, auch nicht der Mars, wo wir tatsächlich noch unberührte Natur haben. Das Universum ist groß. Aber da gehen offenbar unsere Bedürfnisse und Wünsche nicht in dieser Form hin. Wenn wir zum Mars fliegen wollen, sind das andere Bedürfnisse, sondern es geht um etwas, wo tatsächlich auch die selbstlebendige, organische Natur sehr im Fokus ist. Wir haben aber auch diskutiert, dass es jetzt nicht nur um die organische Natur geht. Es geht auch um ungelebte Phänomene, indem man auch genau diese lebendige Naturbeziehung herstellen kann. Aber die lebendige Natur hat in unserer Diskussion immer eine Sonderstellung, weil das Wiedererkennen der eigenen Natürlichkeit, der eigenen Sinnlichkeit selbstverständlich besonders augenfällig wird, wenn es um Organisches geht.

Eve-Marie Engels: Ich beziehe mich auf die beiden grünen Zettel, also Dialektik der Naturbeherrschung. Ist das Thema also Naturbeherrschung? Und Dialektik beinhaltet ja immer einen Dreischritt. Wir haben einmal die Emanzipation von der Natur als Last und das, was in der Dialektik noch impliziert ist, kommt das anschließend auf den gelben Zettel?

Christine Zunke: Doch, wir haben es nur nicht vollständig ausgeführt, sondern als Rahmen gesetzt.

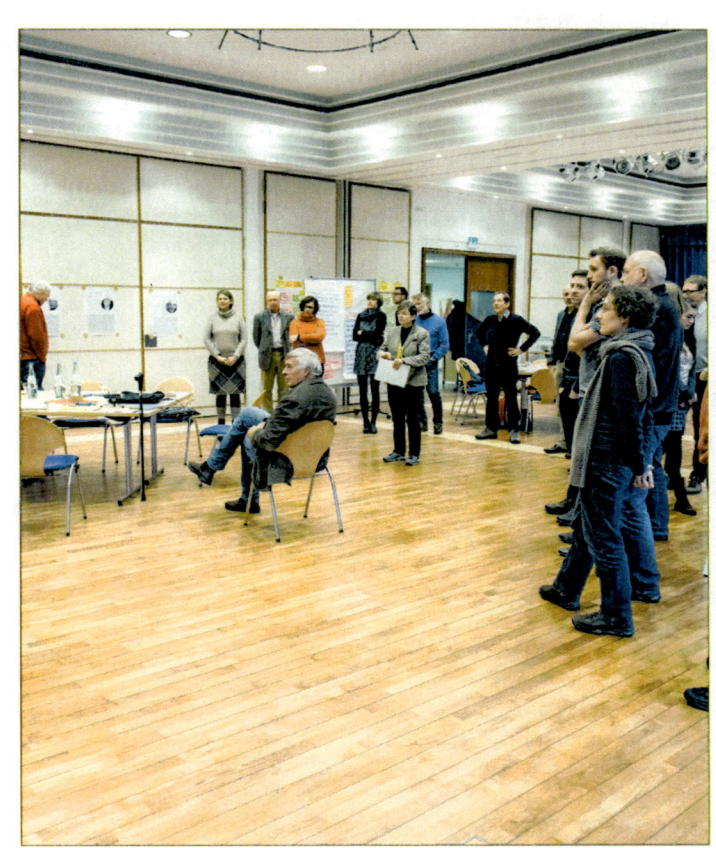

Das heißt, wenn ich das klassisch aufmalen wollte mit These und Antithese, dann sind wir erst einmal davon ausgegangen, dass wir die Natur ganz unmittelbar brauchen als unser Mittel zum Überleben. Das heißt, der Stoffwechsel mit der Natur ist mit Marx eine ewige Naturnotwendigkeit, das ist völlig klar. Und als denkende Wesen ist der Zugriff darauf Naturbeherrschung. Das heißt Erkennen von Zusammenhängen und dann das bewusste Eingreifen, „Was kann ich essen? Was kann ich nicht essen? Wie komme ich da ran?" Das heißt, die These, die hier fehlt und die als selbstverständlich unterstellt war, ist erst einmal die These Emanzipation von der Natur oder Naturbeherrschung, ist notwendig und gut und nützlich und da gibt es einen Fortschritt und das finden wir gut. Das heißt, es ist erst einmal keine Last, es ist erst einmal eine Befreiung. Wenn ich ein Dach habe, werde ich draußen nicht nass. Das ist eine Befreiung. Das wäre sozusagen die Antithese. Das ist nicht nur eine Befreiung, es wird auch in gewisser Weise auf einer anderen Ebene eine Last, diese Verfügbarkeit, diese Machbarkeit, dieser sehr weitgehende Zugriff auf Natur. Da fehlt einem dann etwas. Aus diesen beiden Polen, aus diesem Widerspruch entwickelt sich dann gewissermaßen der Konflikt, der Widerspruch, der dann in einem lebendigen Naturbezug, dem dann natürlich auch die ökonomische Ordnung Rechnung tragen muss, aufgehoben werden soll.

Eve-Marie Engels: Und Natur als Refugium sehr positiver Erlebnisse. Das ist immer noch eine Idee der Beherrschung oder zumindest der Nutzung, dass man einfach in die freie Natur geht, um Natur zu erleben.

Christine Zunke: Auf jeden Fall ist das mit da drin, aber das ist ja auch nur möglich von einem gewissen Stand der Naturbeherrschung aus. Also dass ich als tolles Erlebnis die Löwen beobachte und nicht mehr Angst habe, ich könne einem so nahe kommen, dass ich ihn sehe. Dafür brauche ich einen gewissen Stand der Naturbeherrschung.

Jürgen Manemann: Nur als Ergänzung dazu: Ich habe meine Zweifel, ob man so vollends aus der Naturbeherrschung herauskommt. Ich verstehe den Vorschlag zunächst einmal als eine Lese- und Verstehenshilfe. Hier bietet es sich an, die Einsichten der „Dialektik der Aufklärung" von Horkheimer und Adorno aufzu-greifen und von hier aus einen Blick auf das Problem der Naturbeherrschung zu werfen. Horkheimer und Adorno fordern dort „das Eingedenken der Natur im Subjekt". Von diesem Eingedenken ausgehend soll der Blick auf die Naturbeherrschung geworfen und sollen neue Perspektiven entwickelt werden. Was heißt Eingedenken der Natur im Subjekt? Das heißt, wir müssen die Leiderfahrungen erinnern, die durch diese Naturbeherrschung verursacht wurden: eigene Leiderfahrungen im Umgang mit Natur und Leiderfahrung der Natur. Die Voraussetzung, mit dieser Dialektik umzugehen, ist eine Memoria passionis. Man müsste also, um Zukunft neu und anders zu perspektivieren, die Vergangenheit als eine Leidensgeschichte aufarbeiten. Eine zukünftige Hoffnung ergäbe sich also aus der Erinnerung unerfüllter Hoffnungen. Diese Zusammenhänge wären im Blick auf die Natur auszuformulieren. Aus diesem Blick in die Vergangenheit entzündet sich der Gedanke von Zukunft. Der Blick in die Vergangenheit ist hier Aufarbeitung derselben aus der Perspektive des Eingedenkens der Natur im Subjekt, aus der Perspektive einer Memoria passionis. Ohne dieses Eingedenken droht eine zukünftige Perspektive in einen selbstbetrügerischen Optimismus umzukippen.

Christine Zunke: Wir sind auch von einem Wunschbild ausgegangen, weswegen der Optimismus darin auch noch enthalten sein mag. Ich würde auch sagen, eher genau so. Das ist ja auch der konkrete Blick, wie wir es auch im Film gestern gesehen haben. Diese Erleichterung von Leuten im Kino, dass sie Schweine auf einer Wiese im Fernsehen sehen, die ist natürlich nur erklärbar aus anderen Bildern, die man im Kopf hat, von Schweinehaltungsweisen, die einem nahe gehen, die man nicht will. Ansonsten könnte man sagen, Leute, die in Zeiten Schweine gehabt haben, als ein Schwein noch ein Luxus war, hätten nicht so empathisch reagiert.

Ulrich Witt: Es ist eine Anregung. Ich habe das Bild vor Augen, wenn es um eine Wiederaneignung von Natur geht, Zivilisationsmenschen heute, dass das auf der einen Seite die körperliche Begegnung mit der Natur ist und das, das mir in den Zeh Schilf schneidet, aber ob das nicht auch etwas ist, wo ich irgendwann in die Situation komme, das gesamte Ökosystem zu erfahren. Also alles das, was ich als Natur nicht wahr-

Wunschbild Natur. Ideal of Nature.

nehmen kann, zumindest nicht direkt, körperlich wahrnehmen kann, trotzdem als Ahnung vor mir zu haben und sagen, so eine Art der Naturbeziehung des modernen Menschen für ein globales System zu erfahren. Das kann ja auch medial vermittelt werden. Wie auch immer. In diese Naturerfahrung reinzukommen und sagen „Schaffe ich es, wahrzunehmen, dass ich Teil dieses globalen Systems bin? Nehme ich sehr indirekt vermittelt große Klimaveränderungen wahr?" Diese ganz große Perspektive der Naturbeziehung aufzumachen, nicht nur diese kleine, was mir verloren gegangen ist, dass ich weiß, dass Schilfgras auch in den Fuß schneiden kann.

Christine Zunke: Das würde dann eher in den Bereich der Erkenntnis und des Wissens fallen. Wir hatten auch kurz den Hinweis, dass dann auch bestimmte kulturelle Aspekte, wie beispielsweise das Gedicht über einen Berg, einen anderen Erfahrungshorizont ermöglichen. Dass die Breite und die Vielfältigkeit von Erfahrung nicht zu trennen ist von dem Wissen, das man um etwas hat, oder der Art der möglichen Perspektiven des Zugangs, die einem zur Verfügung gestellt werden. Das heißt, es geht nicht einfach nur um das ganz Übersinnliche.

Thomas Kirchhoff: Vielleicht muss man noch einmal klarmachen, was hier ausgeschlossen ist, die Natur, die wir in einer instrumentellen Perspektive wollen, brauchen, können, ist ja gar nicht thematisiert. Das hat gute Gründe, die wir hier nicht weiter darlegen wollen und können, und das kommt hier ja gar nicht vor. Da ist die Frage, wo Ihr Vorschlag hingehört. Das ist sozusagen komplett ausgespart, aus guten Gründen.

Helge Peukert: Nur einmal zur Dialektik der Aufklärung in Parenthese: das ist ja ein bisschen teleologisches Greenwashing und Entschärfung der Thesenbombe der Dialektik der Aufklärung. Die Grundthese lautet nämlich kurz gesagt: In dem Moment, wo zweckrationales instrumentelles Handeln in die Welt kommt, ist Naturbeherrschung Gesetz. Naturbeherrschung per Junktim-These führt zu Menschenbeherrschung. Wenn wir das eine machen, kaufen wir das andere zwangsläufig mit ein. Dann wird nicht gesagt, dass wir hier irgendwie uns arrangieren. Ein bisschen stehen wir drüber, dann lassen wir der Natur doch auch ihr Recht. Sondern die These der kritischen Theorie lautet, die dann einigen schwer aufgestoßen ist, dass wir nur durch eine Art numerische Regression auf archaische Stufen in der Lage wären, diese Naturbeherrschung aufzuheben und wir deswegen in einem unaufhebbaren Zielkonflikt sind, das ist die These. Und die schmeckt natürlich den meisten nicht und die geht auch völlig konträr zu dem, was wir hier als Synthese versuchen.

Normative Rahmung. Normative Framing.

Themengruppe 2: Leitfragen

1. Was kann getan werden, um den menschlichen Machbarkeitswahn einzuschränken?
2. Was spricht dafür, mittels gesellschaftlicher Steuerungselemente die individuelle Freiheit weiter einzuschränken?
3. Welche Wege gibt es, Verantwortung(en) sichtbarer und effektiver zuzuweisen?
4. Wie kann sich (als praktische Vorsorgeethik) eine Kultur der Achtsamkeit anders als bisher entwickeln?

*TeilnehmerInnen
Daniela Gottschlich, Anna Henkel, Christian Lautermann, Marco Lehmann-Waffenschmidt, Georg Müller-Christ
Patin: Nina Gmeiner*

Statements

Anna Henkel: O.k., also wir sind ausgegangen von der Frage, was denn normative Rahmung überhaupt heißen kann. Im Hinblick auf diese Frage waren wir dann sehr schnell dabei, drei Ebenen zu unterscheiden. Nämlich einmal die Frage, wie geht man mit Ressourcen um, und diesbezüglich stellt sich das Normative eigentlich nicht, weil es da um Effizienz, also um sparendes Einsetzen geht. Die zweite Ebene ist dann die normative Bewertung von Nebenwirkungen wirtschaftlichen Handelns, und die dritte Ebene wäre ein Nachhaltigkeitsbegriff, auf den hin man mal ganz allgemein sagen kann: nicht mehr verbrauchen, als da ist, und die Frage ist, wie kann man das machen? Wir hatten dann lange diskutiert über verschiedene Ebenen, bei denen normativ diskutiert werden kann. Das sind im Prinzip drei Fragen wiederum, nämlich: Wer soll welche Nebenwirkungen ertragen? Welche Hauptwirkungen sind wünschenswert? Und: Wie soll mit Nebenwirkungen umgegangen werden?

Georg Müller-Christ: Die nächste Beschreibung, die wir eingeführt haben, war die von Spannungsfeldern. Alles Handeln findet innerhalb von logischen Grundspannungen statt, wo sich positive Werte in Spannungslagen gegenüberstehen, d. h. jede Veränderung des Handelns findet auf diesen Kontinuen statt. Damit gibt es nicht nur eine einseitige Richtung, auf der wir uns bewegen müssen, sondern die Hintergrundlogik ist, dass wir uns auf einem Spannungsfeld, oder vielleicht auch mehreren gleichzeitig, wie ein Mobile neu austarieren, neu ausbalancieren müssen. D. h. bei allen Fragen gucken wir nicht nur: Wo geht's hin?, sondern: Was lassen wir hinter uns? Wo sind die Trade Offs? Was passiert dann nicht mehr, wenn wir einen Schritt in Richtung mehr Klimaschutz, oder mehr Nachhaltigkeit machen?

Anna Henkel: Die ganze Frage nach dem Normativen bewegt sich damit im Prinzip auch auf einer Metaebene. Also eine zentrale Frage, die wir da diskutiert haben, war: Welche Verfahren akzeptieren wir eigentlich? Das Problem der Naturwissenschaften ist ja im Prinzip, dass die Naturwissenschaft Kausalitäten herstellen oder aufdecken soll, im Sinne von Ursache-Wirkungs-Verfahren, damit man dann sagen kann: Wer ist

Normative Rahmung. Normative Framing.

schuld? – also um Verantwortung herzustellen. Die Frage ist jedoch, in wie weit man dieses Verfahren eines Herstellens von Ursache-Wirkungs-Konstellationen überhaupt akzeptiert. Also ist das die wahre, normative Dimension, oder braucht man eigentlich andere? Und allein diese Frage schon so zu stellen, verschiebt letztlich die Frage oder ja, stellt die Frage nach dem Normativen her, kann man sagen.

Georg Müller-Christ: Verschiebt die Frage nach der Begründung für Normen über die Inhaltsseite auf die Frage der Begründung von Normen im Prozess. Wann ist es ein guter Prozess, der eine Umverteilung legitimiert? Und als nächsten Schritt wollen wir die vorhandenen Fragen umformulieren mit Blick auf diese Spannungsfelder und gucken: Wie lauten diese Fragen dann, wenn sie das neu ausbalancieren, thematisieren?

Anna Henkel: Also das Ergebnis war dann, mehrere Spannungsfelder zu formulieren. Das erste Spannungsfeld ist *„Umgang mit Ressourcen"*, wobei der Begriff Ressourcen auch noch einmal separat zu diskutieren ist. Mit Blick auf Umgang mit Ressourcen gibt es ein Spannungsfeld zwischen Effizienz im Sinne von „man setzt Ressourcen möglichst sparsam ein" (wobei dann auch noch mal zu definieren ist, was denn überhaupt der Standard ist – also Effizienz erst mal als neutraler Begriff) und einem Begriff des Haushaltens, den wir verstehen vor dem normativen Hintergrund einer absoluten Substanzerhaltung. D. h. man kann nicht haushalten mit etwas, was danach dann nicht mehr da ist. Sondern es geht darum, dass letztlich immer gleich viel da ist. Also ein Haushalten mit Erdöl geht nicht, weil mit jedem Verbrauch von Erdöl dann halt danach weniger Erdöl da ist. Also die *erste Dimension: Umgang mit Ressourcen im Spannungsfeld zwischen Effizienz und Haushalten.*

Die *zweite Dimension: Verteilung von Ressourcen im Spannungsfeld von Akkumulation.* Also Akkumulation etwa auch von Vermögen in der Hand eines Einzelnen und Verteilung, wo sich dann auch die Frage stellt: Wie verteilt man das? Und was verteilt man genau? Geht das überhaupt über *Markt*, muss man das nicht steuern oder so?

Die *dritte Dimension* ist gegeben als Wirkung von Ressourceneinsatz im Spannungsfeld zwischen Nebenwirkungen und Hauptwirkung. Ja, also welche Nebenwirkung kann man akzeptieren? Welche Hauptwirkungen sind angestrebt? Wer definiert das? Wie bewertet man das?

Dann hätten wir noch einen normativen Maßstab als Dimension *im Spannungsfeld zwischen anthropozentrisch und biozentrisch.* Und dann hatten wir noch so ein bisschen als Versuch des Resümees der Diskussion noch *zwei weitere Dimensionen*, nämlich das *Spannungsfeld zwischen Selbstbestimmung und Fremdbestimmung und das Spannungsfeld zwischen Natur und Kultur.*

Zwischenfazit

Daniela Gottschlich: Wo steht die Gruppe „normative Rahmung"? Wir waren die Gruppe, die heute Morgen gesagt hat: Eigentlich haben wir noch kein Arbeitsprogramm. Wir haben uns gestern intensiv darüber unterhalten, wie wir mit den Fragen, die die Gruppe beantworten soll, umgehen, wie wir von diesen Fragen ausgehend das Thema normative Rahmung vertiefen können. Stand ist, wir haben diese Fragen noch nicht abgearbeitet. Stattdessen haben wir uns während der Spaziergänge mit verschiedenen Spannungsfeldern auseinandergesetzt und haben mittlerweile ein Arbeitsprogramm entwickelt, mit dem die Gruppe glücklich ist und mit dem sie weiter machen will. Wir werden mit einer Begriffskritik starten und die in den Fragen bereits enthaltene Normativität in der Gruppe sichtbar machen und uns darüber austauschen. Als zweiten Schritt – und damit haben wir bereits angefangen – werden wir die Fragen, die uns gegeben worden sind, erweitern und zwar vor allem mit Blick auf die Spannungsfelder, in denen sie sich bewegen. Wir wollen untersuchen: Was entsteht eigentlich Neues, wenn wir explizit auf diese Spannungsfelder schauen? Das dritte ist, dass wir uns bei der Beantwortung der Fragen um den eigenen normativen Maßstab kümmern wollen. Was ist eigentlich der Maßstab für die normative Kritik, die wir ansetzen? Exemplarisch kann ich das für erste Frage schon einmal vormachen.

Die Frage lautet: Was kann getan werden, um den menschlichen Machbarkeitswahn einzuschränken? Zunächst haben wir uns abgearbeitet an dem Begriff des Machbarkeitswahns: Teilen wir diese Feststellung

Normative Rahmung. Normative Framing.

überhaupt, dass es den gibt? Wie sieht der aus? Wir haben ambivalente Positionen dazu diskutiert. Festgehalten haben wir ihn als technical fix und sind übereingekommen, dass ingenieurswissenschaftliche Kunst nicht ausreicht, um sozial-ökologische Probleme zu lösen und dass die damit verbundenen Ideen keine hinreichenden Antworten geben. Gleichzeitig haben wir aber diskutiert, dass das Bestreben, etwas zu machen und auch etwas zu erreichen, durchaus auch einen kritisch-emanzipatorischen Wert besitzt. Anschließend haben wir uns gefragt: Was sind eigentlich Werte, die wir gegen den Machbarkeitswahn setzen können und wollen? Der Begriff der Gelassenheit war z. B. so ein Maßstab, ganz ähnlich wie ihn Gruppe 4 thematisiert hat. Wir verbinden mit diesem Maßstab einerseits die Befreiung von Kontrollzwang, andererseits aber auch Reversibilität und Fehlerfreundlichkeit, um damit zu beurteilen, welche Techniken eine Gesellschaft einsetzen kann, welche sie tunlichst vermeiden sollte. Mit diesem Blick auf die Spannungsfelder werden wir jetzt weitermachen und auch die anderen Fragen intensiver bearbeiten.

Hans-Jürgen Heinecke: Vielen Dank. Ihr habt das arrangiert auf dem Tisch – einfach so?

Daniela Gottschlich: Ja, wir haben erst überlegt, ob wir uns gelassen der Aufgabe entziehen. Dann haben wir doch etwas gesammelt. Also, dieser Ast ist von Pudelfreundin Erbse am Strand angekaut worden. Wir haben ihn mitgebracht und zeigen Euch damit ein Ergebnis des Handelns eines nicht-menschlichen Akteurs, eines Aktants, wie Latour formulieren würde.

Hans-Jürgen Heinecke: Vielen Dank. Anregungen, Kommentare?

Gregor Schiemann: Ja, ich bin mir noch nicht ganz im Klaren, in welche Richtung die Gruppe geht. Also normativ ist doch eigentlich so ein bisschen streng. Also man setzt eine Norm, tut … greift ein, aber dann, wenn man jetzt so Gelassenheit, denkt man sich ja, das ist eigentlich wirklich eigentlich keine Norm. Deshalb weiß ich gar nicht …

Andreas Weber: „Sei gelassen" ist eine Norm.

Gregor Schiemann: Also deshalb ist mir nicht ganz klar, ob ihr nicht gewissermaßen ausweicht. Ihr wollt gar nicht eigentlich normativ sein. Oder hab' ich das falsch verstanden?

Anna Henkel: Also das Problem bei all diesen Fragen ist ja, dass man das so oder so sehen kann. Also Machbarkeit ist ja noch nicht per se was Schlechtes. Innovation ist doch gut. Also auch wenn man sich jetzt vorstellt, wenn wir jetzt alle weniger konsumieren, dann können wir das machen. Wir haben den Machbarkeitswahn, durch die Energiewende in Deutschland die Welt besser zu machen. Ist ja auch ein Machbarkeitswahn. Deshalb ist für uns wichtig, was diese Begriffe konkret heißen. Was heißt denn Machbarkeit? Was heißt denn Freiheit? Was heißt denn Verantwortung? Erst einmal klären, was das bedeutet, und dann fragen, was ist denn die Norm, die dem eventuell zu Grunde liegt? Und darüber haben wir lange diskutiert, sowohl in welchem Verhältnis die beiden zueinander stehen, als auch was denn diese normative Rahmung ist, die der Formulierung von Fragen wie diesen zu Grunde liegt. Das hat Daniela ja auch gerade gesagt, dieser Aspekt einer Reversibilität wäre eine Formulierung so einer übergeordneten Norm. Kompensabilität wäre auch eine übergeordnete Norm, die sich dann konkretisieren lässt in jeweils Spannungsverhältnissen zwischen einerseits „durchaus machen wollen, aber nicht nur, weil man es machen kann, muss man es jetzt auch machen", und als anderem Pol einer Gelassenheit, die nicht handlungsverneinend ist, aber eben aufspannt, zwischen welchen Polen sich das bewegt.

Daniela Gottschlich: Man könnte z. B. auch das bewusste Nicht-Tun als Möglichkeit des Handelns identifizieren. In der Gelassenheit steckt auch das Lassen.

Anna Henkel: Ein komplexer, normativer Ansatz.

Fazit

Die Logik des Werte- und Entwicklungsquadrats und ihr Beitrag für Fragen zur normativen Rahmung

Georg Müller-Christ: Ein erster Blick auf die Fragen zur normativen Rahmung von Klimaschutz führte zu dem Impuls, die Fragen ambivalent zu fassen. Der Grundmodus der vorgeschlagenen Fragen liegt in einer „Von-Weg … Hin-Zu"-Bewegung, von einem nicht wünschenswerten zu einem wünschenswerten Zustand. Die Energie solcher Fragen im Rahmen eines

Normative Rahmung. Normative Framing.

normativen Diskurses führt leicht zu einer Rahmung von gut und schlecht, ein Zustand wird abgelehnt und negativ bewertet, ein Zustand, zumeist der nicht bekannte, wird als Hoffnungspol identifiziert und als gut bewertet. Wie läuft eine Diskussion über normative Rahmung ab, wenn die Fragen bereits die Dilemmata der Moderne beinhalten und so auch eine ambivalente Antwort ermöglichen?

Ein nützlicher Bezugsrahmen für ein solches Reframing ist das sogenannte „Wertequadrat". Es geht von der simplen Annahme aus, dass jeder Wert einen positiven Gegenwert braucht, um seine volle Wirkung zu erzielen. Auf der anderen Seite trägt jeder Wert bereits eine problematische, destruktive Übertreibung in sich. Grundlegend für diese Denklogik ist die Idee, die Aristoteles bereits in seiner Nikomachischen Ethik entwickelt hat: Jede Tugend kann verstanden werden als die rechte Mitte zwischen zwei entgegengesetzten Lastern. Beispielsweise steht Mut zwischen Feigheit und Tollkühnheit und Sanftheit zwischen Apathie und Zorn. Jeder Wert steht zwischen einem Zuviel des Wertes und einem Zuwenig (Aristoteles 2008).

Diese Logik wurde von Paul Helwig 1951 aufgegriffen und zu einem Wertequadrat erweitert. Mit diesem Kunstgriff umging Helwig die Vorstellung, es gäbe in normativen Diskussionen einen optimalen Fixpunkt, mithin einen sichtbaren Omegapunkt für die Hin-Zu-Bewegung und einen zu überwindenden Ist-Zustand im Sinne eines Zuwenig-Von oder eines Zuviel-Von, der zu den argumentativen Fluchtpunkten des Weg-Von führte. Der argumentative Spielraum wird erheblich erweitert, wenn die Lösung in einer Balance zwischen zwei Werten gesucht wird, was z. B. in der Überwindung der Spannung zweier destruktiver Werte realisiert werden kann. Normative Diskussionen werden erheblich versachlicht, wenn sowohl die anzustrebenden Werte in ihrer Polarität als auch ihre Übertreibungen zugleich sichtbar und in Beziehung gesetzt sind (Helwig 1969, S. 65ff). Das logische Grundmuster des Wertequadrats ist in der folgenden Schaubildern dargestellt:

Abbildung 1: Die Logik des Wertequadrats

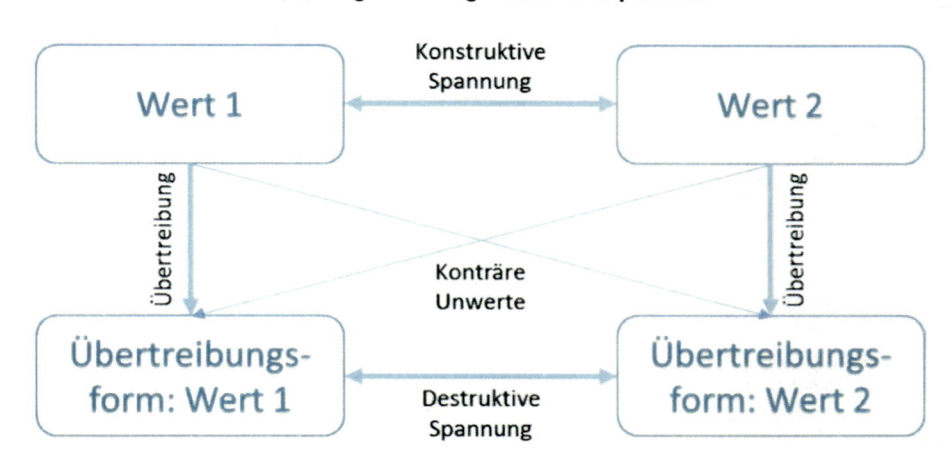

Quelle: Eigene Darstellung nach Helwig (1969), S. 69.

Ein bekanntes Beispiel ist die Rahmung des Wertes Sparsamkeit. Sparsamkeit ist nur in ausgehaltener Spannung zu ihrem positiven Gegenwert Großzügigkeit ein wirklicher Wert. Ohne Großzügigkeit verkommt Sparsamkeit zu Geiz und Großzügigkeit ohne Sparsamkeit verkommt zu Verschwendung. Dieses Beispiel illustriert sehr schön, dass kein Wert an sich allein wertvoll und informativ sein kann, sondern immer nur in Beziehung zu seinem positiven Gegenwert zu einer handlungsleitenden Information werden kann oder eine Einschätzung erlaubt.

Das Wertequadrat von Helwig hat der deutsche Kommunikationswissenschaftler Friedemann Schulz

Normative Rahmung. Normative Framing.

von Thun für seine prägenden Ordnungen zur Kommunikationslogik übernommen und zum „Entwicklungsquadrat" weiterentwickelt. Die zugrundeliegende Prämisse ist auch hier die Verlängerung der aristotelischen Annahme, dass Werte einen Bezugspunkt brauchen, um zu einer Wirkung zu gelangen, und dieser Bezugspunkt immer mitgenannt oder sichtbar sein sollte. Gerade in der heutigen dialektisch strukturierten Gegenwart kann für Schulz von Thun jede Tugend, jeder Wert, jedes Persönlichkeitsmerkmal oder jedes Leitprinzip nur in ausgehaltener Spannung zu seinem Gegenpol zu einer konstruktiven Wirkung gelangen (Schulz von Thun 1990, S. 4). Ohne die Schwestertugend verkommt ein Wert leicht zu einer Übertreibung und wird damit negativ konnotiert. Andersherum lässt sich durch das Werte- oder Entwicklungsquadrat auch sofort erkennen, dass jeder scheinbar negative Wert einen positiven Kern hat, der immer mittransportiert wird und den es zu entwickeln gilt. Die Übertreibung von Sparsamkeit ist Geiz, das heißt, dass im Geiz auch immer die Fähigkeit oder die Tugend steckt, sparsam mit Geld und Ressourcen umgehen zu können.

Schulz von Thun hat aus dem Wertequadrat ein „Entwicklungsquadrat" gemacht, weil er eine Erkenntnis besonders betont hat: Wenn eine Tugend oder ein Wert von einem Menschen oder einer Institution übertrieben werden, dann lautet die folgerichtige Entwicklung eben nicht, etwas weniger von einem Wert zu leben. In dem „Etwas weniger" fehlt die Information des Stattdessen: Was soll statt zu viel Geiz vorhanden sein? Das Entwicklungsquadrat zeigt auf, dass die Entwicklung des positiven Gegenwerts dieses Stattdessen inhaltlich umschreibt. Hat sich ein Mensch oder eine Institution am Pol des Geizes durch welche Umstände auch immer positioniert oder festgeklammert, dann stellt die Diagonale die Entwicklungsrichtung dar: Aus Geiz wird durch etwas mehr Großzügigkeit eine konstruktive Sparsamkeit, und aus Verschwendung wird durch etwas mehr Sparsamkeit eine vitale Großzügigkeit. Mit diesen Entwicklungsrichtungen wird zwar augenscheinlich wieder einer Weg-von-Hin-zu-Bewegung als Lösungsprämisse gefolgt. Der Unterschied ist jedoch, dass das Ziel nicht ein Fixpunkt, sondern ein Lösungsraum ist: eine Neueinpendelung auf der Spannungsachse zweier positiver Werte.

Die Logik des Werte- und Entwicklungsquadrats diente der Diskussion der Gruppe, um die vorgegebenen Fragen dialektisch neu zu formulieren mit dem Ziel, den Reflexionsprozess zu versachlichen.

Abbildung 2: Vom Wertequadrat zum Entwicklungsquadrat

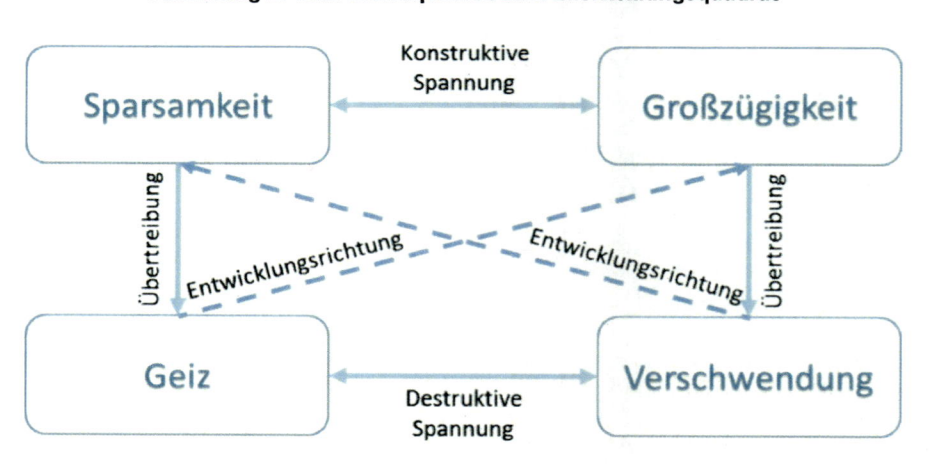

Quelle: Eigene Darstellung nach Schulz von Thun (1990) S. 39.

Normative Rahmung. Normative Framing.

Beschreibung der Vorgehensweise

Die Themengruppe wurde mit vier Diskussionsfragen konfrontiert, die unter der Überschrift „normative Rahmung" zusammengefasst wurden. Alle Fragen sind insofern normativ, als sie bestimmte (positive oder negative) Werte in den Mittelpunkt stellen und nach bestimmten Handlungsmöglichkeiten bzw. deren Begründungen suchen. Um mit der Aufgabenstellung, diese Fragen zu diskutieren und zu beantworten, konstruktiv umzugehen, hat sich die Gruppe auf folgende Vorgehensweise verständigt:

Ausgehend von einer vorgegebenen Leitfrage wurde in einem *ersten* Schritt jeweils der zentrale Begriff der Leitfrage in seiner Bedeutung geklärt. Dazu wurde dem zentralen Begriff der Leitfrage – je nach seiner Konnotation – ein positiver bzw. negativer „Gegenwert" gegenübergestellt. Genauer wurden bei den Leitfragen 1 und 2 jeweils ein positiver Gegenwert (1: Gelassenheit, 2: Freiheit) und bei den Leitfragen 3 und 4 jeweils ein negativer Gegenwert, der korrespondierende „Unwert", gefunden (3: Paralyse, 4: Aktionismus). Dabei hat sich die Gruppe insbesondere darum bemüht, ideologische Bedeutungsgehalte aufzudecken und kritisch zu hinterfragen. Der *zweite* Schritt bestand dann darin, das vollständige dialektische Wertequadrat der betreffenden Leitfrage zu konstruieren, in dem sich der zentrale Wertbegriff und sein Gegenwert sinnvoll eingeordnet wiederfinden, um die damit verbundenen Ambivalenzen sichtbar zu machen. Im *dritten* Schritt schließlich waren jeweils die normativ postulierten Bewegungsrichtungen (Von-Weg … und Hin-Zu …) i. S. des Schulz von Thunschen Entwicklungskonzepts im Wertequadrat zu ergänzen, so dass am Ende zu der betreffenden Leitfrage ein vollständiges Entwicklungsquadrat entstand.

Auf der Grundlage dieser Heuristik war es dann möglich, beispielhaft einige normative Maßstäbe anzuführen, die im Sinne von Gelingensbedingungen erforderlich sind, um auf dem angezeigten Weg im Wertequadrat Fortschritte zu machen. Dieser Klärungs- und Ordnungsprozess führte schließlich dazu, dass jede einzelne Frage neu formuliert werden musste bzw. konnte.

Die skizzierte Vorgehensweise verdeutlicht – wie auch von einem Teilnehmer einer anderen Gruppe kritisch angemerkt wurde –, dass sich der Arbeitsschwerpunkt der Gruppe verschoben hat von einer Beantwortung der Fragen hin zu ihrer möglichst klugen, differenzierenden Reformulierung. Das Ziel dabei war, mit Hilfe einer anschaulichen Heuristik die normative Dimension des Themas exemplarisch so verstehbar zu machen, dass sowohl die Spannungsfelder der Zielsetzungsalternativen als auch die Dynamik der aufgeworfenen Wertefragen deutlich werden.

Frage 1: Was kann getan werden, um den menschlichen Machbarkeitswahn einzuschränken?

Marco Lehmann-Waffenschmidt: In der ersten Leitfrage ist der zentrale Wert „Machbarkeitswahn" eindeutig negativ konnotiert. Es war also nach der skizzierten Vorgehensweise in der Gruppenarbeit zunächst der positive Gegenwert zu finden. Tatsächlich ergab die Gruppendiskussion zwei positive Gegenwerte – „konstruktiven Schöpfungswillen" und als Schwesterwert „Gelassenheit". Für die vollständige Ausdifferenzierung zum Wertequadrat fehlte also nur noch ein Wert. Er wurde in der „Indifferenz" identifiziert, also einer Egal-Einstellung – es ist dem Indifferenten gleich, was passiert. In der dialektischen „Vier-Pole-Ordnung" des Wertequadrats erscheint Indifferenz als Übertreibung von Gelassenheit durch das Fehlen eines Schöpfungswillens, und aus Schöpfungswille ohne Gelassenheit ergibt sich der übertriebene „Unwert" des Machbarkeitswahns (s. Abb. 3).

Der nächste Analyseschritt führt zum Schulz von Thunschen Entwicklungsquadrat. Die „Neben-Diagonale" (s. Abb. 3) bezeichnet den Entwicklungsweg vom übertriebenen Schöpfungswillen = Machbarkeitswahn hin zur Gelassenheit, mit dem konstruktiven Schöpfungswillen als ständig begleitendem (positiven) Referenzpunkt. Die obere Horizontale im Entwicklungsquadrat von Abb. 3 symbolisiert das (positive) Spannungsfeld zwischen Gelassenheit und konstruktivem Schöpfungswillen: Der Schöpfungswille entfaltet dann seine volle Kraft, wenn er auch mit Gelassenheit einhergeht, also mit dem Habitus des „Sein-Lassen-Könnens" und des „Die-Dinge-so-Anzunehmens", wie sie sind, ohne

Normative Rahmung. Normative Framing.

sie im „technical fix"-Modus alle technisch formieren zu wollen.

Die pragmatische Idee dieses Entwicklungsquadrats zu Leitfrage 1 lautet zusammenfassend so: Wir wollen vom Machbarkeitswahn zum Schöpfungswillen kommen, indem wir den Machbarkeitswahn mit Gelassenheit verbinden. Gelassenheit darf aber nicht zu Indifferenz werden. Denn Indifferenz bedeutet, dass man zuerst wieder produktiv werden muss, um einen Schöpfungswillen zu entfalten, um also überhaupt von der unteren Horizontalen des Entwicklungsquadrats in sein oberes horizontales Spannungsfeld zu kommen, wo man sich dann zwischen Gelassenheit und konstruktivem Schöpfungswillen bewegen kann.

Wir haben also eine mögliche Lesart der Frage entwickelt, was getan werden kann, um den menschlichen Machbarkeitswahn einzuschränken, und haben zudem einen Entwicklungsweg gezeigt, um zu einer

Abbildung 3

```
Gelassenheit  ←Konstruktive Spannung→  Schöpfungswille
    ↕                                        ↕
Übertreibung        Entwicklungsrichtung   Übertreibung
    ↕                                        ↕
Indifferenz  ←Destruktive Spannung→  Machbarkeitswahn
```

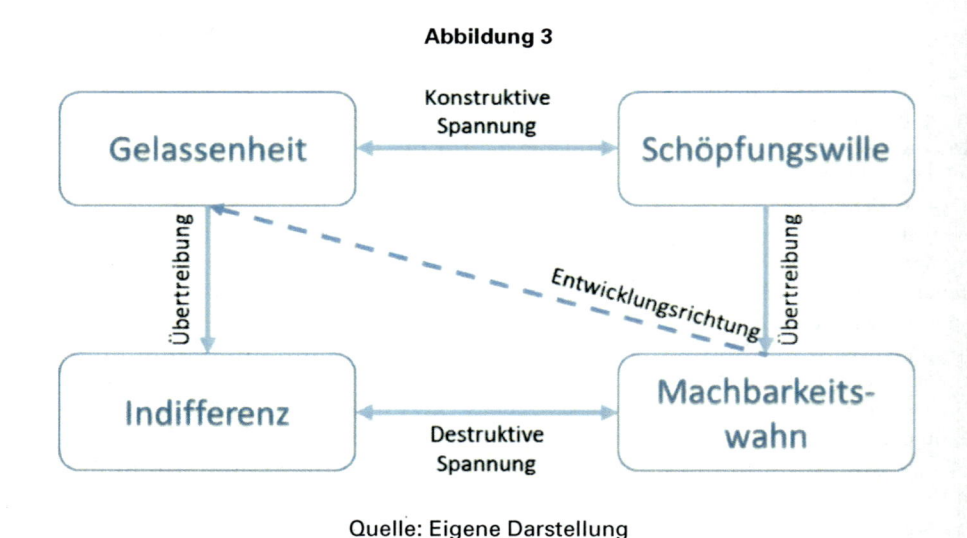

Quelle: Eigene Darstellung

gelebten konstruktiv-schöpferischen Einstellung zu kommen.

Um diese Gedanken auf den aktiven Klimaschutz zu übertragen, müssen zusätzlich „Gelingensbedingungen" gesetzt werden, die die Nebenwirkungen von Maßnahmen miteinbeziehen. Zu diesen Gelingensbedingungen, die zwangsläufig normativ geprägt sind, gehört z. B. die Setzung, nur solche Nebenwirkungen zu produzieren, oder hinzunehmen, die akzeptiert werden können i. S. ihrer potentiellen Reversibilität. Wir könnten auch sagen: Es gehört zu einem gelingenden Klimaschutz i. S. des Gelassenheitswerts dazu, gewisse Nebenwirkungen zu dulden. Was das für die zweite, dritte, vierte Frage bedeutet, stellen wir noch im Einzelnen vor.

Zum Schluss ein „Fallbeispiel": Eine geradezu paradigmatische – und poetische – Schilderung menschlichen Machbarkeitswahns findet man bei Goethes „Faust", der im fünften Akt des zweiten Teils des Dramas als persönliche Sinnfindung im Leben das „Machen" entdeckt. Der neue Unternehmer Faust hat zum Ende des Dramas mit Mephistos Hilfe ein Hafenbau-, Deichbau- und Kolonisierungsprojekt im Wattenmeer begonnen und vorangetrieben. Allerdings ist die tatsächliche Machbarkeit des Projekts in Frage gestellt – Fausts „Dämme und Buhnen" bereiten nur „Neptunen, dem Wasserteufel großen Schmaus", wie Mephisto die Frage der Sicherheit der Menschen im neuen Deichland zynisch kommentiert. Und zudem disqualifiziert sich Faust selbst in seiner vorgeblichen Rolle als fortschrittlicher Menschheitsbeglücker („Eröffn' ich Räume vielen Millionen"), indem er sich tatsächlich als profitlicher und größenwahnsinniger Egomane erweist („Die wenig Bäume, nicht mein eigen, verderben mir den Weltbesitz". „Es kann die Spur von meinen Erdetagen nicht in Äonen untergeh'n."). Faust selbst entlarvt also sein angeblich utilitaristisches Projekt als zutiefst menschliches, von Hybris getriebenes Entgrenzungsprogramm, das getragen wird von nicht erschütterbarer Selbstbegeisterung und uneingeschränktem Machbarkeitsglauben.

Um in den Kategorien des Wertequadrats zu sprechen: Der vorgeblich gemeinwohlorientierte Schöpferwille Fausts ist nicht seine wahre Position im Entwicklungsquadrat, sondern der negative Gegenwert des Machbarkeitswahns, und von Gelassenheit ist keine Spur. Goethe „dekonstruiert" den „overconfidential technical fix" Fausts schonungslos – Mephistos ständig notwendige Unterstützung mit seinen Zauberkräften geht Faust offensichtlich auf die Nerven, die Sorge setzt ihm zu und treibt ihn in die Blindheit, und sein Kolonisierungsprojekt ist nach wie vor unfertig – trotz Mephistos Zauberkräften gibt es da immer noch einen großen Sumpf im neuen Deichland, der alles zu verderben droht.

Aber was ist mit der Kategorie „Indifferenz" in diesem „Fallbeispiel"? Auch diese Kategorie spielt für Faust eine Rolle – schließlich steht er im ersten Teil kurz vor dem Selbstmord, nachdem ihm die magische Beschwörung des Erdgeistes nicht das erhoffte Glückserlebnis gebracht hat („Soll ich vielleicht in tausend Büchern lesen, dass überall die Menschen sich gequält, dass hie und da ein Glücklicher gewesen?"). Aber anstatt zur Gelassenheit zu kommen, lässt sich Faust in den Kategorien des Entwicklungsquadrats gesprochen auf den destruktiven Spannungsprozess in Richtung zum Machbarkeitswahn ein („Nur rastlos betätigt sich der Mann." „Was bin ich denn, wenn es nicht möglich ist, der Menschheit Krone zu erringen?"). Und da bleibt Faust bis zu seinem wettbedingten Tod, der nach Hans-Christoph Binswangers Deutung als pessimistische Botschaft Goethes für die moderne Menschheit zu sehen ist, die sich auf genau diesem faustischen Pfad bewegt.

Frage 2: Was spricht dafür, mittels gesellschaftlicher Steuerungselemente die individuelle Freiheit weiter einzuschränken?

Christian Lautermann: Um ein gemeinsames Verständnis der Frage in der Gruppe zu gewinnen, wurde gemäß der Vorgehensweise als erstes ihr zentraler Wertbegriff in seiner Bedeutung für das Tagungsthema näher beschrieben: die *individuelle Freiheit*. Unmittelbar auffällig bei der Formulierung der Frage ist die Vorstellung des üblicherweise positiv gedeuteten Freiheitsbegriffs als negativer, weil einschränkender Wert. Beim Austausch darüber, um welche individuellen Freiheiten es konkret gehen könnte, wurde schnell klar, dass vor dem Hintergrund des Klimawandels und der Naturzerstörung insbesondere die Freiheit zu einem grenzenlosen Konsum gemeint sein kann – also beispielsweise der transatlantische Wochenendausflug zum Shopping nach New York. An diesem Beispiel einer rücksichtslos ausgelebten individuellen Freiheit, die aufgrund ihrer unverhältnismäßigen, schädlichen externen Effekte höchst fragwürdig erscheint, lässt sich der Ruf nach „gesellschaftlichen Steuerungselementen" wie eine angemessene Besteuerung klimaschädlicher Konsumoptionen veranschaulichen. Die gegen solche Steuerungsbemühungen gerichtete Kampagne des ADAC mit dem Motto „Freie Fahrt für freie Bürger" aus dem Jahre 1974 bringt auf nahezu sarkastische Weise zum Ausdruck, wie ursprünglich positive Werte durch partikulare Interessen missbraucht und zu destruktiven Werten übersteigert werden können. In diesem Falle wurde die politische Forderung, legal externalisieren zu dürfen, mit der bezeichnenden Namensgebung „Der Auto-Darf-Alles-Club" (Robin Wood, 1989) ironisch quittiert.

In das Wertequadrat eingeordnet ist der übertriebene Wert keine Freiheit mehr, sondern muss als *Rücksichtslosigkeit* bezeichnet werden. Die Übersteigerung von Freiheit zu einem negativen Wert bezieht sich vor allem auf die negative Dimension der Freiheit im Sinne einer möglichst weitgehenden Abwesenheit von äußeren Handlungsrestriktionen. Damit kann der komplementäre Wert, dessen Verlust zu der negativen Umformung von Freiheit zu Rücksichtslosigkeit führt, mit *Bindung* bezeichnet werden. Die individuelle Freiheit, der jegliche sozialen Bindungen – seien sie formell-rechtliche oder informell-moralische – abhandenkommen, läuft auf eine entgrenzte und damit zerstörerische Freiheit hinaus. Dagegen lässt sich eine sozial eingebundene Freiheit als eine positive Freiheit charakterisieren, die sich beispielsweise der Natur zuwendet und durch die Einbindung in die Natur erst entfal-

Normative Rahmung. Normative Framing.

tet. Somit umfasst die Bindung als positiver Gegenwert zur Freiheit nicht nur die sozialen Bande zwischen den einzelnen Menschen. Zu ihr gehört auch die Verbindung zwischen dem Menschen und der Natur einschließlich der gesellschaftlichen Institutionen, die diese Verbindung organisieren, kultivieren und verhindern sollen, dass sie sich auflösen. Wenn es mit der Organisation von Bindung übertrieben wird, wenn es ein Zuviel an gesellschaftlicher Steuerung gibt, dann schlägt der positive Wert der Bindung in Zwang um, dann gerät eine zunächst gut gemeinte, strenge und durchgreifende ökologische Ordnungspolitik zur Ökodiktatur. Da die globale Umwelt- und Klimaproblematik gegenwärtig eher durch eine zu wenig eingebundene und damit rücksichtslose Freiheit und nicht durch einen zu großen, etwa politischen Zwang gekennzeichnet ist, verläuft die normative Bewegungsrichtung im Entwicklungsquadrat von Rücksichtslosigkeit über Bindung zu (positiver) Freiheit.

Abbildung 4

Freiheit ↔ Konstruktive Spannung ↔ Bindung

Übertreibung ↓ ↘ Entwicklungsrichtung ↓ Übertreibung

Rücksichtslosigkeit ↔ Destruktive Spannung ↔ Zwang

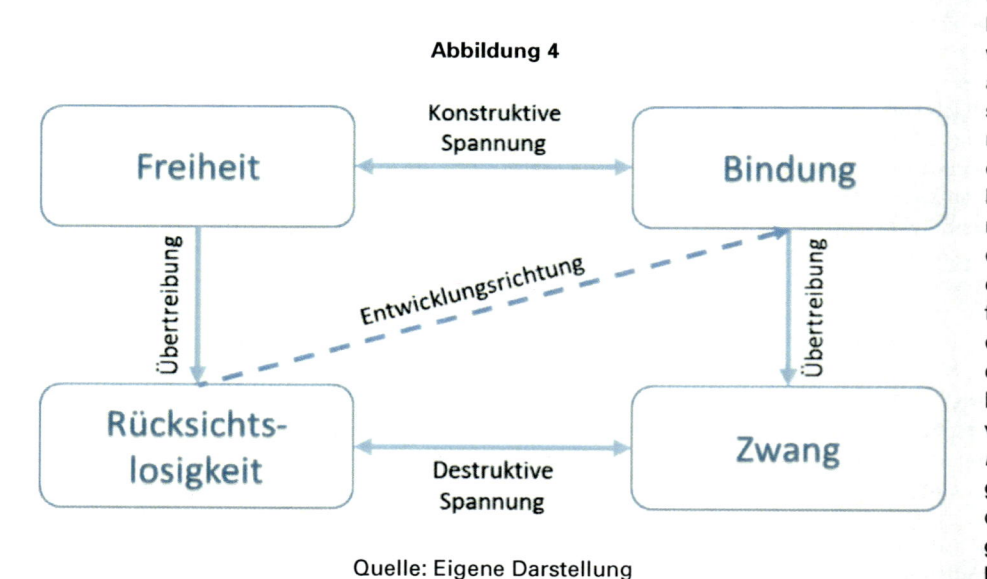

Quelle: Eigene Darstellung

Mit dem Umreißen des Wertespannungsfeldes und dem Aufzeigen der resultierenden Bewegungsrichtung wurde die Grundlage geschaffen, um darüber nachzudenken, mit Hilfe welcher normativer Kriterien man die Bewegung von Rücksichtslosigkeit über (bzw. mit Hilfe von) Bindung hin zu Freiheit beurteilen sollte, um sie als zielführend bezeichnen zu können. Damit der angezeigte Übergang gelingt und mehr Bindung nicht zum Zwang verkehrt, kommt es sowohl auf die Tugenden der Individuen als auch auf die Ausgestaltung der gesellschaftlichen Institutionen an. Für die einzelnen Menschen sollte das Freiheitsstreben ergänzt und begrenzt werden durch *prosoziales* Denken und Handeln. Mit dem Begriff der Sorge (*Care*) lässt sich in unserem Zusammenhang verdeutlichen, dass die Freiheit des Individuums auf etwas bezogen sein sollte (Freiheit für…) – sei es die Natur oder seien es die Mitmenschen –, das beim Ausleben der Freiheit berücksichtigt wird. Mögliche Gelingensbedingungen auf der institutionellen Ebene betreffen etwa die Ausgestaltung von Märkten: In anonymisierten Märkten, wo keinerlei Beziehungen zwischen individuellen Konsumhandlungen und ihren möglichen Folgen erkennbar sind, werden Rücksicht, Verantwortung und Sorge systematisch unterminiert, weil letztere erst durch Spür- oder Sichtbarkeit emotional und moralisch wirksam werden. Somit könnte man ein normatives Kriterium für die Gestaltung bindender Institutionen, das erfüllt werden muss, um Rücksichtslosigkeit zu verhindern, mit *Erfahrbarkeit* bezeichnen. Dazu gehören die Transparenz der Produktionsbedingungen und die Sichtbarkeit möglicher Konsumfolgen, wobei aber auch andere Sinne angesprochen werden sollten. Dabei hilft insbesondere die Herstellung von räumlicher Nähe in den Produzenten-Konsumenten-Beziehungen, sprich: Dezentralisierung

Normative Rahmung. Normative Framing.

und Regionalisierung von Wertschöpfungsstrukturen. Ähnlich kann dies als normatives Kriterium für die Gestaltung von Verfahren wirksam werden: Verfahrensweisen, deren Wirkungsrichtung potentiell als Zwang empfunden werden könnten, die aber eigentlich Bindung bewirken wollen, könnten dadurch eine größere Akzeptanz finden, dass sie besonders transparent und nachvollziehbar gestaltet werden.

Angesichts dieser Arbeitsergebnisse konnte die Leitfrage schließlich folgendermaßen reformuliert werden: *Mit welchen gesellschaftlichen Regulierungsverfahren können wir Bindung als positiven Gegenwert zu Freiheit etablieren?*

Frage 3: Welche Möglichkeiten gibt es, Verantwortung sicherer und effizient(er) zuzuweisen?

Anna Henkel: Die dritte der Gruppe gestellte Frage war, welche Möglichkeiten es gebe, Verantwortung sicherer und effizienter zuzuweisen.

Wiederum stellte sich zunächst die Herausforderung, zu klären, auf welchen Phänomenbereich sich eine solche Fragestellung im hier relevanten Kontext konkret bezieht. „Verantwortung" ist zunächst ein ubiquitär verwendeter Begriff. Im Falle von Krisen stellt sich die „Frage nach der Verantwortung", aber Verantwortung ist auch ein alltagssprachlich gebräuchlicher Begriff, der von der „Verantwortung für die eigene Gesundheit" bis hin zur „Verantwortung für Schutzbefohlene" sehr Vielfältiges umgreift. Für das hier zentrale Thema einer nachhaltigen Gesellschaft schien uns aus diesem breiten Spektrum vor allem eine Tendenz relevant: die Tendenz einer systemischen Verantwortungslosigkeit, gekoppelt mit einer gleichzeitigen Individualisierung von Verantwortung. Eine Tendenz systemischer Verantwortungslosigkeit wird beispielsweise im aktuellen VW-Abgaswerte-Skandal deutlich. Es wird hier nicht nur legale Gestaltungsmöglichkeit ins Illegale hinein überreizt, sondern der Umweltschutzgedanke, der in entsprechenden Regelungen steckt, wird schlicht – in verantwortungsloser Weise – übergangen.

Ähnliches ließe sich hinsichtlich der Immobilienkrise um 2008 beobachten, wurde doch auch dort der aufs Ganze betrachtende Sinn bestimmter Regelungen in individuell-kurzfristiger Vorteilsmaximierung (monetäre Gewinne, Karrierefortschritte usw.) übergangen. Parallel zu einer solchen Tendenz systemischer Verantwortungslosigkeit lässt sich jedoch auch eine Individualisierung von Verantwortung beobachten. Die „Eigenverantwortung des mündigen Bürgers", die es zu „aktivieren" gilt, wird zur Zauberformel auf dem Weg zu Volksgesundheit, Vollbeschäftigung und Vorsorge für das Alter. Dieser etwa von Stephan Lessenich kritisierten Entwicklung (Lessenich 2008) liegt die Tendenz zugrunde, denjenigen, die im Falle einer negativen Entwicklung den Schaden tragen, auch die Verantwortung für dessen Eintreten zuzurechnen (Henkel und Åkerstrøm-Andersen 2016).

Marco Lehmann-Waffenschmidt: In die Kritik an diesem „invertierten" Verantwortungsverständnis fällt auch ein theoretischer Ansatz in der Ökonomik, der es zu einiger Berühmtheit gebracht hat. In den 1970er Jahren entwickelte Ronald Coase das Konzept der symmetrischen Verursachung von Schäden mit dem daraus abgeleiteten Prinzip einer marktkonformen Lösung durch Verhandlungen und Ausgleichszahlungen zwischen Verursacher und Geschädigtem. Führt man diesen Gedanken der symmetrischen Verursachung einer schadenverursachenden Aktion in der Wertedialektik konsequent weiter, kommt man im Extrem zum Gegen-Prinzip des Verursacherprinzips: „Das Opfer ist der Täter".

Freilich kann man die naheliegende Kritik an dieser extremen und verzerrenden Inversion des Verursacherprinzips aus Sicht unserer Gruppe wieder relativieren, indem die extreme Invertierung eben eine Ecke eines Wertequadrats bildet, also einen extremen Spannungspol, und keine adäquate Handlungsanleitung. Genauso hat Coase auch argumentiert. Aber das ungute Gefühl bleibt, dass sich solche Extrem-Inversionen naheliegender Prinzipen – in diesem Falle des Verursacherprinzips – irgendwann doch als Leitgedanke in einer Gesellschaft festsetzen können.

Anna Henkel: Vor diesem Hintergrund der Klärung der hier gemeinten Problematik ist es über das Wertquadrat wiederum möglich, die verschiedenen Facetten einer normativen Forderung nach einer sichereren und effizienteren Verantwortungszuweisung zu präzisieren. Offensichtlich ist „Verantwortung" der erste Wert im Wertquadrat. Er bezieht sich positiv darauf, für

Normative Rahmung. Normative Framing.

eingetretene Schäden einzustehen und in diesem Sinne diese zu verantworten. Die destruktive Übertreibung dieses positiven und für die moderne Gesellschaft unhintergehbaren Wertes ist die Allverantwortlichkeit. Dies betrifft Konstellationen, in denen alle Schäden, die einen irgendwie betreffen, als persönlich zu verantwortend attribuiert werden. Eine Argumentationslogik, die aus dem Schaden ableitet, dass man ihn nicht vermieden und daher zu verantworten hat, führt zu eben dieser Allverantwortlichkeit. Der Verantwortung als erstem Wert ist daher als Gegenpol ein zweiter Wert gegenüberzustellen. Der Vorschlag aus der Gruppendiskussion ist, hier die Reflexion bzw. Sorge anzusetzen. Während die Verantwortung im eingetretenen Schadensfall greift, bezieht sich die Sorge darauf, gegenwärtig mögliche künftige Entwicklungen zu reflektieren und in das eigene Handeln einzubeziehen. Dieser Wert ist positiv, indem er in einen vergleichsweise offenen Horizont hineinwirkt, statt bereits je konkret auf einen Fall bezogen zu sein. Doch auch dieser Wert ist in seiner Übertreibung negativ. Wie eine übertriebene Verantwortung zur Allverantwortlichkeit führt, so führt eine übertriebene Reflexion/Sorge zur Paralyse, zur Handlungsunfähigkeit also. Einem Aktivismus der Allverantwortlichkeit steht so eine paralysierte Unfähigkeit entgegen, überhaupt etwas zu tun. Beides ist auf dem Weg zu einer nachhaltigen Gesellschaft nicht zielführend.

Die Quintessenz der Analyse der Verantwortungsattribution im Wertequadrat ist, dass weder eine überzogene Eigenverantwortung noch eine übertriebene Reflexion wirklich weiterhelfen. Vielmehr muss ein Gleichgewicht der beiden Pole positiver Verantwortung und positiv reflexiver Sorge angestrebt werden. Doch wie ist dies möglich? Ausgehend von der Frage nach normativen Maßstäben, die sich aus dieser Analyse ableiten lassen, wurde in der Gruppe diskutiert, welche Rahmenbedingungen zu einem solchen positiven Gleichgewicht von Verantwortung und Sorge beitragen können. Zwei Dimensionen schienen uns dabei zentral: Zunächst ist elementar, dass Institutionen nicht in erster Linie „aktivieren", sondern vor allem entlasten und ermächtigen. Eine wirkliche Eigenverantwortung des mündigen Bürgers/ der mündigen Bürgerin setzt sorgende Institutionen voraus, die eine Übertreibung der Verantwortungsanrufung zur Allverantwortlichkeit verhindern. Zweitens ist neben dieser institutionellen Ebene auch eine Ermächtigung der Akteure von Bedeutung. Entwicklung von Kompetenzen, offene und kritische Diskussion unterschiedlicher Positionen, transparente Verfahren und die Ermächtigung zum Vertreten eigener Positionen sind in dieser Hinsicht zentral.

Angesichts dieser Arbeitsergebnisse konnte die Leitfrage schließlich folgendermaßen reformuliert werden: *Wie gelingt es, von Responsibilisierung und Allverantwortlichkeit zu reflektierter Verantwortung von Mensch und Institutionen zu kommen?*

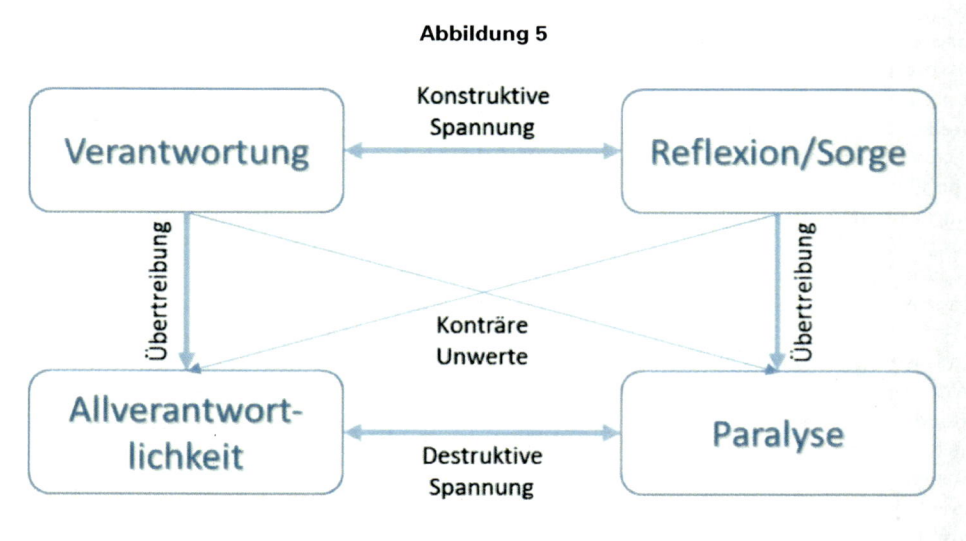

Abbildung 5

Verantwortung ←Konstruktive Spannung→ Reflexion/Sorge
↓ Übertreibung ↓ ↓ Übertreibung ↓
Allverantwortlichkeit ←Destruktive Spannung→ Paralyse
(Konträre Unwerte)

Quelle: Eigene Darstellung

Frage 4: Wie kann sich (als praktische Vorsorgeethik) eine Kultur der Achtsamkeit anders als bisher entwickeln?

Daniela Gottschlich: Auch bei dieser letzten Frage, die die Gruppe zur Bearbeitung mit auf den Weg bekommen hatte, bestand der erste Schritt wieder in der Begriffsklärung und der Auseinandersetzung mit den in der Frage bereits enthaltenen normativen Maßstäben. Anders als bei den vorangegangenen Fragen begannen wir unsere Begriffsklärung, was unter einer vorsorgenden Kultur der Achtsamkeit zu verstehen ist, zunächst in Abgrenzung zu jenem krisenverursachenden Paradigma, das als indirekter negativer normativer Maßstab in der ursprünglichen Frage enthalten war und das überwunden werden soll: die Praxis der Nachsorge. In der Frage steckt die Aufforderung, dem End-of-Pipe-Gedanken etwas entgegenzusetzen. Der Vorsorgegedanke bricht dabei ebenso mit dem Prinzip der sozialen und ökologischen Externalisierungen wie mit der Orientierung an ausschließlich individueller Nutzenmaximierung.

Vorsorge als Handlungsprinzip ist eng verbunden mit den Werten der Verantwortung und des Sorgens. Vorsorge bedeutet ein „bewusstes Sich-in-Beziehung-Setzen des Menschen zu seinen Mitmenschen (einschließlich zukünftiger Generationen), zu seiner Mitwelt, […] zu sich selbst" (Theoriegruppe Vorsorgendes Wirtschaften 2000: 58). Aus dem Vorsorgeprinzip können Kriterien für eine nachhaltige ökonomische Entwicklung abgeleitet werden, die gegenwärtiges Handeln an Zukunft bindet und langfristige Wirkungen sowie Nebenfolgen antizipierten. Eine solche Entwicklung orientiert sich an Fehlerfreundlichkeit, Rückholbarkeit, Umkehrbarkeit, Bedachtsamkeit, Langsamkeit (vgl. ebd.: 50f.). Sie ist achtsam und nicht indifferent gegenüber den langfristigen Folgen in räumlicher und zeitlicher Hinsicht.

Entsprechend haben wir Achtsamkeit als ersten positiven Wert in unser Wertequadrat aufgenommen. Aktuell hat dieser Wert es auch in die sozial-ökologische Forschungsförderung geschafft. Im Projekt BiNKA wird die Entwicklung eines Achtsamkeitstrainings zur Förderung nachhaltigen Konsums verfolgt: „Vorhandene Ansätze der Achtsamkeitsforschung weisen darauf hin, dass Achtsamkeitstraining durch die Stärkung des Bewusstseins für zentrale Werte und Einstellungen sowie für das eigene Handeln einen Beitrag dazu leisten kann, die beschriebene Lücke zu verringern und kompetentes Handeln im Einklang mit eigenen Überzeugungen zu ermöglichen" (https://www.aloenk.tu-berlin.de/menue/forschung/binka/https://www.aloenk.tu-berlin.de/menue/forschung/binka/).

Auch in den Annahmen der Achtsamkeitsforschung wird schon ein konstruktiver Zusammenhang zwischen Achtsamkeit und Handlung deutlich. Ein Zuviel an Achtsamkeit hingegen führt zu einer Weltflucht, führt eben nicht mehr dazu, Bindungen einzugehen (wir sehen hier, dass die positiven Werte der verschiedenen Wertequadrats ebenfalls Bezüge zueinander aufweisen), führt zum Rückzug ins Private und zu einem Ausblenden, dass auch strukturelle Veränderungen von Akteuren herbeigeführt werden können und müssen. D. h., Achtsamkeit als positiver Wert braucht zu seiner voller Entfaltung die Handlung. Umgekehrt muss Handlung als zweiter positiver Wert von Achtsamkeit geleitet sein, sonst besteht die Gefahr, dass das Handeln zum blinden Aktionismus verkommt.

In der Gruppe haben wir verschiedene Beispiele für Aktionismus sowohl auf der individuellen als auch auf anderen Ebenen diskutiert und dabei Probleme dieses Aktionismus reflektiert, der in Zeiten ökologischer Krisen bisweilen noch angetrieben wird von einer Dringlichkeitsrhetorik und auch einem Alarmismus, der zu Schnellschüssen oder Symbolpolitik führen kann (etwa die Abwrackprämie 2008/2009 für alte Autos, die als ad hoc Konjunkturprogramm wirken sollte, die aber gleichzeitig von der Bundesregierung als Umweltprämie deklariert wurde. Der Wachstumsimperativ wurde damit keineswegs infrage gestellt, sondern als Lösung präsentiert). Diskutiert haben wir u.a. ein Beispiel, das mir eine Kollegin aus Ghana erzählt hat: Die ghanaische Regierung setzte auf regenerative Energien zur Energieerzeugung, um dem Problem, dass es zu wenig Elektrizität gibt, zu begegnen, und baute mit Krediten der Weltbank unter der Leitung eines französisch-russischen Konsortiums ein sehr großes Wasserkraftwerk. Als Folge des Klimawandels – und diese Folgen wurden bei der Planung dieses Großprojektes nicht hinreichend berücksichtigt – gibt

Normative Rahmung. Normative Framing.

es aber nicht genügend Wasser, das dieses Wasserkraftwerk antreiben kann. Die Kollegin bezeichnete das Kraftwerk als Trash-Technologie, die von Ländern des Globalen Nordens exportiert wurde. Ghana habe nun Millionen von Schulden und immer noch keine ausreichende Stromversorgung. Diese Form von Handlungen, die in letzter Konsequenz nicht achtsam sind, die lokalen Bedingungen nicht berücksichtigen und die Frage, wer letztendlich die Kontrolle über den Einsatz und die Verwendung von Technik hat, nicht an den Anfang stellen, sind nicht weiterführend aus unserer Perspektive. Sie schaffen vielmehr neue Probleme, ohne die alten zu lösen.

von Natur zum Ausgangspunkt eines achtsamen Umgangs mit Natur gemacht werden könnte, haben wir zumindest andiskutiert.

Angesichts dieser Arbeitsergebnisse konnte die Leitfrage schließlich folgendermaßen reformuliert werden: *Wie ersetzen wir Nachsorge nicht durch Aktionismus und vermeiden Weltflucht, sondern kommen zu Handlungen, die von Achtsamkeit und Vorsorge getragen sind?*

Abschließend möchte ich hervorheben, was zum Teil bei der Vorstellung der einzelnen Wertequadrate schon deutlich geworden ist: Vergleichen wir die Wertequadrate unserer vier Fragen zur normativen Rahmung miteinander, dann sehen wir, dass Schöpfungswille, Bindung, Reflexion und Handlung zusammengehören, genauso wie Gelassenheit, Freiheit für, Verantwortung und Achtsamkeit. Und auch die verschiedenen negativ-unerwünschten Zustände korrespondieren mit einander: Blinder Aktionismus und Machbarkeitswahn beispielsweise haben viel miteinander zu tun, sie sind Wertorientierungen, die wir überwinden wollen. Die Beantwortung unserer neuformulierten Fragen wäre für die Gruppe ein nächster möglicher, lohnender Schritt.

Abbildung 6

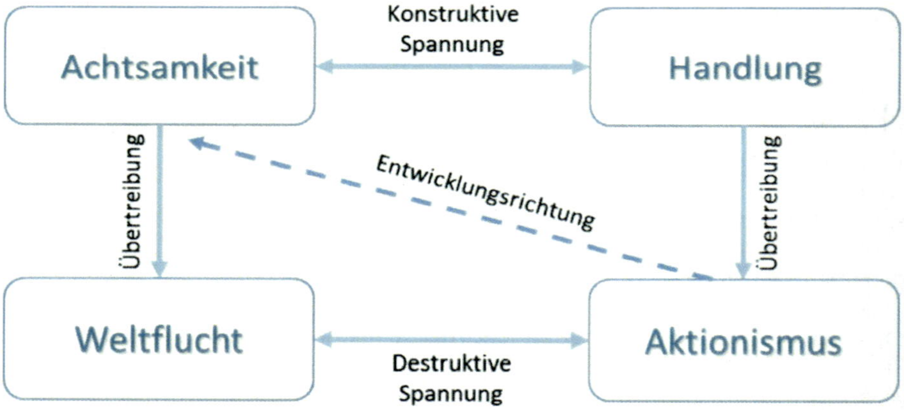

Quelle: Eigene Darstellung

Was braucht es, was sind Gelingensbedingungen, damit achtsames, vorsorgendes Handeln gelingt? Unsere Antworten auf diese Frage weisen Parallelen und Anknüpfungspunkte zu den Themen und Fragen der anderen Gruppen auf: Auch wir waren der Ansicht wie Diskurs-Gruppe 3, dass wir Erfahrungsräume für vorsorgendes Handeln schaffen müssen. Auch die offenen Fragen, die von Gruppe 1 ebenfalls angeführt wurden, wie sich die Eigenwilligkeit von Natur mit einbeziehen ließe und die nicht vollständige Verfügbarkeit

Literatur

Aristoteles (2008): *Nikomachische Ethik.* Reinbek bei Hamburg
Helwig, P. (1969): *Charakterologie.* 2. Aufl. Freiburg i. Br.
Henkel, Anna/Åkerstrøm-Andersen, Niels (2016): Precarious Responsibility. *Soziale Systeme,* Sonderheft.

Lessenich, Stephan (2008): *Die Neuerfindung des Sozialen. Der Sozialstaat im flexiblen Kapitalismus.* Bielefeld: transcript.
Robin Wood, Der Spiegel Nr. 28 1989, http://www.spiegel.de/spiegel/print/d-13493601.html)
Schulz von Thun, F. (1990): *Miteinander reden.* Reinbek.
Theoriegruppe Vorsorgendes Wirtschaften (2000): Zur theoretisch-wissenschaftlichen Fundierung Vorsorgenden Wirtschaftens, in: Biesecker, Adelheid/ Mathes, Maite/ Schön, Susanne/ Scurrell, Babette (Hrsg.): *Vorsorgendes Wirtschaften. Auf dem Weg zu einer Ökonomie des Guten Lebens*, Bielefeld, S. 27–69.

Anregungen und Kommentare

Hans-Jürgen Heinecke: Anmerkungen, Kommentare, Hinweise?

Ulrich Witt: Verstehe ich das richtig, dass diese konkreten vier Fragen nicht beantwortet worden sind, aber stattdessen neue Fragen hergeleitet worden sind, die aber auch nicht beantwortet werden?

Anna Henkel: Nein, wir haben halt jetzt beantwortbare Fragen.

Christian Lautermann: Das ist ja wirklich das Haar in der Suppe suchen …

Daniela Gottschlich: Die Idee dahinter ist auch, dass es notwendig ist, Fragen zu reflektieren, dass es Zeit braucht, auch die richtigen Fragen zu stellen, dass eine bestimmte Sicht auf die Ursachen sich bereits in den Fragen niederschlägt … also in allen vier Fragen steckten implizite, normative Maßstäbe drin, und unsere Gruppe hat sich über die in den Fragen schon vorhandenen Prämissen auseinandergesetzt. Und wir haben gesagt, wir müssen sie nicht nur transparent machen, wir finden sie zum Teil auch nicht hinreichend fundiert und brauchen entsprechend andere Fragen. Und das haben wir über diesen Prozess versucht.

Anna Henkel: Außerdem stimmt das so nicht, wie Sie das hier sagen. Daniela hatte das vielleicht mit der letzten Formulierung ein bisschen so nahegelegt, die Frage so zu stellen, aber die Fragen sind ja, also ich meine, wir haben jetzt keinen Aktionsplan, der bis ins letzte Detail sagt, was man jetzt in der Stadt Oldenburg machen müsste, um zu allen vier Fragen was umzusetzen, aber die Fragen sind insofern beantwortet, als dass jetzt ja die normativen Maßstäbe formuliert sind. Also die Antwort auf die Frage: Wie bewegen wir uns in einem konstruktiven Spannungsfeld zwischen Gelassenheit und Schöpfungswille, naja, eben indem Ausgleichbarkeit als wesentliches Kriterium für Situationen, die dafür relevant sind, herangezogen wird, indem Reversibilität als normatives Kriterium für Entscheidungen über Technologie und Fehlerfreundlichkeit und so herangezogen wirderden. Also diese normativen Maßstäbe sind im Prinzip die Antwort auf die umformulierte Frage, und dieses wertdialektische Quadrat zeigt, in welcher Hinsicht es zu verstehen ist. Weil das nämlich, und das hat Daniela ja eben auch schon gesagt, zu einfach ist zu sagen: Oh, wir müssen das jetzt so oder so machen. Also man muss sich schon im Klaren werden, was eigentlich die Situation ist, die man kritisieren will und in welchem Verhältnis sowohl das normativ Anzustrebende als auch die Situationsbeschreibung zueinander stehen.

Ulrich Witt: Aber das verstehe ich immer noch nicht. Wenn wir jetzt die Frage zwei nehmen: Was spricht dafür, mittels gesellschaftlicher Steuerungselemente die individuelle Freiheit weiter einzuschränken? Das ist eine konkrete Fragestellung, die ich so verstehe: Wir haben Steuerungsinstrumente und wir müssen jetzt Argumente finden, warum diese Steuerungsinstrumente eingesetzt werden. Solche Argumente braucht man z. B., um Wähler davon zu überzeugen, ihnen zuzustimmen. Und jetzt sagt ihr: Das ist aber gar nicht die Fragestellung, die wir beantworten wollen, wir manövrieren hier mit positiver/negativer Freiheit und kommen dann zu ganz anderen Werten, also einer Art Frageverschiebung, aber jetzt ist nicht klar, was eigentlich dann noch bei der Frage zwei oder ihrer Ersatzfrage die Antwort ist. Also was würde der Wähler jetzt gesagt bekommen?

Daniela Gottschlich: Genau hier werden unterschiedliche Einschätzungen, wie gesellschaftliche Steuerung funktionieren kann und sollte, sichtbar. Ich finde daher Ihr Beispiel sehr gut. Unsere Gruppe hat auf dem Inselspaziergang darüber gesprochen, dass der Zwang, das Einschränken, das Denken in „Wir müssen individuelle Freiheit einschränken" für uns gerade keinen Lösungsansatz darstellt, sondern es da-

Normative Rahmung. Normative Framing.

rum gehen muss, die Attraktivität von Freiheit für Bindung herzustellen. Also, wenn ich nicht-nachhaltige Lebensweisen, die ich in Anlehnung an Markus Wissen und Ulrich Brand als imperiale Lebensweisen bezeichnen würde, überwinden will, dann muss ich sagen, warum ich dafür nicht mit Zwang agiere. Wir hatten die Debatten z. B. beim Veggie-Day. Es geht darum, eine Attraktivität neuer Lebens- und Denkweisen herzustellen, und darüber muss ich die Frage anders formulieren: Zu was möchte ich befähigt sein? Wo möchte ich meine Fähigkeiten in und mit Natur und meinen Mitmenschen wie gestalten können? Dieser Zugang ist ein positiver, ein gestalterischer, in Verantwortung für mich, für andere, für Demokratie und für Natur. Also wirklich ein anderer Zugang. Und damit kritisieren wir die Prämisse der Ausgangsfrage. Diese Fragen führen unseres Erachtens nicht zu einer umfassenden sozial-ökologischen Transformation von Gesellschaft. Wir können da Dinge versuchen, aber die Transformationshebel finden wir dort nicht. Wir finden sie, wenn wir die Frage reformulieren.

Anna Henkel: Außerdem, also nur weil Sie gefragt haben: Was sagen Sie den Wählern? Naja, transparente Verfahren sind ein zentrales Element dabei, ganz konkret. Nur einfach zu sagen: So, wir hauen jetzt drauf und ich sag euch wie's richtig ist, das ist glaube ich auch schwer zu vermitteln dem Wähler in einer demokratischen Gesellschaft.

Ulrich Witt: Überhaupt nicht, wir haben jede Menge Steuern, Umweltsteuern, das sind Zwänge, eindeutig, und wir brauchen Argumente, warum Leute sich besteuern lassen. Also ich finde das eine Aufweichung der ganzen Problematik, wir gehen jetzt auf einen Soft-Ansatz, wir leisten sozusagen Überzeugungsarbeit, die ganze Einstellung zu ändern, was auch nützlich ist, aber das kann nicht alles sein. Also diese konkreten Zwangsmittel aufzugeben finde ich verheerend, also das dürfen wir nicht, das ist ein Rückschritt.

Daniela Gottschlich: Vielleicht lassen wir diesen Dissens an dieser Stelle stehen.

Jürgen Manemann: Ich möchte nur einmal den Dissens anschärfen, bevor er jetzt stehen gelassen wird. Denn es handelt sich hier um ganz unterschiedliche Zugangsweisen. Die Zugangsweise, die Ulrich Witt vorschlägt, ist eine von außen betrachtete. Also ich habe ein Problem, und dann schaue ich von außen drauf, welche Möglichkeiten habe ich, um auf dieses Problem zu antworten? Das ist eine Außenperspektive. Hier wird eine ganz andere Perspektive angeboten, nämlich ich sehe mich als jemand, der versucht Probleme zu verstehen und Problemlösungen zu suchen als Teil des Problems, in einem Spannungsfeld. Und da kann man natürlich sagen, da bin ich, wenn ich mich in so einem Spannungsfeld bewege, kann ich nicht sofort die eine oder andere Lösung bieten. Der leichtere Weg ist der, den du vorschlägst, ich schaue von außen

Normative Rahmung. Normative Framing.

drauf, aber es ist der, muss ich sagen, der unterkomplexe Weg. Während das ein sehr komplexer Weg ist und … also mich überzeugt das sehr. Das hat eine große Überzeugungskraft, dieses wertdialektische Quadrat, und führt einfach dazu, dass man sensibilisiert wird, zunächst die richtigen Fragen zu suchen. Denn die richtige Frage zu stellen, ist ungeheuer komplex und man darf nicht meinen … wenn man eine Frage formuliert, wird man schon auf einen bestimmten Weg geschickt. Und wenn man das nicht reflektiert, dann geht man in die falsche Richtung und wird nie die Antwort finden. Von daher würde ich sagen, da ist ein scharfer Dissens zwischen beiden Ansätzen, und ich finde den sehr produktiv, den ihr hier vorgeschlagen habt.

Gregor Schiemann: Also die Klimagespräche werden im Sozialforum aufgelöst. Weil die ja von außen kommen.

Jürgen Manemann: Das hab ich jetzt nicht … also die werden doch … ach so, also aus der Perspektive, ja. Also nein, die werden, also ich finde das ist eine Außenperspektive und das ist die Perspektive als Teil des … ich bin selbst Teil des Problems und muss mich da verorten in dieser Spannung, und das macht es ja so schwierig, da Perspektiven zu zeigen. Aber wenn wir Lösungen suchen, müssen wir meines Erachtens diesen Weg gehen, da kommen wir nicht dran vorbei.

Gregor Schiemann: Also der Staat ist draußen, weil der außen …

Jürgen Manemann: Nein, der Staat ist ja auch in solchen … für den Staat wäre es jetzt wichtig, ein solches wertdialektisches Quadrat anzulegen.

Daniela Gottschlich: Vielleicht als Ergänzung zur Rolle des Staates: Wir haben über die Transformation von Staat selbst und über Institutionen als reflexive, als sorgende Institutionen diskutiert. Das heißt, wir haben genau diese Wertorientierung für verschiedene Akteure in der Gruppe diskutiert. Es geht keinesfalls darum, auf staatliche Regulierungen, auf Gesetzesvorlagen zu verzichten, das war überhaupt nicht unsere Absicht. Unsere Frage ist: Wie kommen wir zu institutionellen Regulierungen, wer ist wie daran beteiligt? Wir haben es hier mit einer demokratietheoretischen Frage zu tun, die sich letztlich als Frage nach der Demokratisierung gesellschaftlicher Naturverhältnisse stellt.

Thomas Kirchhoff: Eine Anmerkung zu den Freiheitsbegriffen: Also unten steht ja jeweils was Negatives. Also sozusagen durch und durch negativ, Zwang und jedenfalls in diesem Kontext negativ. Das ist bei Freiheit doch etwas problematisch, weil diese Freiheit von … ist ja die Unabhängigkeit und das ist ja ein durchaus positiver Zustand und die Freiheit für … oder die Freiheit zu etwas zu tun, das ist auch positiv. Also da bin ich mir etwas unsicher, ob man da nicht auch tatsächlich …

Christian Lautermann: Habe ich ja gesagt. Also ich habe es offen gelegt und ich habe es kontextualisiert.

Hans-Jürgen Heinecke: Die Gruppe muss sich für ihr Ergebnis nicht rechtfertigen.

Gregor Schiemann: Mein Vorschlag ist „Rücksichtslosigkeit".

Niko Paech: Ah, sehr gut. Aber die eigentliche Frage ist jetzt, also durch das Gespräch eben habe ich die Einsicht gewonnen, dass durch die Diskussion in der Themengruppe die zweite Frage komplett umformuliert wurde. Also die Erwartung: jetzt kommen endlich mal Steuerungselemente, die ist also jetzt überflüssig und hier müssen wir positive Anreize bilden, um Motivationen zu stärken, dann brauchen wir nämlich gar keine Steuerungsinstrumente mehr. Und jetzt ist meine Frage, ob das eigentlich bei allen Fragen so ist? Erst habe ich gedacht, die werden eben schön umformuliert und nun können wir eben mit neuer Formulierung die ursprüngliche Intention besser erreichen. Aber hier habe ich den Eindruck, es ist eine ganz andere Intention. Nur kurz als Intention: Ist es bei jeder Frage ein bisschen anders, oder …?

Daniela Gottschlich: Nein. Und noch einmal: Steuerungsinstrumente werden nicht überflüssig. Eine zentrale Frage in diesem Zusammenhang ist jedoch, welche Akteure sind wie mit welcher Zwecksetzung an der Regulation beteiligt. In unserer Gruppe haben wir den Regulierungsbegriff benutzt, auch durch die Begriffswahl werden hier die unterschiedlichen theoretischen Schulen sichtbar. Wir nehmen den Hinweis mit für die Verschriftlichung unserer Arbeit. Trotzdem … wir haben den Zwang rausgenommen, den wir als normativen Maßstab angesehen haben. Und Jürgen Manemann hat vorhin erklärt, wie er es wahrgenommen hat, und genau so war es intendiert. Wir kommen mit der alten Fragestellung so nicht weiter, wir denken

Normative Rahmung. Normative Framing.

aber Teile von ihr in einem anderen Rahmen mit. Es geht um Regulierung und Regulierung ist ein anderer Begriff für Steuerung. Es geht also immer noch um Steuerung, um Maßnahmen und um transparente Verfahren, die helfen, nicht-nachhaltige Zustände zu überwinden.

Christine Zunke: Mir hat das sehr eingeleuchtet, erst mal die richtige Frage zu finden, das ist glaube ich ein ganz wichtiger Prozess. Und wie ich das verstanden habe, man hätte das glaube ich auch noch schärfer machen können, was jetzt Begriffsklärung heißt, da steckt ja auch ein gutes Stück Ideologiekritik drin. D. h. man muss gucken, die Fragen enthalten schon nicht nur normative Prämissen, sondern sie enthalten ja auch teilweise schon ein Stück gesellschaftspolitische Ideologie, deren Entlarvung ja zur Lösung mit gehört und die in gewisser Weise mit Teil des Problems ist. Also dass z. B. die Verantwortung individualisiert wird, vollständig, dass man davon ausgeht, es gibt einen menschlichen Machbarkeitswahn als anthropologische Konstante oder was auch immer. Stimmt das? Was heißt das? Von daher fand ich das sehr einleuchtend und gut, über diese Wertquadrate kann man nochmal gucken, wie man das aufbaut oder wie das Sinn macht, aber das einzige, was ich mir noch ein bisschen mehr gewünscht hätte, wäre, diesen ideologiekritischen Aspekt noch einmal ein bisschen schärfer zu formulieren, nochmal ein bisschen klarer zu machen: wo zielt das hin.

Daniela Gottschlich: Wir hatten ein bisschen Angst, wir verlieren uns in der Begriffsklärung und in der Ideologiekritik. Also gerade weil wir uns am Tag vorher sehr viel über die Spannungsfelder unterhalten haben. Wir waren erst nach unserem Inselspaziergang so weit, dass wir das Gefühl hatten: Wir haben jetzt einen Arbeitsplan für uns und können unsere Diskussionen für Euch zur Präsentation aufbereiten.

Eve-Marie Engels: Ich möchte gerne nochmal auf das zurückgehen, was Herr Manemann gesagt hat. Ich glaube, vielleicht kann man das zugespitzt sagen, das sind zwei verschiedene Menschenbilder. Das, was Sie jetzt dargestellt haben, und das, was Herr Witt darstellt. Sie zeigen jetzt, wie das Individuum Verantwortung übernehmen kann und dass es auch Verantwortung übernehmen sollte, und hier geht es mehr um moralische Fragen. Und im andern Fall geht es mehr um die Fragen des Staatsbürgers als Individuum, das eingebettet ist in einen gesetzlichen Zusammenhang. Und ich denke, das setzt aber voraus, dass wir bis zum nächsten Mal geklärt haben, der Mensch, der ein freier Mensch ist, der sich auch frei entscheiden kann, und welche Optionen hat man auch innerhalb eines bestimmten Menschenbildes, und insofern würde ich sagen, sind das einfach zwei ganz verschiedene Perspektiven.

Normative Rahmung. Normative Framing. 119

Themen und Reflexionen 2. Topics and Reflections 2.

Natur als Erfahrungsraum. Nature as Space of Experience.

Themengruppe 3: Leitfragen

1. **Wodurch kann im 21. Jahrhundert Natur (noch) zum menschlichen Erfahrungsraum werden?**
2. **Wie können heute (insbesondere für Kinder und Jugendliche) solche Erfahrungsräume organisiert werden?**
3. **Welche Folgerungen ergeben sich für die Gestaltung bzw. Veränderung von Städten und Landschaften?**
4. **Wie kann der Wert des Lebendigen in kulturelle Bildungsprozesse integriert werden?**

Teilnehmer/innen
Irene Antoni-Komar, Eve-Marie Engels, Tobias Hartkemeyer, Hartwig Henke, Niko Paech
Patin: Johanna Ernst

Zu Natur als Erfahrungsraum

Niko Paech: Man könnte den Begriff des Erfahrungsraums einschränken, indem man von einer segmentierten oder auch künstlichen Natur reden könnte. Eine Art Ersatz. Ich denke hier an den Garten auf dem Dach. Ist das wirklich ein Naturraum oder ist das irgendwie, wie soll man sagen, ist das tatsächlich Kultur? Nicht verstanden im kulturwissenschaftlichen Sinne, sondern als Antonym zur Natur. Das, was der Mensch herrichtet, die Natur als Toolbox, wie bei Bacon, die man sich so zurechtschneidet und das rausholt, was man gerade gerne hätte und das auch zerschneidet mit industriellen Artefakten. Nur mal als Frage gedacht. Also, ob es sogar eher eine Einschränkung statt einer Erweiterung ist, Naturraum. Womit man sich vielleicht auch kritisch auseinandersetzten sollte.

Irene Antoni-Komar: Das finde ich einen ganz wichtigen Aspekt, also die Natur ist für uns heute ja eine kulturell geformte – eine kultürliche Natur und eine natürliche Kultur. Das ist ja nicht die Natur an sich, die wir erleben.

Eve-Marie Engels: Dann müssten wir eigentlich sagen, dass alles, was nicht mehr Urwald ist, nicht mehr die Natur an sich ist.

Hartwig Henke: Ich sage es mal bewusst etwas provokativ. Beschränkt sich der Erfahrungsraum auf das, was wir als Natur definieren? Werden z. B. Stadtlandschaften von vorne herein direkt ausgegrenzt? Das rutschte eben so in die Richtung. Alles, was Natur ist, kann uns einen Erfahrungsraum zur Verfügung stellen bzw. sein. Aber alles, was unsere menschlichen Beziehungen ausmacht, bis hin zum Altenheim, Kindergarten, Krankenhaus usw. käme demnach ja sonst nicht als Erfahrungsraum in Frage.

Irene Antoni-Komar: Aber z. B. die essbare Stadt. Ist das Natur als Erfahrungsraum, oder ist das Stadt als Erfahrungsraum?

Eve-Marie Engels: Ich schlage jetzt einmal einen ganz einfachen Naturbegriff vor. Natur ist alles, was aus sich selbst heraus entsteht, auch dann, wenn wir es anpflanzen. Es regeneriert sich, es wächst von selbst, das passiert nicht, wenn wir ein Haus bauen, da müssen wir Stein auf Stein setzen. Aber die Natur entwickelt ihre eigene Dynamik. Das Angepflanzte kann

Natur als Erfahrungsraum. Nature as Space of Experience.

auch auswuchern. Anderes kann dadurch erstickt werden. Solche natürlichen Dynamiken können auf engstem Raum, auf einem Balkon, stattfinden. Oder auf einer Dachterrasse. Das heißt jetzt nicht, dass wir damit die Gesamtheit der Natur erschöpfen, aber eine kleine Oase irgendwo über den Dächern könnte einem Menschen ein wichtiger Erfahrungsraum sein.

Niko Paech: Ich bin sehr dankbar für diesen Definitionsversuch. Das entspricht dem, was mir auch gerade aus ökonomischer Sicht so vorschwebt. Aber gerade an diesem Definitionsversuch, also ich würde den Begriff der Eigendynamik, der ökologischen Metabolismen, würde ich sogar als Präzisierung mit reinnehmen. Das heißt, dass wir nicht mit einer menschlichen Intention eintreffen, sondern tatsächlich eine Distanz sogar dadurch herstellen. Weil die Eigendynamik das erhält, oder auch sich entwickeln lässt, was wir jetzt unter Natur verstanden haben. Da bin ich völlig d'accord. Aber da knüpft jetzt die Frage an: Ist da schon der Besitz einer Katze oder eines Hundes oder eines Aquariums, ist das dann schon so ein Gebilde, was tatsächlich Natur bedeutet? Weil der Hund muss gefüttert werden. Die Katze auf dem Bauernhof, um die ich mich nicht kümmern muss, wo sie Teil ist dieser Metabolismen, also sie muss ja hier auch mal eine Maus fangen. Deswegen muss man ja jetzt nicht sagen, dass die Hauskatze per se nicht Natur ist.

Irene Antoni-Komar: ist es nicht auch ein Stück weit Zurichtung von Natur?

Eve-Marie Engels: Ja. Aber es gibt ja domestizierte Natur und wilde lebendige Natur. Eine Hauskatze ist ja nicht deswegen weniger Natur, weil sie vom Menschen gezüchtet wurde. Wir Menschen sind ja auch nicht reine Kultur. Ich spreche da immer vom Naturwüchsigen. Dieses Naturwüchsige ist etwas ganz Zentrales, was man eben auch auf einer Dachterrasse haben kann.

Tobias Hartkemeyer: Die Natur ist das Wilde, was von sich aus in die Materie gefallen ist. Der Mensch erhebt es zur Kultur. Er beginnt die Kultivierung der Natur durch eine innere Haltung, weil er sich der Natur zuwendet. Haltung, das ist da das Wesentliche. Der Welt gegenübertreten und die Welt sozusagen gestalten, indem ich mich aus einer Haltung heraus, aus einer edlen Haltung mich ihr zuwende. Was heißt das? Aus dem Interesse an dem Wesen vor mir, an den Dingen vor mir, aus einer Zuwendung. Mich dem zuwenden und dies bewusst gestalten, das ist aus meiner Betrachtung Kultur.

Irene Antoni-Komar: Das stimmt, aber was wir bei der Definition ergänzen sollten: Wir haben ja gesagt, alles, was aus sich entsteht. Dabei ist die Reproduktionsfähigkeit auch noch zu berücksichtigen.

Niko Paech: Wenn ich das mal zusammenfassen müsste, dann würde ich sagen, also die physische Interaktion zwischen Mensch und dem, was wir unter Natur verstehen, ist eine Notwendigkeit, um überhaupt Natur erfahren zu können. Damit sind wir im Erfahrungsraum. Je mehr Hilfsmittel ich allerdings habe. Das haben wir heute auf dem Schiff gesehen. Ich habe einen Bildschirm und eine Kamera, die mir zeigt, wo ich gerade bin, und damit bin ich den Elementen nicht mehr ausgesetzt. Das heißt, die Hilfsmittel versauen mir eigentlich diese physische Interaktion, die nötig gewesen wäre, um die Natur als Erfahrungsraum für mich irgendwie zu erschließen. Also, das ist mein Problem damit.

Tobias Hartkemeyer: Also vielleicht sollten wir einfach sagen, wir müssten einfach ein paar mehr Webcams aufstellen, dann könnte man doch den Erfahrungsraum Natur einfach mal im 21. Jahrhundert erfahren.

Niko Paech: Das ist die Antithese zur physischen unmittelbaren Interaktion. Das ist ja mein Versuch, beizutragen zur Beantwortung dieser Frage.

Irene Antoni-Komar: Man kann doch sagen, dass die physische Erfahrung und die Interaktion die Bedingungen darstellen, um Natur als Erfahrungsraum wirksam werden zu lassen. Wichtig ist doch auch die Unmittelbarkeit. Zum Beispiel erlebt derjenige, der mit dem Auto durch den afrikanischen Naturpark fährt, diese Unmittelbarkeit dann nicht, weil er im Auto sitzt? Er ist ja dennoch in der Natur und erfährt die Natur. Das ist ja unsere These.

Johanna Ernst: Ich würde nun unsere ersten Ergebnisse zusammenfassen. Wir haben uns beschäftigt mit dem Begriff Natur, wir sind uns darüber einig, dass physische Erfahrungen und Unmittelbarkeit wichtig sind um Natur zu erfahren. Ebenso sollten wir Natur als Selbstzweck akzeptieren.

Natur als Erfahrungsraum. Nature as Space of Experience.

Eve-Marie Engels: Anstatt vom Selbstzweck wird häufig auch vom Eigenwert, vom inhärenten Wert der Natur gesprochen.

Johanna Ernst: Gut, es ging auch noch weiter in die Diskussion. Wie können wir der Natur begegnen? Wie müssen wir diese konsumieren? Müssen wir ihr eine respektvolle Distanz gegenüberbringen?

Niko Paech: Eine Änderung. Wie müssen wir Natur konsumieren? Lieber würde ich sagen, dürfen wir Natur konsumieren? Oder sollten wir?

Irene Antoni-Komar: Und wir haben noch eine Einschränkung für transformative Naturerfahrung gemacht: Diese darf nicht auf Basis von Mitteln erfolgen, die langfristige Konsequenzen haben. Also z. B. Flugreisen.

Hartwig Henke: Ja, das ist doch eine gute Zusammenfassung, und wir können hier morgen wieder anfangen.

Strandkorbgespräch zum Eigenwert der Natur

Hartwig Henke: Wenn wir überlegen, wie können wir Lehrer dafür ausbilden, dafür sensibilisieren, was ökonomisch eigentlich notwendig ist in dieser Gesellschaft. Hier denke ich zentral an den Begriff der Postwachstumsökonomie. Der Begriff wird zu wenig definiert, wird zu wenig inhaltlich gefüllt. Es sind zum Teil ganz einfach Dinge , die wir da in unseren Alltag einbringen können.

Irene Antoni-Komar: Was mir auch noch eingefallen ist zu den schulischen Lernformen: Ich glaube, ein wichtiger Aspekt ist, Betroffenheit zu schaffen oder entstehen zu lassen. Das geht über das kognitive Lernen und über die sogenannte Aufklärung hinaus. Eine Bewegung sollte entstehen, die nicht nur über kognitive Einsicht läuft, man müsste ja etwas ändern, sondern in der aktiv die Veränderung erlebt und gelebt wird.

Hartwig Henke: Genau, genau. Wir haben das Glück gehabt, dass wir das erzeugen konnten. So z. B. wenn wir mit 25 Schülern über die Plastikstrudel in den Weltmeeren an konkreten Stellen sprechen konnten, so dass es für sie sogar greifbar wurde und sie es ge-

sehen haben. Wir alle haben es erfahren – im Wortsinne.. Mit den Kursen und der Navigation des Schiffes, das ist Betroffenheit erzielen. Wie man das aber runterrechnen kann in den Alltag, das ist immer mein Interesse, exemplarisches Lernen möglich zu machen.

Eve-Marie Engels: Wenn ich da mal eingreifen darf. Wir haben überhaupt noch gar nicht die Frage geklärt, ob uns das stört, weil wir ja irgendwie selber betroffen sind oder ob es uns stört, weil wir die Natur respektieren, weil wir die Tiere respektieren, weil wir die unberührte Natur haben möchten und nicht diese Plastikstrudel im Ozean. Wir sollten auch einmal auf die bioethischen Fragen zurückkommen. Worüber haben wir Konsens? Wir haben hier bisher gar keine Begründungen vorgenommen.

Natur als Erfahrungsraum. Nature as Space of Experience.

Niko Paech: Obwohl wir hier gestern schon einen Konsens hatten, möchte ich noch mal ein Statement ablassen: wenn wir mal die Kontroversen betrachten, die sich in den späten 70ern abspielten, Anfang 80er, der sogenannten Ökophilosophie. Hier wurde die Diskussion ja aufgemacht. Zwischen anthropozentrischen, ökozentrischen, biozentrischen oder holistischen Ansätzen. Ich setze mich ein für ein ökozentrisches Selbstbild und das ist meine Konsequenz, dass die Natur einen Eigenwert, einen inhärenten Wert hat, der ist ein Selbstzweck und kein Mittel zum Zweck, um sozusagen Natur nicht im Sinne nur vom Erfahrungsraum, sondern die Natur als inhärenten Wert zu achten. Das ist meine These hier.

Irene Antoni-Komar: Eigenwert ist eine Zuschreibung, die wir an die Natur machen. Nicht die Natur an sich, sondern wir schreiben der Natur einen Wert zu. Das müssen wir uns noch mal bewusst machen

Hartwig Henke: Das ist für mich eine ganz typische akademische Diskussion. Ich sage es jetzt mal ganz emphatisch. Wenn ich draußen bin auf dem Meer, mit Schülern. Dann empfinden wir uns alle als Bestandteil der Natur und wir sind doch nichts Anderes. Wir stehen der Natur nicht gegenüber. Und weil wir als Bestandteil der Natur beispielsweise einen Plastikstrudel im Nordpazifik als etwas völlig Unmögliches, etwas Zerstörerisches, etwas Mörderisches empfinden. Deswegen stört es uns. Weil wir da eben auch dazu gehören. Nicht zum Plastikstrudel, sondern zur Natur.

Tobias Hartkemeyer: Wir sind der Teil der Natur, der seine Verantwortung erkennen kann. Ich kann Verantwortung für die Natur übernehmen. Das können nur wir Menschen, das kann nicht der Regenwurm oder etwas Anderes. Wir können das als Teil der Natur erkennen, dass wir Verantwortung übernehmen können. Und das ist eine Möglichkeit, die hat es in der Natur noch nicht gegeben. Deswegen sind wir nicht besser. Aber diese Möglichkeit haben wir auch nur, weil die gesamte Natur an einer Stelle diese Möglichkeit veranlagt hat. Und diese Stelle ist der Mensch. Die Möglichkeit der Verantwortungsübernahme und der Erkenntnisfähigkeit des Eigenwertes der Natur ist dabei allerdings keine Notwendigkeit, sondern eine freie Möglichkeit. Wir müssen die Verantwortung nicht übernehmen. Wir können auch einfach sagen, mir doch egal, wir machen hier noch eine Party und dann geht eben alles unter.

Niko Paech: Das wäre dann die Prämisse.

Tobias Hartkemeyer: Genau, unter der Prämisse. Wir können die Verantwortung übernehmen. Die Natur hat einen Eigenwert, aber dass es weitergeht, dafür ist die Notwendigkeit, dass wir diese Verantwortung übernehmen. Und dafür müssen wir dann aber auch aktiv mit diesem Eigenwert der Natur umgehen und die Möglichkeit gestalten. In einer achtsamen Haltung, damit wir erst mal versuchen zu verstehen, was der Eigenwert eigentlich ist.

Eve-Marie Engels: Genau, das ist es doch. Dabei geht es aber nicht darum, eine Gruppe von sechs Personen davon zu überzeugen, sondern genau diejenigen, die ständig dagegen verstoßen. Das heißt, diese müssen begreifen, dass die Natur einen Eigenwert hat, und das muss man argumentativ begründen können und darum geht es.

Niko Paech: In Deutschland kann man ja manchmal in Echtzeit erleben, wie die Natur zerstört wird. Es ist nicht mehr Natur als Erfahrungsraum, sondern das ist quasi die Antithese. Als Ökonom helfe ich mir manchmal da, wenn ich keine guten Definitionen mehr habe für Begriffe, dann helfe ich mir dadurch weiter, im Sinne des Advocatus Diaboli. Dabei frage ich mich, was es gerade eben nicht ist. Dieses Spannungsfeld hilft dann manchmal weiter, damit man etwas schärfer abgrenzen kann. Es geht mir nicht um die Definition von Natur, sondern um die Frage, wie gelingt es mir, Resonanz zu erzeugen, für den Schutz und die Rettung für das, was wir schützen können.

Irene Antoni-Komar: Ich möchte dies gerne bekräftigen, denn wenn wir Natur als Erfahrungsraum brauchen, dann müssen wir etwas wiedergewinnen, dann haben wir etwas verloren. Das würde ja bedeuten, dass dieses Verlorene genauso erfahren werden kann oder muss. Wenn ich bei Euch (Tobias Hartkemeyer) die Schweine sehe und sie toll finde, dann ist dagegen die Erfahrung für Massentierhaltung nochmal eine ganz wichtige Naturerfahrung, denn die Tiere in Vechta, das ist auch Natur, aber in einer ganz anderen Art der Zurichtung.

Natur als Erfahrungsraum. Nature as Space of Experience.

Niko Paech: Das ist eine degenerierte, eine pathologisierte Form von Natur und auch Naturerfahrung.

Eve-Marie Engels: Aber Massentierhaltung wollen wir doch nicht haben. Dann können wir doch jetzt nicht sagen, gut, dass wir das haben.

Irene Antoni-Komar: Nein, das war nicht mein Plädoyer.

Niko Paech: Mir geht es darum, auf dem Weg des Ausmerzens, der Pathologie oder Pathologisierung von Natur uns auch durchaus mit dem zu konfrontieren. Auch das kann nicht auf Distanz bleiben. Weil wir es regelrecht machen, wie soll man das sagen? Wir beschwichtigen uns ja geradezu. Damit, dass wir da nie mal sowas näher anschauen.

Tobias Hartkemeyer: Genau das ist der Ansatzpunkt bei Frage 2, dass wir eben wirklich konsequent bleiben, wenn wir solche Erfahrungsräume schaffen oder organisieren wollen, dass wir es nicht nur schön für die Kinder organisieren, sondern selbst Nachhaltigkeit praktisch verkörpern. Wir können nicht erwarten, dass die Kinder durch das Erlernen der Nachhaltigkeit in der Theorie dann auch nachhaltig handeln, wenn wir es ihnen selbst nicht praktisch vorleben. Wir machen hier einen CSA Hof und wir machen das bis in die Praxis. Und dadurch, dass wir uns selbst ganz praktisch zum nachhaltigen Handeln erziehen, schaffen wir einen Raum, in dem sich dann die Kinder selbst erziehen können. Erziehung ist letztlich immer Selbsterziehung und wir können eigentlich nur die Bedingungen, das Umfeld schaffen, in dem diese Selbsterziehung gelingen kann. Wichtig scheint mir dabei, dass ich diese „Erzieherische Umgebung" nicht primär für die Kinder organisiere, sondern dass ich selbst wirklich so nachhaltig lebe und dadurch zu einem Vorbild werde. Und da sind z. B. der lebendige Sinnzusammenhang und die Notwenigkeit von selbst gegeben, deswegen ist dies für mich ein Idealbild für einen solchen organisierten Erfahrungsraum für Kinder und Jugendliche.

Irene Antoni-Komar: Wichtig dabei ist, die Natur als Erfahrungsraum nicht als Natursehnsucht zu konzipieren, sondern Räume, die parallel existieren, die sich gegenseitig verändern.

Hartwig Henke: Ich möchte noch mal einen Sprung zurück machen. Für mich ist bei allem, was wir gerade überlegen, wichtig, dass wir uns als Menschen, als Bestandteile des Naturerfahrungsraumes begreifen. Wir stehen der Natur zwar gegenüber, weil wir uns sehr weit entwickelt haben. Weil wir offenbar Kompetenzen haben gegenüber anderen Lebewesen, die sich nicht immer weiter entwickeln wollen. Die immer neue Lösungen entwickeln, sondern wir sind Bestandteile dieses Erfahrungsraumes Natur. Das ist das eine. Das andere, worum es mir geht, ist, dass wir Erfahrungsräume mit der Natur für Jugendliche, für junge Erwachsene entwickeln, in denen wir uns auch bewähren können. Dann ist es keine spielerische Szene, wenn ich daran denke, wie wir es geschafft haben, eine Schafzucht aufzubauen.

Niko Paech: Ich glaube, dass es nicht ausreichen kann, wenn wir glauben, dass wir ein Teil der Natur sind. Das sind wir nämlich nicht mehr. Wir sind doch ein Fremdkörper geworden, weil die Eingriffstiefe, die der technische Fortschritt hervorgebracht hat, uns diese Fremdkörperrolle praktisch ermöglicht hat, und wir leben in dieser Rolle. Das bedeutet, die Distanz zwischen uns und der Natur ist irgendwie zu klären und die ist zu Kenntnis zu nehmen und zum Ausgangspunkt zu nehmen und tatsächlich über Handlungsbeschränkungen nachzudenken. Welches Recht hat dabei der homo sapiens, so einzugreifen. Wie schaffe ich jetzt die Balance zwischen der Anerkennung des inhärenten Wertes und der Anerkennung des Humanismus. Als Ökonom würde ich sagen, dass ich die Eingriffe in die Natur minimieren muss. Die Minimierungsfrage ist jetzt spannend. Und da kommen jetzt Tobias und auch Frau Engels in Frage. Ich meine, da wo ich immerhin um der würdigen Existenz des Homo sapiens willen gar nicht anders kann als trotz des inhärenten Wertes einen Teil der Natur zu vermitteln. Also in ein Mittel zu verwandeln. Da muss ich wenigstens anstreben, den Grad des Eingriffs irgendwie so hinzubekommen, dass man von einer Zusammenarbeit reden kann.

Hartwig Henke: Ich kann Niko Paech nicht widersprechen, was wir da herauskatapultiert haben. Aber andererseits frage ich mich, nein ich frage mich das nicht, ich sehe das so. Dass wir den Naturraum für uns als Erfahrungsraum nicht rekonstruieren können, indem wir ihn auf die ästhetischen und emphatischen Empfindungen rekonstruieren. Wir sind immer früher, bevor wir hier die zivilisierten Wesen gewesen sind, immer Bestandteil des Naturraums gewesen. Wir haben die Hirsche gefressen, die Mammute gejagt, wir haben andererseits immer drauf geachtet, dass das ökologische Gleichgewicht beibehalten wurde. Das heißt wir als Bestandteil der Natur. Wir waren Bestandteil des Naturraumes.

Niko Paech: waren, waren.

Hartwig Henke: Ja, deswegen reicht es meiner Meinung nicht aus, und da bin ich ganz kämpferisch. Wenn wir den Naturraum als Eigenwert rekonstruieren wollen, ihn darauf zu reduzieren, dass er ein ästhetischer Ort ist.

Irene Antoni-Komar: Ich habe immer noch ein Unbehagen mit dieser Wertzuschreibung der Natur. Also, der Eigenwert ist in unserem Verständnis etwas, was von sich aus da ist. Aber es ist ja eine Zuschreibung, die wir als Menschen machen. Wie könnten wir ohne diesen Wertbegriff auskommen? Jemand hat gesagt: Sinnzusammenhang. Mir kam dabei die Idee, danach zu fragen: Was bedeutet Natur für uns? Also die Naturbedeutung mehr in den Blick zu nehmen. Und dann kommen auch die Erzählungen, die mit Natur verbunden sind und wie wir mit Natur umgehen, viel stärker in den Fokus, als wenn wir sagen, es gibt einen der Natur inhärenten Wert. Also ich habe damit irgendwie ein Unbehagen.

Helge Peukert: Das ist eine ganz wichtige Geschichte. Da steckt im Grunde eine ganz implizite Teleologie drin. Dinge haben Eigenwert, weil es einen größeren Prozess gibt, der als dieser Gesamtmakroprozess irgendeine Richtung hat oder irgendwo drauf zu zielt. Ich würde sagen, dann gibt es keine Eigenwerte, sondern Fremdwerte. Das heißt also, irgendwas, ein Hund oder eine Katze hat einen Eigenwert, weil es eine Rolle in diesem Prozess spielt. Das ist die große Frage, gibt es diesen Prozess? Ich sehe diese Logik ehrlich gesagt nicht. Man könnte ja auch sagen, es ist eine Entwertung des einzelnen Lebewesens oder Steins oder der Möhre. Wenn wir die Sachen funktionalisieren. Man könnte ja auch sagen, der Eigenwert, wenn der Hund den Fasanen nachläuft, weil er seinen Spaß daran hat, dann hat er seinen Spaß daran und mehr nicht. Dann muss ich das nicht in einen Kontext stellen. Zielt das auf irgendwas hin? Ich stelle die Frage hier auch noch mal. Es sind reine Zufallskombinationen, die Pflanzen, Tiere usw. vorgebracht haben. Warum hat so eine Zufallskonfiguration einen so besonderen Wert? Denn im Grunde sind diese Wesen jetzt da, wenn die Meteoriten nicht eingeschlagen hätten, dann wäre eben etwas Anderes da. Inwiefern ist jetzt das, was da ist, mehr wert, als das, was sonst da gewesen wäre. Wie kommen Eigenwerte eigentlich überhaupt zustande?

Eve-Marie Engels: Wir sind doch auch nur Zufall, dennoch nehmen wir in Anspruch, dass wir eine Menschenwürde haben. Die Frage ist doch, ob wir das, was wir als Würde für uns in Anspruch nehmen, nicht eben auch auf alle anderen Lebewesen übertragen sollten. Was halten Sie von dieser naturethischen Position? Wie Sie eben richtig sagten, wir Menschen haben uns das einfach angeeignet. Wir sind die Spitze der Evolution durch unser großes Gehirn und wir versuchen jetzt, alles zu unterwerfen. Aber durch diese hohen kognitiven Fähigkeiten und das Selbstbewusstsein haben wir auch einen größeren Handlungsspielraum und Reflexionsspielraum, und wir haben auch größere Verantwortung. Wir sind aber nicht nur Kulturwesen, sondern wir sind auch Naturwesen. Wir kommen als Menschen auf die Welt. Ein menschliches Lebewesen kann man sehr gut von einem Vogel oder Schaf unterscheiden, das heißt, wir sind auch Naturwesen. Und die Frage ist jetzt, wie wir den Respekt vor den Menschen als Naturwesen mit dem Respekt vor anderen Lebewesen vereinbaren. Die größte Form der Respektlosigkeit ist die Massentierhaltung und das Quälen von Tieren.

Niko Paech: Oder die Rodung eines Waldes.

Helge Peukert: Oder CO_2 oder Artensterben.

Eve-Marie Engels: Die Frage ist jetzt, wie wir mit der Verpflichtung als Menschen umgehen müssen. Das ist eine richtige Gestaltungsaufgabe, und es ist die Fürsorgepflicht, die hier zu Buche schlägt, die Sorge um andere Lebewesen, und nicht nur die Logik der Erhaltung.

Ute Hildebrand-Henke: Manchmal braucht es auch Katastrophen. In Griechenland zum Beispiel, da hat man das ganz stark favorisiert, dass sie jetzt mit den Schwierigkeiten über diese Gartenkonzepte nachgedacht haben, nur alleine um die Ernährung zu sichern. Da wurde es dann erst wieder aktiv, dass man darüber nachdenkt.

Natur als Erfahrungsraum. Nature as Space of Experience.

Zwischenfazit

Eve-Marie Engels: Wir sind die Gruppe drei „Natur als Erfahrungsraum" und haben uns vier Fragen vorgenommen. Wir haben vor allem über die erste Frage „Wodurch kann im 21. Jahrhundert Natur noch zu menschlichem Erfahrungsraum werden?" und die letzte Frage „Wie kann der Wert des Lebendigen in kulturelle Bildungsprozesse integriert werden?" diskutiert. Das waren die Hauptthemen, unsere Akzente. Zunächst: „Wodurch kann im 21. Jahrhundert Natur noch zu menschlichem Erfahrungsraum werden?" Da haben wir alle ganz verschiedene Möglichkeiten diskutiert. Angefangen von kleinen Biotopen oder kleinen Oasen auf dem Balkon, auf der Dachterrasse, bis hin zu Aktionen wie die Studierendeninitiative Bunte Wiese der Universität Tübingen. Dass man in naturnahem Gelände oder in Zonen der Stadt schaut, welche Blumenarten, Gräser, Kräuter es dort gibt. Dass man stärker hinschaut, was einen umgibt.

Wir haben auch darüber diskutiert, ob es legitim ist, die im Großen und Ganzen unberührte Natur, also etwa Wildtiere, zu denen wir normalerweise nur im Zoo Zugang haben, auch einmal in der freien Natur zu beobachten, beispielsweise eine Reise zu den Galápagos-Inseln zu machen. Oder eine Reise nach Afrika, wo man wilde Gnus, Antilopen, Springböcke usw. sieht. Darüber entstand eine ganz kontroverse Diskussion, ob der Schaden gegebenenfalls größer ist als der Nutzen, weil wir dafür Flugzeuge benötigen und dadurch zur Verschlechterung des Klimas und zur allgemeinen Reduktion der Biodiversität beitragen. Das Thema wurde sehr intensiv diskutiert. In dem Zusammenhang haben wir auch über den Eigenwert der Natur gesprochen. Es gibt ja die vier naturethischen Grundpositionen: Die Anthropozentrik, nur der Mensch hat einen Eigenwert, und da sprechen wir von der Würde und dem Selbstwert des Menschen. Nach der Pathozentrik haben alle empfindungsfähigen Lebewesen einen Eigenwert bzw. Selbstwert. Die Biozentrik erkennt diesen für alles Lebendige an, also auch für die gesamte Biodiversität, und die Physiozentrik oder der Holismus für überindividuelle Systeme und die gesamte Natur überhaupt, also auch für die unbelebte Natur. Wir waren uns sehr schnell darüber einig, dass die gesamte Natur einen Eigenwert hat. Als wir dann jedoch darüber diskutiert haben, was „Eigenwert" hier eigentlich bedeutet, ob der Eigenwert der Natur so zu verstehen ist wie wir den Selbstwert des Menschen, seinen Selbstzweckcharakter, die Menschenwürde, verstehen, wurde einigen klar, dass das so doch nicht gemeint ist. Denn selbst wenn wir Tiere auf Ökobauernhöfen großziehen und ihnen ein gutes Leben ermöglichen, sie also nicht als reine Instrumente des Menschen behandelt werden, sondern auch ein glückliches Tierleben haben, führt dies letzten Endes dazu, dass sie geschlachtet werden. Also muss der Eigenwert in diesem Zusammenhang anders verstanden werden als der Selbstzweck des Menschen, und insofern haben wir diese Frage noch offen gelassen. Anschließend haben wir über den Menschen gesprochen. Der Mensch ist einerseits Teil der Natur, wir sind aus der Natur hervor-

Natur als Erfahrungsraum. Nature as Space of Experience.

gegangen, ein sehr spätes Produkt eines sehr langen Evolutionsprozesses. Insofern sind wir noch Teil der Natur. Wir kommen als menschliche Wesen zur Welt und nicht als Schweine, Hühner oder andere Tiere. Das ist zunächst einmal nicht kulturell bedingt, außer man würde biotechnische Eingriffe machen, dann wäre dies kulturell bedingt. Aber wir Menschen sind auch Hybride, Natur-Kultur-Hybride. Bei keinem Lebewesen ist die Bedeutung der Kultur und damit der Künstlichkeit so groß wie beim Menschen (vgl. Helmuth Plessner). Was bedeutet das jetzt? Wir sind einerseits auf die Natur angewiesen, haben aber die Natur auch schon wieder transzendiert. Wie gehen wir damit um, dass der Mensch Teil der Natur ist? Er hat durch seine Künstlichkeit und das Wesen der Technik – der Mensch ist ein „Mängelwesen" (vgl. Arnold Gehlen), er braucht die Technik zur Kompensation usw. – auch ein großes Potenzial, alles zu zerstören, was es auf der Welt gibt. Wie gehen wir nun damit um? An dieser Stelle kommt nun der Begriff der Verantwortung ins Spiel, und damit würde dann auch eine ganz neue Diskussion über die ethischen Implikationen der Technik beginnen. Zu dem letzten Punkt „Wie kann der Wert des Lebendigen in kulturelle Bildungsprozesse integriert werden?" haben wir darüber nachgedacht, dass Kinder auf Bauernhöfe gehen und sich die Tiere anschauen. Aber letzten Endes werden auch die Tiere, die man auf Ökobauernhöfen besucht, irgendwann geschlachtet. Das kann natürlich auch für kleine Kinder ein traumatisches Erlebnis sein, und das haben wir nicht weiter diskutiert. Es kann noch traumatischer sein, wenn kleine Kinder Massentierhaltungssysteme erleben. Ein Beispiel kam aus unserem Kreise. Vielleicht möchten Sie das gleich ergänzen, wie Sie Vegetarier geworden sind. Auf jeden Fall kann man durch naturnahe Erfahrung Natur auch *erfahren*, aber es ist auch nicht die komplett unberührte Natur, die schöne heile Welt.

Hartwig Henke: Wir haben ein Mitbringsel. Dieses Fundstück aus dem Flutsaum am Strand kann in seiner Bedeutung gar nicht hoch genug eingeschätzt werden. Es ist der linke Teil einer menschlichen Fußbekleidung. Er ist sandbehaftet, das heißt, er war unten in einer Naturlandschaft. Das heißt, er ist in symbolischer, aber irgendwie auch konkreter Weise als ‚ökologischer Fußabdruck' in einer Naturlandschaft zu betrachten. Das Bemerkenswerte daran ist, dass der Mensch, der diesen Fußabdruck dort hinterlassen hat, aber seinen Schuh, das heißt, seine Verantwortung für diesen Fußabdruck dort verloren hat. Dann trägt dieser Schuh auch noch die Aufschrift „Diesel". Darüber haben wir uns auch unsere Gedanken gemacht. Die Schiffe auf dem Meer fahren alle mit Diesel. Das heißt, sie stoßen enorme Abgase als Belastung unserer Atmosphäre aus, aber wer dort ein bisschen weiter denkt, weiß, dass die Schiffe, sobald sie außer Sichtweite sind, gar

Natur als Erfahrungsraum. Nature as Space of Experience.

nicht mehr mit Diesel fahren, sondern mit Schweröl. Und Schweröl wird bei hohen Temperaturen verbrannt, sonst würde es ja für den Dieselmotor keine Kraft erzeugen. Schweröl ist in der Bedeutung der Belastung für die Atmosphäre aber kaum noch zu übertreffen. Es sei denn durch ungefilterte Chemiewerke. Also insofern bitte ich zu beachten, dass es ein ungeheuer wichtiges Teil ist, was wir hier am Strand gefunden haben.

Ute Hildebrand-Henke: Wir haben hier ja nicht nur Sand. Es sieht zwar aus wie Sand, aber es ist nicht Sand. Zehn bis zwanzig Prozent sind Plastik, Mikroplastik und deswegen passt das sehr gut dazu. Weil der Abrieb von diesem Schuh erzeugt auch genau das. Das ist für uns Symbolik per se. Das ist das, was wieder in die Natur geht, in den Kreislauf über Plankton und Fische nehmen wir es dann wieder zu uns. Und der Schuh ist ein Teil von uns.

Hartwig Henke: Das ICBM der Uni Oldenburg hat mal eine Analyse von Kleinstsandpartikeln durchgeführt und ist in manchen Bereichen auf dreißig Prozent Nanopartikel, die nicht vom Sand stammen, sondern vom Kunststoff, gestoßen. Das sind zur Zeit die Höchstwerte.

Anregungen und Kommentare

Kristian Köchy: Ich hätte eine Anregung zu der Frage „Wie kann der Wert des Lebendigen in kulturelle Bildungsprozesse integriert werden?" Es gibt eine Geschichte, die ich mal gehört habe von einem Erziehungswissenschaftler aus Hamburg, der untersucht, wie Kinder an Umweltprozesse herangeführt werden, wie sie lernen, mit Lebendigem umzugehen. Wenn ich es richtig erinnere, hat er geschildert, wie Kinder einer zweiten Klasse im Klassenzimmer eine Pflanze aufziehen sollten. Das haben sie auch mit Begeisterung gemacht. Dann war die nächste Aufgabe der Lehrerin, die Pflanze abzuschneiden, um sie unter dem Mikroskop zu untersuchen. Die Kinder haben sich geweigert, es zu tun. Die Lehrerin kam in Konflikte mit ihrem Lehrplan. Die Lehrerin hat diese Konflikte so umgesetzt, dass sie die erteilte Aufgabe mit ihrer Macht als Lehrperson durchgedrückt hat. Die Kinder haben die Pflanze untersucht, obwohl sie im Aufzuchtversuch ei-

gentlich eine ganz andere affektive Haltung gegenüber dem Lebendigen gelernt hatten. Das ist ein wichtiges Scharnier für angemessene Bildungsprozesse. Hier gilt es auch für die Pädagogen, umzudenken. Man muss dabei möglicherweise auch neue Formen der Vermittlung akzeptieren, wenn man das machen möchte.

Anna Henkel: Da ist man bei Machbarkeit. Man kann es abschneiden, aber muss man es deshalb tun, nur weil man es machen kann? Und weil es im Lehrplan steht?

Helge Peukert: Mir ist aufgefallen, dass oft von Natur-Kultur geredet wird und dass beim Begriff Kultur und was damit konnotiert ist, etwas Positives gemeint ist. Man kann das ja auch anders sehen. Jetzt ist natürlich die Frage, was gehört alles zu Kultur? Lassen wir mal Wissenschaftsergebnisse usw. raus, dann ist es doch so, dass unglaublich viel, was als Kultur gegolten hat, in welchen Zivilisationen auch immer, ein unglaublicher Unsinn war und ganz nah am Wahnsinn gewesen ist. Ob die Azteken die Köpfe rollen lassen damit die Sonne scheint, oder die Nazis die Juden ermorden oder sonst was. Das waren ja alle irgendwelche symbolischen Formationen, mit denen man sich etwas zurecht gelegt hat. Insofern ist diese Positivbelegung gar nicht gerechtfertigt. Und vielleicht ist Kultur einer der größten Abwege der Menschheit.

Eve-Marie Engels: Wir haben es in der Gruppe aber auch nicht so diskutiert, dass wir die Kultur als etwas Positives der Natur als etwas Negatives gegenüberstellen, sondern ganz im Gegenteil: Durch die Natur ist auch Technik möglich, die der Mensch braucht, aber die Ambivalenz der Technik kommt ja klar darin zum Vorschein, dass wir mittels der Technik die Natur auch zerstören können. Das Beispiel Flugzeuge: Sollen wir diese überhaupt in Anspruch nehmen dürfen? Oder nur sehr eingeschränkt? Oder soll nur einer einmal hinüber fliegen dürfen, Fotos machen und diese per E-Mail oder Fernsehen usw. verbreiten? Das letzte habe ich jetzt hinzugefügt. Der Begriff der Kultur ist ambivalent. Auch dass der Mensch ein Hybrid aus Natur und Kultur ist, bedeutet nicht unbedingt, dass die Natur das Wilde, das Mörderische ist und die Kultur das ist, was den Menschen zähmt. Kultur hat auch eine sehr zerstörerische Komponente. Andererseits sind viele nicht menschliche Tiere soziale Wesen, die fürei-

Natur als Erfahrungsraum. Nature as Space of Experience.

nander Mitgefühl haben und einander helfen. Ohne diese nicht menschlichen Vorfahren wäre der Mensch kein soziales Lebewesen geworden (vgl. Charles Darwin).

Fazit

Niko Paech: Wir haben, als wir die Fragen bearbeiten wollten, die unter der Überschrift „Natur als Erfahrungsraum" subsumiert wurden, festgestellt, dass unterschiedliche Aspekte für uns relevant sind, die alle untrennbar verbunden sind überhaupt mit dieser Begrifflichkeit, also Erfahrungsraum mit Natur assoziiert und diese Aspekte, die dann für uns wichtig waren, zogen sich wie Querschnittsthemen durch all diese vier Fragen. Nichtsdestotrotz haben wir die Fragen natürlich auch im Detail beantwortet. Aber wir brauchten dann tatsächlich eine Art Präambel oder eine Art Vorspann, um überhaupt in der Lage zu sein, diese Fragen zu beantworten. Zunächst einmal war es für uns notwendig, natur- und ökophilosophische Grundpositionen zu beleuchten, um uns klar zu machen, ob die Natur so etwas wie einen inhärenten Wert hat, den wir zu respektieren haben, der für uns dann also auch Orientierung gebend ist, oder ob wir aus einer eher anthropozentrischen Sichtweise, wie sie oft in der Ökonomik vorherrscht, davon ausgehen, dass die Natur letzten Endes eine Art Mittel zum Zweck ist. Diese Mittel-Zweck-Dimension haben wir sehr stark diskutiert. Wir sind schließlich zu dem Ergebnis gekommen, dass wir den inhärenten Wert der Natur, auch wenn wir ihn nicht objektivieren können, oder ihn stärker eingrenzen können, also zu beachten, zu respektieren haben und daraus dann ableiten müssen, wie wir überhaupt mit dem Begriff der Natur in der Praxis umgehen. Insbesondere wenn zu beantworten ist, wie wir Erfahrungsräume gestalten können. Das ist natürlich ein hehrer Standpunkt, einfach zu sagen, wir haben abgestimmt und die Mehrheit war dafür, den inhärenten Wert der Natur und den Schutz der Natur als Selbstzweck zu akzeptieren. Das ist ein bisschen zu einfach. Wir haben im Sinne einer Advocatus-Diaboli-Argumentation die Anthropozentrik ins Paradoxe geführt, indem wir festgestellt haben, dass selbst aus einer streng ressourcenorientierten Ökonomik her die Anthropozentrik gar nicht funktioniert oder zu keinen anderen Schlussfolgerungen führen kann als zu der Position, dass die Natur einen inhärenten Wert hat. Denn wenn man als Anthropozentriker vor einer Situation der Unsicherheit steht und gar nicht wissen kann, wie verletzlich die Natur ist oder wie abhängig unsere physische Existenz von einem bestimmten Naturzustand ist, dann können wir im Sinne eines wohlverstandenen Vorsorgeprinzips oder eines wohlverstandenen Risikomanagements gar nichts anderes tun, als im Sinne einer Kantischen Intuition den Worst-Case herzunehmen und zu schauen, wie können wir uns so verhalten, dass dann, wenn der Worst-Case eintritt, tatsächlich ein Überleben oder überhaupt ein Wohlergehen oder ein würdiges menschliches Dasein noch möglich ist. Das führt dann eben auch aus einer anthropozentrischen Sicht dahin,

Natur als Erfahrungsraum. Nature as Space of Experience.

wegzukommen von der Unterschätzung der Schäden, die angerichtet werden, wenn wir Natur als Mittel zum Zweck betrachten. Was daraus folgt, ist, dass wir sowohl positive als auch negative Pflichten zu bearbeiten haben. Das heißt zunächst einmal haben wir uns beschäftigt mit einem Gebot der Minimierung der Schädigung der Natur – durch jede Form des Auftretens menschlicher Handlungen, des Produzierens, der Mobilität, des Konsums, der Zivilisation schlechthin. Wir haben dann aber auch gesehen, dass dies nicht hinreichend sein kann, sondern, dass es auch im positiven Sinne ein Gebot der Fürsorge gibt. Das heißt proaktiv die Natur zu schützen oder ihr Entwicklungspotenziale zuzugestehen. Das will ich nicht im Detail durch Naturmanagement beleuchten. Vielleicht reicht ein Beispiel. Viele der Anwesenden haben damals vielleicht im Jahr 2000 das Buch „Naturkapitalismus" von Hawken und den beiden Lovins in die Hände bekommen. Da ist regelrecht von einer Investition in Naturkapital die Rede. Wo auch tatsächlich die Logik der Entsiegelung oder des Freimachens von Raum aus der Sicht menschlicher Zivilisation angedeutet wird. Das will ich aber nicht näher erläutern. Wir haben also dann, als wir diesen Punkt erreicht haben, haben wir dann immer noch nicht diese Fragen beantworten können, sondern dann mussten wir noch schauen, ob Menschen überhaupt befähigt sein können, ob sie die Kompetenzen haben, nach diesen Imperativen vorzugehen. Auch das hat dann noch zwei Vorstufen bzw. eine ganz wichtige. Wenn man tatsächlich den Eigenwert der Natur respektiert und diese beiden Konsequenzen zieht, dass es negative und positive Pflichten gibt, wo bleibt dann überhaupt der Mensch? Muss der Mensch sich jetzt so klein machen, dass er quasi wieder wie in der Steinzeit lebt? Das ist ja das Standardargument, das ja auch den Wachstumskritikern immer entgegen geschleudert wird. Nein, haben wir gesagt, es ist folgendes der Fall: Natürlich muss ein würdiges, auch materiell betrachtet, in irgendeiner Form würdiges Dasein möglich sein. Und das kann bedeuten, dass dies Eingriffe in die Natur nötig macht. Nur müssen diese Eingriffe vor dem Hintergrund dieses Minimierungsgebots und des Fürsorgegebots hart begründet werden. Wir haben sogar lange darüber nachgedacht, dass die Umkehr der Beweislast, wann immer auch Natur nur potenziell geschädigt werden könnte, ein gutes Instrumentarium darstellt. Das ist auch kein Hexenwerk oder Romantik. Wir haben noch in der Diskussion verwiesen auf Beispiele aus der japanischen Umweltpolitik, wo schon Ende der 60er Jahre tatsächlich dieser Schritt gegangen wurde, also die Beweislast in der Umweltpolitik umzukehren. Ein Chemiebetrieb musste beweisen, dass eine bestimmte Vergiftung in einem bestimmten geografischen Radius nicht zurückzuführen ist auf Aktivitäten dieses Betriebs. Bevor ich jetzt überleite zu Frau Engels, die noch einmal die Frage angeht, ob wir befähigt sind, ob wir die Kompetenzen haben, tatsächlich so vorzugehen, wie ich das grob angedeutet habe. Wir haben hier eine Begrifflichkeit entwickelt, die unmittelbare physische Interaktion mit dem, was wir unter Natur verstehen, als das Grundelement, das wir benötigen, um Natur im 21. Jahrhundert zu einem menschlichen Erfahrungsraum werden zu lassen. Wir haben hier dann folgendes gemerkt, als wir die nächsten drei Fragen beantworten wollten, dass die zweite und die vierte nicht gut zu trennen sind. Das ist dann auch unsere Kritik gewesen an der Stellung dieser Fragen. Wir haben hier einen Begriff ganz tief behandelt, weil in der Gruppe einige Personen sind, die Expertin oder Experte darin sind. Den Begriff der Handlungspädagogik. Da sind sehr viele Beispiele behandelt worden, die gleich auch noch zum Vorschein kommen. Das war, was wir sehr konkret sagen konnten zu Frage zwei und vier. Und die Frage drei habe ich auch bereits kurz angedeutet. Die Renaturierung beispielsweise, die Entsiegelung oder auch, und da sind wir dann im Kontext von Nachhaltigkeitsökonomik und -management, die Versuche – und ich versuche jetzt die klassischen Begriffe aus diesem Bereich zu vermeiden, zusammenzuarbeiten mit der Natur. Zusammenarbeit mit der Natur: Was heißt das? Vielleicht auf Basis weniger industrialisierter Prozesse Produktionsprozesse zu erschaffen. Die ökologische Landwirtschaft, die Transition Towns, die wir gestern in dem Film gesehen haben, auch die Aquaponik, das könnten vielleicht Blueprints sein für eine bessere oder andere Zusammenarbeit mit der Natur, auch natürlich insbesondere CSA Höfe, das hat natürlich auch noch einmal der Tobias stark gemacht. Wir haben sehr konkrete Antworten gefunden. Bevor die jetzt erläutert werden, wird Frau Engels noch

Natur als Erfahrungsraum. Nature as Space of Experience.

einmal zu der Frage etwas sagen, haben wir überhaupt die moralischen Kompetenzen und überhaupt Kompetenzen, um uns dieser Herausforderung zu stellen, die folgt, wenn wir Natur als inhärenten Wert akzeptieren.

Eve-Marie Engels: Ich habe mir noch einmal die Fragestellung angeschaut und ich versuche, sie zu beherzigen. Das Thema der ganzen Veranstaltung lautet „Natur und Evolution als ZuMutungen an eine zukunftsfähige Gestaltung von Wirtschaft und Gesellschaft". Das heißt also, selbst wenn wir die Einsicht haben, wir sollten uns naturethisch oder naturmoralisch verhalten und wir betrachten dies als unsere moralische Pflicht, kann man ja die Frage stellen: Haben wir denn überhaupt die moralischen Kompetenzen dazu, unsere Einsicht in Praxis umzusetzen? Wir wissen aus der Ethik, ultra posse nemo obligatur, Sollen setzt Können voraus, aber können wir eigentlich? Also selbst wenn wir wissen, was wir tun sollten, können wir das eigentlich tun? Können wir unsere naturethischen Einsichten in Praxis umsetzen? Es gibt berühmte Beispiele dafür. Es gibt den Artikel von Garrett Hardin "The Tragedy of the Commons", „Die Tragik der Allmende". Die Tragik der Allmende besteht darin, dass die Dorfbewohner Egoisten sind und jeder die gemeinsame Viehweide ohne Absprache mit den anderen nutzt, also ohne jede Art von Kooperation. Letzten Endes wird sie aufgebraucht. Die Tragik der Allmende ist ein Bild für die ökologische Krise und für alle Formen der Ausbeutung und Zerstörung der Natur, auch der Weltmeere. Es besteht die Gefahr, wenn wir uns die Erde anschauen, wie sie im Moment aussieht, dass wir möglicherweise diese gesamte Erde in eine Jauchegrube verwandeln. Wir haben Klimaprobleme, Biodiversitätsprobleme, den Rückgang der Biodiversität und so weiter. Ist es notwendigerweise so, dass wir als Menschen so unmoralisch sind und gar nicht anders können? Ich denke, es gibt mindestens zwei Disziplinen, aber sicherlich auch noch mehr, darauf kommen wir gleich zu sprechen, die zeigen, dass man ohne weiteres auch altruistisch sein kann. Zum einen ist es die Evolutionstheorie, in der Form, wie Charles Darwin sie vertreten hat. Darwin ist davon ausgegangen, dass es im Laufe der Evolution einen moralischen Fortschritt gibt und dass Menschen eben auch moralisch sein können. Die Moralfähigkeit des Menschen entwickelt

sich aus den sozialen Instinkten der Tiere. Der Mensch ist zwar kein Tier mehr wie andere Tiere, sondern er ist ein biologisch-kultureller Zwitter, also ein biologisch-kultureller Hybrid. Wir haben zwar eine bestimmte Ausstattung, und wir haben einen Instinkt der Empathie, aber durch unsere hohen kognitiven Fähigkeiten gehen wir selbstverständlich weit darüber hinaus, und im Laufe der Evolution gab es eine Entwicklung von der kleinen Gruppe und der Kooperation in kleinen Gruppen zur Weltgesellschaft. Darwin hofft, dass wir im Laufe der Zeit zu einer Weltgesellschaft kommen, in der es eine „Sympathie" ("sympathy", 19. Jh.), ein Wohlwollen aller für alle gibt, Kooperation aller mit allen, und dass wir schließlich auch in dieses allgemeine Wohlwollen nicht nur andere Nationen und andere Menschenrassen einschließen, sondern schließlich auch die Tiere, und heute kann man ergänzend sagen, auch die Pflanzen und die Biodiversität. Wir haben auf jeden Fall die Einsicht. Wir müssen sie nur noch in die Tat umsetzen. Das ist gemeint mit dem „Expanding Circle" des Wohlwollens, seiner zunehmenden Ausweitung. Das setzt allerdings auch voraus, dass sich das Können nach dem Sollen zu strecken hat. Das heißt, wir müssen uns anstrengen. Es fällt uns nicht in den Schoß. Das sehen wir selbstverständlich auch heute. Wir müssen das auf politischer Ebene tun. Wir müssen es national, international und global tun, im kleinen und im großen Kontext. Auf der Ebene der Erziehungssysteme und auf der Ebene der Praxis, das werden wir gleich noch hören. In diesem Sinne muss sich das Können nach dem Sollen strecken, und es gibt die Notwendigkeit einer interdisziplinären Zusammenarbeit, wie ich schon eben kurz angedeutet habe, zwischen der Biologie, hier auch der Evolutionsbiologie, der Sozialpsychologie (z. B. Hans Werner Bierhoff und Leo Montada) und den Erziehungswissenschaften, die uns dies zeigen. Auch im Bereich der Erziehungswissenschaften gibt es eine Fülle an Literatur, beispielsweise die Arbeiten von Elisabeth Kals, wie wir eben schon Kindern im Rahmen der Pädagogik die Natur nahe bringen können. Und ich denke, wir haben von Natur aus zwar keine idealen Chancen. Wir haben eine lange Herkunft und eine bestimmte genetische Ausstattung, aber wir sind Natur-Kultur-Hybride, die auch moralfähig sind und deswegen habe ich persön-

132 Natur als Erfahrungsraum. Nature as Space of Experience.

lich auch noch einen gewissen Optimismus, dass unser schöner Planet nicht den Bach runter geht.

Irene Antoni-Komar: Wir kommen jetzt zu der mittleren Spalte der Ergebnisdarstellung und bewegen uns noch einmal zurück zu dem Beginn unserer Diskussion. Unter welchen Bedingungen wird Natur zum Erfahrungsraum – im Hinblick auf eine transformative Wirkung? Natur als Erfahrungsraum funktioniert ja auch in Distanz zu unmittelbarer Erfahrung – über Film, Fotografie, eben nicht direkt in der Natur zu sein, sondern diese indirekt als Repräsentierte wahrzunehmen. Wir haben als Bedingung für eine Betroffenheit, die dann auch in Richtung Transformation wirken kann, die unmittelbare Interaktion herausgestellt. Das heißt, es bedarf einer unmittelbaren physischen Erfahrung, einer leiblichen Erfahrung, die das Spüren von Natur im Tätigsein ermöglicht. Das heißt, nicht nur rezipierend Natur wahrzunehmen, sondern die Natur in Interaktion bringen zu mir als Mensch, als Bestandteil von Natur. Alles, was unmittelbar auf uns wirkt, bringt uns in eine Resonanz. Der Begriff der Resonanz tauchte auch bei Gruppe zwei auf, und ist über das Handeln, die Interaktion fähig, Veränderungen zu bewirken. Also wir stehen, wie es Niko Paech ausgeführt hat, vor dem Problem, dass wir dem Wunschbild folgen, Natur könne uns helfen, etwas wiederzugewinnen, was wir verloren haben. Und dazu bedarf es nach unserer Ausarbeitung einer Nähe des unmittelbaren Erlebens. Diese steht aber nicht für sich allein. Unmittelbare Naturerfahrung ist ja in mannigfaltiger Weise möglich. Sie ist durch die Besteigung des Mount Everest möglich, durch eine Safari in Afrika oder die Bärenjagd in Kanada. Im Sinne einer transformativen Wirkung brauchen wir jedoch bestimmte Rahmenbedingungen, die Transformation erst einmal begründen helfen. Und diese Rahmenbedingungen kann man mit zwei Aspekten einfassen. Das ist einmal der ökologische Fußabdruck, der zu bedenken ist. Und zum anderen darf es nicht eine Naturerfahrung sein, die auf Kosten anderer Menschen geschieht. Zum Beispiel erfordert die Besteigung des Mount Everest immer wieder menschliche Opfer – vor allem unter den einheimischen Sherpas, die sich als Begleiter der Bergsteiger ihren Lebensunterhalt verdienen. Von diesen Überlegungen ausgehend, haben wir einen Imperativ formuliert. Aus der möglichkeitsoffenen Frage: Wie kann Natur als Erfahrungsraum zukunftsfähig transformativ sein? ist der Imperativ entstanden: Die Natur als Erfahrungsraum muss zukunftsfähig transformativ sein. Und damit würde ich gerne überleiten zu Tobias, um Beispiele aufzuzeigen.

Tobias Hartkemeyer: Dann werde ich meine Antworten auf Frage zwei und vier geben, um die intellektuelle Ebene noch ein bisschen tiefer in den Bereich des Handelns und der Praxis zu bringen. Dabei möchte ich mich an einem Idealbild orientieren, das wir als Antwort auf diese Fragen darstellen möchten. Dabei

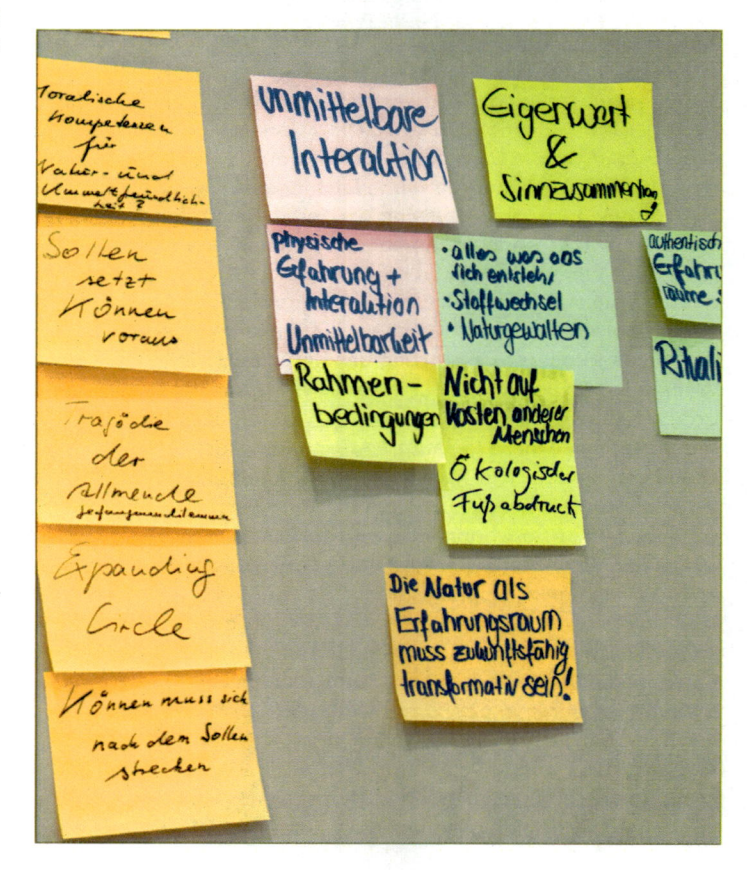

Natur als Erfahrungsraum. Nature as Space of Experience.

stellt sich die Frage, wie kann man das individuell, an den unterschiedlichen Orten verwirklichen oder welche Aspekte lassen sich verwirklichen, aber mir kommt es jetzt erst einmal auf das Ideal an. Und für mich ist dann ein ganz wichtiger Aspekt, bei der Frage, wie es organisiert werden kann, was ich für mich unter dem Begriff Handlungspädagogik erkenne. Vorhin hieß es ja ein bisschen, dass Pädagogik hinderlich sein könnte zum Begegnen, Erfahren des Lebendigen. Stimmt auch. Ich will nur darstellen, was Handlungspädagogik eigentlich bedeuten sollte bzw. was wir darunter verstehen. Das bedeutet nicht, dass wir einen organisierten künstlichen Lernzusammenhang schaffen, wo einer sagt, wie es aussieht und wie es geht, sondern dass eine möglichst vollständige Umgebung geschaffen wird. Das Wesentliche ist die Umgebung, indem es Begegnungsräume mit dem Boden, den Pflanzen, den Tieren und den anderen Menschen gibt, als lebendigen Zusammenhang, und in dem die Kinder schrittweise daran teilhaben können an diesen Prozessen und den Raum haben, den Übergang vom Spiel zur Arbeit lebendig zu erfahren. Das heißt, es ist nicht alles durchorganisiert, und das Wesentliche bei der Handlungspädagogik ist, dass die erwachsenen Menschen handlungsfähig sind und etwas praktisches tun. Ein Idealbild für einen solchen Lernort verbirgt sich für mich hinter dem Begriff Solidarische Landwirtschaft. Begriffe sind immer verbunden mit bestimmten Vorstellungen und Assoziationen. Damit neue Impulse in die Welt finden, müssen wir auch alte Begriffe umstülpen. Bei dem Begriff „Landwirtschaft" wird heute wohl kaum einer an die Lernorte der Zukunft denken. Aber gerade in der Solidarischen Landwirtschaft – in der gemeinsamen Kultivierung von Boden, Pflanzen und Tieren und neuer Ökonomie – kommt eben das lebendige Miteinander, das lebendige Gestalten der Natur in Fürsorge und vor allen Dingen zur Geltung. Was noch dazu kommt, ist, dass wir ökonomisch neu denken. Und zwar nicht dieses anthropozentrische und ich für mich, ich nehme etwas für mich, ich kaufe etwas für mich, nein, ich ermögliche Vielfalt. Ich kann keine Lebensmittel in der Solidarischen Landwirtschaft kaufen, da wird nichts verkauft, da wird nur ermöglicht. Und gemeinsam wird dieser Sinnzusammenhang, dieses lebendige Miteinander gestaltet und ermöglicht. Und das erfahren zu können als junger Mensch, ist für uns ein Beispiel, wie man diesen Erfahrungsraum so gestalten kann, dass er als optimaler Erfahrungsraum genutzt werden kann.

Hartwig Henke: Ich greife einmal das Stichwort Handlungspädagogik auf. Ich will es noch etwas erweitern. Handlungspädagogik setzt voraus, dass wir einen entsprechenden Erfahrungsraum haben, in dem der handelnde Erwachsene, der handelnde Schüler, Kind, Jugendliche, junge Erwachsene auch die entsprechenden Erfahrungen machen kann. Das heißt nicht, dass Pädagogisierung als etwas Kritisches anzusehen ist, wie es vorhin angedeutet wurde. Es geht nicht darum, dass dieser Erfahrungsraum, in dem der Jugendliche seine persönlichen Erfahrungen machen soll, in Lernziele und in Erwartungshorizonte aufgedröselt wird. Alles, was wir auf verheerende Weise an den staatlichen Schulen erfahren. Sondern dass hier, wie Tobias es eben gesagt hat, in dem Erfahrungsraum Erwachsene mit Kindern, Jugendlichen, jungen Erwachsenen zusammen leben, zusammen arbeiten und sie die Kinder einbeziehen in ihre fachliche Profession, fachliche Kompetenz. Ob das auf dem Bauernhof geschieht, ob das, wie meine Frau und ich es gemacht haben, auch in der Landwirtschaft mit Galloways, mit Schafen oder bei der Seefahrt stattfindet. Wir fahren mit Jugendlichen zur See und sie werden Schritt für Schritt durch die Profis selbst zu Fachleuten. Dann sind diese jungen Menschen in diesen Erfahrungsraum hineingewachsen und können auch kompetent diese Funktion übernehmen, die Tiere pflegen, ein Schiff fahren. Sie können ihre Position wirklich ausfüllen, verlässlich, verantwortungsvoll, so dass sie jederzeit wissen, ich habe jetzt an dieser Stelle die Verantwortung für dieses Tier, für die anderen Menschen. Ich habe hier am Ruder oder auf dem Ausguck die Verantwortung für die anderen Menschen, die in der Koje liegen und sich zu Recht ausruhen dürfen. Dieses Naturerlebnis und die Verantwortung, die daraus resultiert, zu einem Teil der Persönlichkeit werden zu lassen, das ist entscheidend. Persönlichkeitsentwicklung auch so zu verstehen, dass es etwas mit dem Naturerlebnis, mit der Naturerfahrung, oder wie Niko es eben gesagt hat, dem inhärenten Wert, der inhärenten Wertschätzung von Natur zu tun hat. Ich möchte einige Beispiele nennen, dass dies

Natur als Erfahrungsraum. Nature as Space of Experience.

keine Traumtänzerei ist und keine Visionen sind, die ja doch nicht zu realisieren seien. Es gibt eine Schule auf der Insel, da haben meine Frau und ich 28 Jahre lang gearbeitet und mit Jugendlichen zusammen gelebt. Allerdings zu hohen Kosten, denn die Schule kostet Geld, aber wir haben diesen ganzheitlichen Ansatz tatsächlich weitgehend hingekriegt. Wir haben das Projekt „High Seas High School – Schule auf dem Meer" über 20 Jahren durchgeführt, sechs Monate waren Schüler an Bord, sind über den Atlantik nach Mittel- und Südamerika gesegelt. Wenn sie wiederkamen, waren sie ausgebildete Seeleute und hatten gleichzeitig auch ihren gymnasialen Lehrplan absolviert. Aber: orientiert an konkreten Lernsituationen. Mathematik wird angewandt in Navigation, Umweltschutz im Regenwald, mit Erkenntnissen und Fragen vor Ort: warum ist dieser Wanderfeldbau, wie er heute unter industriellem Aspekt stattfindet, verhängnisvoll, verheerend? Weil nach drei Jahren der Boden nichts mehr hergibt. Solche Dinge haben wir da umsetzen können. Wir haben aber auch ein Umweltbildungszentrum umsetzen können, das Nationalpark-Haus Wittbülten. Entstanden ist es aus dem Ansatz unserer ganzheitlich verstandenen Pädagogik. Wir auf dieser Insel, alle, die wir da sind, sind auch verantwortlich für die Natur. Und wenn diese Insel vom Tourismus lebt, dann müssen wir den Touristen dies auch klar machen – und sie fragen danach – warum ist das Wattenmeer schützenswert, warum gibt es jetzt einen Nationalpark Wattenmeer, was bedeutet der Meeresspiegelanstieg auf Grund der abschmelzenden Polkappen usw. So ist Schritt für Schritt eine Professionalisierung daraus entstanden. Jetzt arbeiten in diesem Nationalpark-Haus drei Bereiche eng zusammen. Das sind einmal die Schüler, die aus dem Unterricht etwas reinbringen in die Umweltbildung und umgekehrt wiederum aus dieser Arbeit wieder etwas in ihren Unterricht mitbringen. Das ICBM, das Institut für Chemie und Biologie des Meeres an der Uni Oldenburg, hat sich dieses Nationalpark-Haus als Außenstandort für seine Forschung auserkoren, weil die Kooperation mit den Schülern und den Lehrern und an diesem Standort so wunderbar ertragreich ist. Das dritte ist, dass wir dort einen Schwerpunkt der Tourismusinformation haben. Die Touristen können dort nicht nur Kaffee trinken, sondern sich in der Ausstellung anschauen, was im Wattenmeer schützenswert und bewundernswert ist. Warum ist es nicht nur aus biologischen und Gründen des Umweltschutzes ein wichtiger Lebensraum? Es ist ein, ich sage es einmal etwas pathetisch, ein wunderbarer und global unersetzlicher Lebensraum und das wollen die Touristen auch sehen und erfahren. Das ist das zweite Beispiel aber wie gesagt, es hat viel Geld gekostet und kostet viel Geld für die Schüler, die dort zur Schule gehen. Man muss aber nicht auf solch ein hohes Kostenniveau springen. Ich will ein anderes Beispiel nennen. Es gibt eine Schule in Potsdam, die ich sehr schätze. Sie ist entstanden aus einer Montessori-Oberschule, vormals DDR-Schule und ist jetzt eine Gesamtschule. Diese Gesamtschule ist durch ihre Schulleiterin immer auf einem Reformkurs gewesen, auch durch den Montessori-Ansatz in der Grundschule. Was für uns in Punkto Naturerfahrung an der Schule vorbildlich ist: Sie haben dem Land Brandenburg die Zustimmung abgerungen, einen ehemaligen DDR-Truppenübungsplatz kultivieren zu können. Am Schlänitzsee, das ist ein Stück westlich von Potsdam. Die Kultusverwaltung des Landes Brandenburg war so begeistert, dass sie jetzt seit zehn Jahren die Schule dieses Gebiet kultivieren und bearbeiten lässt. Und zwar nicht nur in unserem alten Verständnis, wie es früher für den Schulgarten galt, wo man Blumen züchtete und nach den Sommerferien war alles vertrocknet und verdorrt. Das war im Grunde genommen eine falsch verstandene Handlungspädagogik – Hauptsache die Kinder sind sinnvoll beschäftigt. Am Schlänitzsee da wird Ackerbau betrieben, da wird Obst angebaut, bis hin zum Getreideanbau. Das heißt, die Ernsthaftigkeit dessen, was die Schüler dort machen in der Auseinandersetzung mit der Natur, die ist entscheidend. Das kann man übertragen auf Städte. Ich weiß nicht, ob sie von diesen vielen Bewegungen gehört haben, oder sogar selbst mittragen, wie in den Städten immer mehr Bürgerbewegungen entstehen, die sagen, „Verdammt nochmal – unsere Stadt ist zu grau. Da liegt seit Jahren ein Grundstück brach. Da wird ein Haus abgerissen und da soll gleich wieder ein noch größeres hingesetzt werden." Dass Bürgerbewegungen sich zunehmend engagieren für das urbane Leben in der Stadt, die Natur wieder reinzuholen. Und das ist etwas, was unbedingt schulischerseits unterstützt und verstärkt werden kann. Es gibt Beispiele, das wird zusammengefasst unter der Überschrift „Wir sind die Stadt", in Analogie zu „Wir sind das Volk". Diese Bürgerbewegungen haben erstaunlich viel bewegt. Wer mit offenen Augen zum Beispiel durch Berlin geht, sieht, dass es dort erstaunlich viele kleine Flecken gibt, die nicht von der Stadt oder dem jeweiligen Bezirk begrünt oder bepflanzt worden sind. Oder dass Parks renaturiert werden, weil sie für Parkplätze oder ähnliches versiegelt worden sind. Da ist eine Menge an Möglichkeiten drin, an vielen Stellen geschieht es auch schon, auch die Schüler, vom Kindergarten an bis zum Abitur am urbanen Leben und der Entwicklung des urbanen Lebens in der Stadt teilhaben zu lassen. Wir müssen zur Kenntnis nehmen, dass das wieder auch ein Stück Natur ist. Das dürfen wir nicht abschreiben und denken, wie unsere reformpädagogischen Urväter, die immer sagten, Naturerfahrung kann man nur in der heilen Natur machen. Die sind mit ihren pädagogischen Gründungen vor 100 oder 120 Jahren immer in die wunderschöne Landschaft gegangen: Thüringer Wald, Schwarzwald, Alpen oder Spiekeroog. In der Stadt findet auch Naturleben und -erleben statt.

Thomas Kirchhoff: Ich hätte eine Frage zum Startpunkt Eigenwert und die Frage ist, ob diese Prämisse, dass man Natur als Eigenwert schützen müsse, erforderlich ist, für das, was danach ausgeführt worden ist. Mein Eindruck war, dass man das auch mit einer Anthropozentrik hätte machen können. Alles, was danach gefolgt ist, und ich frage deshalb, weil ich an der Ableitung des Eigenwertes, so wie er vorgetragen wurde, ein paar Fragezeichen machen würde, weil es doch eine sehr starke Voraussetzung enthält, was die Natur natürlicherweise tut, wie zum Beispiel optimal zu sein oder nicht gefährlich zu sein. Es könnte ja auch gefährlich sein, die Natur sich entwickeln zu lassen, wie sie sich entwickelt, weil da etwas Gefährliches aus der Natur kommt. Also bei dieser Ableitung kann man ein paar Fragezeichen machen, so wie zumindest in den ethischen Diskursen bei weitem nicht von allen geteilt wird, ob diese sehr voraussetzungsreiche, begründungslastige Position eigentlich erforderlich wäre. Das wäre für mich der spannendere Punkt, ob ihr denken würdet, dass dies eine notwendige Prämisse ist für das, was gefolgt ist oder ob man das auch streichen und sagen könnte, mit Anthropozentrik kann man es auch so halten.

Niko Paech: Nehmen wir einmal an, dass das, was Hartwig gerade zur Handlungspädagogik oder auch zur Renaturierung von brachgefallenen Flächen einer Stadt gesagt hat, alles nicht stimmen würde. Es würde eine Gegenrede erfolgen oder jemand würde sagen, dass das überhaupt keine pädagogische Wirkung oder Sinnstiftung hat, was bliebe dann noch als Begründung aus anthropozentrischer Sicht übrig? Fragen des Naturschutzes sind gar nicht so leicht zu beantworten,

Natur als Erfahrungsraum. Nature as Space of Experience.

wenn man eine anthropozentrische Sichtweise hat, aber trotzdem ist es richtig. Vieles von dem, was wir zu diesen vier Fragen ausgeführt haben, setzt nicht voraus, dass wir diesen inhärenten Wert der Natur stark unterstreichen, aber es gibt immer die Gefahr, dass manche Begründungszusammenhänge brüchig werden und dann kann man sehr schnell den Schutz der Natur zu Disposition stellen. Das geschieht ja auch in der Praxis. Das heißt, dass Naturschutz unterbunden wird, mit der Begründung „So what? Was soll das?" oder dass man Natur auch umdefiniert, indem man sagt, das mit den Windkraftanlagen im Schwarzwald ist alles gar kein Problem. Ich glaube schon, dass es trotzdem Sinn macht, als Präambel, bevor man diese Fragen angeht, das zu klären.

Gregor Schiemann: Ich bin wirklich beeindruckt von der differenzierten Darstellung der Fragestellung, begrifflichen Klärung, moralischen Bedingung und den Anwendungsbeispielen. Ich finde, das ist wirklich beachtlich. Ich habe eigentlich nur eine kleine Anfügung, die an den Beispielen ansetzt. Ist nicht der Hintergrund dieses Themas, dass Natur immer weniger zum Erfahrungsraum wird? In einem Ausmaß in den letzten 20 Jahren, das rasant ist. Die Städte sind steinern. Die wenigen Parks sind klein und bis man im Grünen ist, dauert es. Dann kommt die Tendenz hinzu, dass das grüne Umland der Städte immer weniger genutzt wird. In Wuppertal zum Beispiel gibt es das sehr schöne Gelpetal. Da waren früher acht Restaurants. Es war voll am Wochenende. Genutzt von der Wuppertaler Bevölkerung. Da sind jetzt nur noch ein paar Hundebesitzer. Es ist wirklich erschütternd und deshalb glaube ich, ob es nicht auch möglich wäre, diesen wirklich guten Ansatz radikaler zu fassen. Ich meine, muss man nicht wirklich die Städte ganz anders gestalten, dass da wieder grün reinkommt. Zum Beispiel wird ständig beklagt, Wuppertal ist auf dem absteigenden Ast. Das ist doch eine gute Gelegenheit. Anstatt dass die Häuser ewig leer stehen, abreißen. Grün hin. Oder dass man auch Wildnis wieder zulässt, oder Erlebnisräume schafft. Da gibt es sehr viele Ansätze, das ist klar. Aber es ist wirklich eine Tendenz und zwar nicht nur für die Industrieländer sondern auch für die Entwicklungsländer, diese riesigen Megacities, die entstehen, wo die Leute von der Natur in die Armutsviertel dieser Städte verschlagen werden. Von daher finde ich, ist es ein sehr wichtiges Thema, und das soll nur eine Unterstreichung der Arbeit sein.

Niko Paech: Nur der eine Satz, ich dachte, darüber hätten wir gesprochen. Vielleicht hätte man es radikaler verbalisieren können, aber völlig d'accord.

Reinhard Pfriem: Von mir ein Vorschlag, über die Verschiebung der Relationen ein bisschen nachzudenken. Völlig verständlich aus den Tätigkeiten von Tobias und Hartwig ist eine sehr starke Fokussierung bzw. ist die Illustration von Erfahrungsräumen sehr stark auf

Natur als Erfahrungsraum. Nature as Space of Experience.

Bildungsinstitutionen fokussiert worden, in denen sich Menschen vorübergehend aufhalten. Du hast es mit der Stadt und den Bürgerbewegungen am Ende ein Stück weit relativiert. Und das, was wir mit Bügerenergiegenossenschaften in dem einen Projekt oder mit den transformativen Wirtschaftsformen, wovon ich gestern kurz gesprochen habe, also Erzeuger-Verbraucher-Gemeinschaften etc. machen, ist noch gründlicher zu durchdenken vor dem Hintergrund, dass die Perspektive nicht sein darf, dass Menschen in vorübergehenden institutionellen Zusammenhängen Erfahrungsräume haben, um dann in ein Leben entlassen zu werden, in dem es keine Erfahrungsräume mehr gibt. Sondern dass das Entscheidende tatsächlich ist, eine Erweiterung der Erfahrungsräume in dem Leben nach und außerhalb dieser Bildungsinstitutionen.

Ute Hildebrand-Henke: Genau darüber haben wir auch lange gesprochen. Wir wollen nicht den Streichelzoo für die kleinen Kinder und danach kommt aus der industriellen Landwirtschaft das Steak auf den Tisch. Genau darum ging es und daher auch die CSA Höfe, weshalb die diese Bedeutung haben, also dass man sich zusammen schließt und regional einkaufen kann und nicht mehr auf das andere zurückgreifen muss. Das heißt, das muss ja, wenn man das wirklich durchsetzt, dass es flächendeckender auftaucht, dass man das wirklich machen kann, da muss es einen Riesenprozess geben, um das nicht nur als ein Exemplar zu haben oder eine Schule auf Spiekeroog zu haben als Exemplar, sondern es muss eine richtige Bewegung sein, sonst hat das ganze gar keinen Sinn. Das würde das ganz ad absurdum führen.

Hartwig Henke: Noch einen Satz, um das zu unterstützen, was Gregor Schiemann eben gesagt hat. Wenn man wirklich in authentischen Erfahrungsräumen mit Schülern, mit Jugendlichen, auch mit Kindern so arbeiten kann, wie wir das beschrieben haben, ist es erstaunlich, welche Persönlichkeitsprägung das hat. Es ist erstaunlich, wie tragend, um jetzt den Begriff Nachhaltigkeit hierauf zu übertragen, wie nachhaltig diese Persönlichkeitsprägung ist. Wir begleiten das nun seit über 30 Jahren und stellen fest, dass man da nur euphorisch werden kann, wenn man das sieht. Man muss allerdings aufpassen. Es darf nicht zu einer Art Alibipädagogik verkommen. Dass man sagt: „Naja gut, wenn die Schüler oder die Jugendlichen dann mal segeln, dann werden sie schon ihre Erfahrungen machen." So ist es nicht. Es geht wirklich um Ernsthaftigkeit und den Ernstfall. Ich habe den Begriff der Handlungspädagogik erweitert um den Begriff der Ernstfalldidaktik, das heißt, was wir da machen, muss dem entsprechen, was wir anstreben. Dass die Jugendlichen in Ernstfallsituationen lernen, „Ich muss mich um das Ferkel kümmern" und nicht sofort jemand kommt, wenn man keine Lust mehr hat; man muss am Ruder stehen oder an den Ausguck gehen und kann nicht einfach weglaufen, weil einem übel wird.

Tobias Hartkemeyer: Solidarische Landwirtschaft ist eine Bürgerbewegung und Handlungspädagogik heißt für mich die Erweiterung von Solidarischer Landwirtschaft (Community-Supported-Agriculture) hin zu Community-Supported-Education. Da entsteht dann der Begegnungsraum, der Lernort entsteht da, und hat diese vielfältigen Begegnungsräume. Zum Boden, zu den Pflanzen, den Tieren und den anderen Menschen und da dann Bildungsprozesse, Kindergarten, Schule aber auch universitäre Bildung anzuknüpfen, die mit dem Leben, mit der Zivilgesellschaft zu tun haben.

Helge Peukert: Ich wollte noch einmal nach dem Expanding Circle von Darwin fragen.

Eve-Marie Engels: Darwin beschreibt in *Die Abstammung des Menschen* (*Descent of Man*) die Entwicklung des Menschen, nicht nur die körperliche Entwicklung, sondern auch die kognitive, soziale und moralische Entwicklung des Menschen aus vormenschlichen Tieren, die vor allem durch Instinkte oder instinktive Impulse geprägt waren. Im Laufe der Evolution nahmen die kognitiven Fähigkeiten zu, Vernunft und Selbstbewusstsein und auch die Moralfähigkeit. Darwin hat sich für die Entwicklung der Moralfähigkeit in der Evolution des Menschen ein Modell vorgestellt, wie Piaget und Kohlberg es für die menschliche Ontogenese dargestellt haben. Das findet sich interessanterweise bei Darwin in seinem Buch über die Abstammung des Menschen, über die Evolution des Menschen. Unsere halbmenschlichen Vorfahren wurden zunächst von mehr oder weniger starken sozialen Instinkten bestimmt, die sie von anderen Tieren geerbt haben. Es folgt die Stufe normkonformen Verhaltens bzw. Handelns aus Furcht vor Strafe und zur Verfol-

Natur als Erfahrungsraum. Nature as Space of Experience.

gung des Eigeninteresses, so etwas wie Tit for Tat, anschließend entsteht die Stufe der sozialen bzw. moralischen Konventionen und schließlich Moral aus Einsicht in moralische Prinzipien. Hier erwähnt Darwin auch Kant. Für ihn ist die höchste Stufe der Moral im Laufe der Evolution des Menschen erreicht, wenn der Mensch auch andere Tiere respektiert und so etwas wie einen ethischen Tierschutz vertritt.

Ich würde gerne etwas zur vorhin gestellten Frage bezüglich der Anthropozentrik sagen. Ein allgemeiner Konsens, dass alles auch mit Anthropozentrik machbar ist und wünschenswert ist, existiert nicht. Der Begriff des Eigenwertes der Natur ist nicht mit der Idee einer Anthropozentrik vereinbar, sondern ich verstehe unter einer Perspektive, die den Eigenwert der Natur anerkennt, mindestens eine Biozentrik, wenn nicht gar eine Physiozentrik, also einen holistischen Standpunkt, und ich versuche ihn so zu begründen: Was schützen wir denn an uns selbst? Schützen wir an uns nur das spezifisch Menschliche? Was ist das spezifisch Menschliche? Die hohe Vernunft? Die Sprachfähigkeit? Die Moralfähigkeit? Das allein schützen wir an uns doch nicht. Wir sind leiblich-geistig-seelische Wesen, die ganzheitlich zu verstehen sind. Auch der Leib und das Kognitive sind miteinander verwoben, und wenn wir den Menschen schützen, dann schützen wir auch etwas, was wir mit der übrigen lebendigen Natur gemeinsam haben, oder die übrige Natur, von der wir stammen, mit uns. Wir sind ja nicht einfach so als Menschen entstanden, sondern wir haben uns als besondere Tiere aus anderen Tieren heraus entwickelt, und ich denke, es muss auch eine artüberschreitende Solidarität mit anderen Tieren und letzten Endes mit der gesamten lebendigen Natur geben.

Irene Antoni-Komar: Ich möchte gerne den Hinweis auf die Radikalität noch einmal aufnehmen und auch auf die bürgerschaftlichen Initiativen, die über den schulischen Ansatz hinausgehen. Hier hängt ein kleiner Zettel mit dem Stichwort „essbare Stadt" und darunter steht noch einmal „Re-Naturierung". Also genau das, was wir gestern auch im Film „10 Milliarden" gesehen haben: Das Zurückerobern von städtischen Räumen, das Verändern von städtischen Räumen über Begrünung durch Nutzpflanzen, eine neue Auffassung von Allmende, von Kooperationen im Zusammenleben. Und da fand ich ein sehr eindrückliches Bild im Film mit diesem tomatengießenden Polizisten. Das ist genau das, was den radikalen Wandel sehr gut symbolisiert. Wir haben diese Punkte aufgrund der Kompetenzen in unserer Gruppe nicht weiter ausgearbeitet, aber die Radikalität der experimentellen Naturerfahrung im urbanen Raum stellt einen sehr bedeutenden und spannenden Aspekt dar.

Natur als Erfahrungsraum. Nature as Space of Experience. 139

Themen und Reflexionen 3. Topics and Reflections 3.

Kulturelle Evolution. Cultural Evolution.

Themengruppe 4: Leitfragen

1. Warum sind wir für den Fortbestand der Evolution auf der Erde eigentlich gut genug?
2. Wo liegen die Bedingungen der Möglichkeit, in den menschlichen Naturbeziehungen wie in den zwischenmenschlichen Beziehungen ganz anders als bisher Kooperation zur Geltung zu bringen?
3. Welche Perspektiven bieten Biotechnik und Bioökonomie?
4. Welche institutionellen Veränderungen erfordert die Bändigung des Anthropozän?

TeilnehmerInnen
Kristian Köchy, Jürgen Manemann, Helge Peukert, Gregor Schiemann, Ulrich Witt
Pate: Marcel Hackler

Kristian Köchy: Möglicherweise sind Menschen durch ihre biologische Ausstattung nicht in der Lage, ihre hedonistische Ausrichtung auf die Jetzterfüllung aller Wünsche für die Erfüllung dieser Wünsche erst in Jahren, Jahrzehnten oder Jahrhunderten zu verabschieden. Möglicherweise wäre deshalb eine Modifizierung der Anreizstruktur oder des Gegenstandes unserer Wünsche wichtig. Wir bewegen uns allerdings in diesem Fall weiter in einem Bioszenario. Weiter gehen wir davon aus, dass Menschen als biologische Wesen nur anreizgesteuert funktionieren. Eine Reaktion auf diese Voraussetzung könnte dann sein, zukunftsorientierte Handlungen jetzt schon zu belohnen. Aber eigentlich wechseln wir damit bereits auf ein kulturelles Niveau über: Wenn man Geld für bestimmte Handlungen vergibt, dann ist das ist keine primär biologische Entlohnung, sondern eine kulturelle, eine symbolische.

Ulrich Witt: Wo kommt das Geld her? Das kommt ja gerade aus der CO_2 Emission.

Kristian Köchy: Ich wollte auch lediglich mit meiner Ausführung unterstreichen, dass mit der gewählten Rede von ‚Überleben' und ‚Fähigkeiten' ein evolutionsbiologischer Rahmen vorgegeben ist. In diesem Rahmen geht es stets um biologische oder an biologischen Vermögen ansetzende Fähigkeiten des Menschen. Wir reden über Belohnungsstrukturen, über die Modifikation unserer biologischen Ausstattung usw. Alternativ dazu wäre jedoch ein Szenario denkbar, das an kulturellen Leistungen und Fähigkeiten ansetzt und das die Erziehung zu einem verantwortungsvollen Umgang mit der Natur fordert. Auch solche Erziehungsprojekte können dann unter naturwissenschaftlichen Vorzeichen entworfen sein, also wieder mit einem biologischen Denkstil verbunden und über Belohnungen und Bestrafungen arbeiten. Sie könnten jedoch auch anders sein und über Einsicht funktionieren. Worum es uns hier jedoch geht, ist die Frage nach den Mechanismen, die notwendig wären, Fähigkeiten zum Überleben angesichts der Klimakatastrophe zu entwickeln. Die offene Frage ist also, welche Fähigkeiten bräuchten wir denn? Und wir haben dazu einen ersten Punkt in den Blick genommen: Die Fähigkeit von Menschen, abstrahieren zu können, also die konkrete Jetztelohnung für mich und meine Angehörigen zugunsten eines abstrakten Gutes für die Mitglieder kommender Generationen zurückzustellen, die Fähigkeit, in großen Zeiträumen zu denken und zu planen, solchen, die länger sind als 20 Jahre oder so. Wär das nicht eine Fähigkeit, die wir bräuchten?

Gregor Schiemann: Alle Fähigkeiten gewissermaßen, die Du aufgezählt hast. Man knüpft an natürlichen Impulsen an, man knüpft an Vernunft an.

Kristian Köchy: Aber das sind stets Mechanismen, die Frage ist jedoch, welche Fähigkeiten würde ich entwickeln wollen, durch diese Mechanismen?

Gregor Schiemann: Ja die Fähigkeit, dass Du dein Handeln stärker orientierst an langfristigen Voraussagen, die es für das Klima gibt. Du musst Dein kurzfristiges Handeln auf das langfristige einstellen. Und wo das nicht geht, kann man hier auch eine Vorschrift vorgeben …

Ulrich Witt: Wer macht die Vorschrift?

Gregor Schiemann: Ja das könnten Staaten natürlich machen. Zum Beispiel in Form von Gesetzen, wenn die überschritten werden, dann …

Ulrich Witt: Ja, wer macht die Gesetze?

Gregor Schiemann: Die Gesetze machen die Leute, die dafür zuständig sind.

Ulrich Witt: Die machen Mehrheiten, Sie finden keine Mehrheiten für diese Gesetze.

Gregor Schiemann: Natürlich finden Sie Mehrheiten für diese Gesetze.

Jürgen Manemann: Das halte ich für ziemlich pessimistisch …

Ulrich Witt: Schauen sie sich mal Indien an, das ist einer der großen CO_2 Emittenten.

Gregor Schiemann: Ich schaue mir nicht Indien an, ich schaue mir erst mal Deutschland an.

Helge Peukert: … Ratlosigkeit, wie man darüber reden soll. Das finde ich, zeigt sich, das ist objektiv wahr, das ist nicht, weil wir unfähig sind oder so …

Ulrich Witt: Also ich muss jetzt mal sagen, ich habe es hier mit drei Philosophen zu tun, das ist sehr mühselig. Weil Sie im Grunde eine sehr idealistische Vorstellung davon haben, was läuft (Kristian Köchy: Nicht von der Welt), wenn wir uns anschauen, was z. B. die Werbestrategien der großen internationalen Konzernen, in Entwicklungsländern sind, dann ist das Vorführen unseres Lebensstils eine der zentralen Botschaften, die über alle Medien verbreitet werden, um dort auch Interesse zu wecken. (Gregor Schiemann: Aber die Werbung ist doch voller Ökologie.) Das ist genau der nicht nachhaltige Lebensstil, der alle diese Probleme heraufbeschworen hat, die wir haben.

Gregor Schiemann: In der Werbung ist das nicht richtig. In der Werbung spielt die Nachhaltigkeit eine riesen Rolle (Jürgen Manemann: Kommt immer mehr, genau.) Sie können bestimmte Produkte immer überhaupt …

Ulrich Witt: Ich weiß nicht, wo Sie, auf welchem Planeten Sie unterwegs sind.

Gregor Schiemann: Ja z. B. die Autoindustrie wirbt damit, dass sie nachhaltige …

Ulrich Witt: Nicht in China und nicht in Indien, das sind die bevölkerungsreichsten Länder.

Helge Peukert: In den USA aber wie … (unverständlich, alle reden durcheinander).

Gregor Schiemann: Aber auch wenn wir China nehmen, ich meine, da kann man doch kaum noch atmen.

Ulrich Witt: Ja warum, ja weil eben genau diese Industrialisierung stattfindet, wie sie bei uns stattgefunden hat.

Gregor Schiemann: Ja wegen der Umwelt, aber das entgeht doch den Leuten nicht. Sie glauben doch im Ernst nicht, dass Chinesen, die nicht mehr atmen können, sagen, man muss so weiter produzieren.

Ulrich Witt: Sie sagen, das kann so nicht weiter gehen, und dann gehen sie zur Arbeit und tun so, dass es genau so weiter geht.

Gregor Schiemann: Meiner Meinung nach haben Sie ein ganz schlechtes Bild von den Chinesen. Ich war schon häufiger in China und ich glaube, dass sie nicht so dumm sind, wie Sie sie hinstellen.

Marcel Hackler: Also die Frage war ja: Werden wir diese hinreichenden Fähigkeiten entwickeln, was ist gerade unser aktueller Stand, vielleicht rückblickend noch mal kurz summierend, wo wir gerade stehen, das heißt ja nicht, dass wir die Frage jetzt beantworten müssen, aber vielleicht jetzt einmal, Kristian vielleicht.

Kristian Köchy: Es gäbe zwei Möglichkeiten, entweder sagt man, die Situation ist ausweglos, wir werden das nie managen, wir konstatieren eine grundsätz-

Kulturelle Evolution. Cultural Evolution.

lich unlösbare Problemlage, dann könnten wir hedonistisch sein, einfach jetzt leben und alles ausnutzen. Wir verhalten uns fatalistisch. Es ist uns alles egal, was passiert, da wir es sowieso nicht ändern können. Oder wir können auf eine eschatologische Weise reagieren und orientieren uns weg von den Problemen des Alltags an einem Leben nach diesem Leben. Soweit waren wir aber auch eigentlich bereits. Ich bin der Meinung, wir hatten uns schon darauf geeinigt, dass wir nur über Punkt 1 nachdenken: Werden wir hinreichende Fähigkeiten entwickeln, unser Aussterben zu verhindern? Die Frage bleibt dabei, was heißt „hinreichende Fähigkeiten", was heißt „Aussterben" und welche Mechanismen der Entwicklung gibt es? Wie gesagt, bewegen wir uns zwischen verschiedenen Optionen: Die eine ist die biologische Betrachtung des Problems. Man geht davon aus, dass es ein falsches Verhalten von Menschen ist, welches das Problem verursacht. Dann müsste man einen Weg finden, dieses Verhalten zu ändern. Dieses könnte ein biologischer Weg sein (man ändert quasi die biologische Ausstattung von Menschen). Es könnte aber auch ein an biologischen Verfahren orientierter ökonomischer Weg sein (man setzt ökonomische Anreizstrukturen, die auf biologische Strebungen des Lebewesens Mensch abzielen). Es könnte aber auch sein, dass diese Betrachtung der gänzlich falsche Rahmen ist, weil gerade diese Kosten-Nutzen-Betrachtung eine Ausnutzungsoption von Natur nahelegt, die Teil des Problems ist. Immer nach der Maxime: Wir nutzen so viel wie möglich! In diesem Fall, bestünde der Weg aus dem Teufelskreis heraus darin, das Problem unter kulturellen Vorzeichen zu betrachten. Es wären dann kulturelle Fähigkeiten gefordert (Einsicht, Verantwortung, Rücksicht etc.), die durch erzieherische Prozesse erworben würden. Mehr haben wir, glaube ich, noch nicht in unserer Debatte erreicht.

Helge Peukert: Ich habe noch eine Variante, wir brauchen einen ÖS, statt IS. (Jürgen Manemann: Bitte?). Ein ÖS statt IS, wir brauchen Leute …

Gregor Schiemann: Ökologische Diktatur?

Helge Peukert: Genau, wir brauchen ökologisch-philosophische Krieger, die bereit sind, ihr Leben aufs Spiel zu setzen, ja. Die permanent zentrale Schaltstellen blockieren, das ist heutzutage ganz einfach, und die da wirklich existentielle Risiken bereit sind, in Kauf zu nehmen. (Gregor Schiemann: Gibt es das nicht schon?)

Helge Peukert: Und dann bräuchten wir ungefähr 30.000 Leute und die würden das durchziehen. Und die würden so viel Sand in das Getriebe rein tun, ja. Also nur mal als theoretische Variante.

Marcel Hackler: Also sind wir uns sozusagen alle einig, dass wir diese Fähigkeiten entwickeln werden, es gibt verschiede Richtungen, verschiedene Fähigkeiten, die wir uns vorstellen können. Dass wir das einfach mal so festhalten.

Kristian Köchy: Vielleicht wurde ein weiterer wichtiger Punkt von Herrn Witt genannt. Die fehlende Fähigkeit könnte die sein, langfristig planen zu können, und wenn eine kurzfristige Befriedigung von Bedürfnissen möglich ist, auf diese zugunsten einer langen Perspektive zu verzichten. Möglicherweise ist dieses keine biologische Fähigkeit, über die wir bereits jetzt verfügen, womit die Frage wäre: Wie kann man eine solche Fähigkeit entwickeln?

Zwischenfazit

Gregor Schiemann: Nachdem wir festgestellt haben, dass es grundlegende, verschiedene Positionen bei uns selbst gibt, haben wir uns gedacht, dass wir versuchen sollten, die konkreten Fragen, die uns vorgegeben sind, jenseits der Differenzen zu bearbeiten. Die erste Frage lautet: Werden wir hinreichende Fähigkeiten entwickeln, unser Aussterben zu verhindern? Wir möchten vorschlagen, „hinreichend" durch „wünschenswert" zu ersetzen. „Hinreichend" ist zu stark, da man dann das Problem schon gelöst hätte, wenn man diese Fähigkeit besäße. Einige wünschenswerte Fähigkeiten sind auch nicht notwendig, da es vielleicht auch ohne diese Fähigkeiten geht. Wir haben also eine Liste aufgestellt von Fähigkeiten, die wir uns wünschen, um das „Aussterben" der Art zu verhindern. Hier ist noch zu bemerken, dass Aussterben nicht im evolutionären Sinn gemeint ist, sondern es mit der eigenen Menschheitsevolution/Entwicklung zu Ende gehen kann. Ich lese jetzt mal diese Fähigkeiten vor, also (nebenstehend):

In unserer nächsten Arbeitsphase werden wir diese Fähigkeiten noch mal durchgehen, um sie zu qualifizieren. Erstens nach Relevanz, zweitens nach Realisierbarkeit und drittens auch nach den Adressaten, an die sich die wünschbaren Fähigkeiten richten.

Nun soll ich noch etwas zu unseren zwei Mitbring-

Fähigkeiten

1. Heutige Entscheidungen sollten stärker geprägt werden von dem Wissen über zukünftige Entwicklungen.
2. Theoretische Einsichten sollten besser in die Praxis eingehen.
3. Kooperation sollte statt des immer noch vorherrschenden Egoismus gefördert werden.
4. Biotechnologische Ideen und alternative Technologien sollten intensiver entwickelt werden.
5. Naturästhetische und spirituelle Fähigkeiten sollten mehr Raum erhalten, gegenüber dem jetzigen stärker materiell orientierten Lebenswandel.
6. Die Naturbenutzung sollte eingeschränkt werden. Das heißt z. B: Wildnis zulassen, Freiräume schaffen, natürliche Eigendynamik erlauben.
7. Gelassenheit und Achtsamkeit sind als Fähigkeiten zu fördern. In diesem Zusammenhang fiel auch der Ausdruck der Resilienz, also die Entwicklung von Widerstandsfähigkeit in schwierigen Lagen
8. Wir wollen die Idee der Bewährung im Sinne der sogenannten Survival-Kompetenz aufgreifen. Die Konfrontation mit der erhabenen und auch teilweise gefährlichen Natur sollte gelernt werden.
9. Gegen die Konsumorientierung sollte den Sinnbildungskompetenzen größeres Gewicht zugemessen werden.
10. Die Bereitschaft zur Zulassung von Sanktionen wäre zu fördern.
11. Die Fähigkeit zum Umgang mit Komplexität und Widersprüchlichkeit sollte mehr Bedeutung erhalten.

seln sagen. Das eine ist ein Knäuel aus Kultur und Natur. Die Kultur ist der Draht und die Natur sind der sich in diesem Draht verfangene Tang, Algen usw. Das andere sind diese Becher, mit denen wir unseren Trank am Strand erhalten haben. Sie sind aus Styropor, das ist vielleicht nicht das nachhaltigste Material, und mit Schneemännern bemalt, die bei der gegenwärtigen, instabilen Klimaentwicklung zu einen seltenen Phänomen werden könnten – instabil, wie dieser Turm aus Bechern (der Turm wird umgepustet). Und das war es.

Hans-Jürgen Heinecke: Ja vielen Dank, ich möchte jetzt bitten, nicht Positionen zu diskutieren, sondern eher im Sinne Anregungen zu geben, wie die Gruppe mit dem vorgelegten Material weiter verfahren soll.

Was gibt es für Kommentare?

…: Ich fände es schön, wenn ihr von diesen 11 Punkten welche herausgreifen könntet und diese noch ein bisschen konkreter machen könntet. Also so als normative Zielsetzung würde man dem zustimmen. Aber wie soll man das machen? Also bei vielem habe ich mich gefragt, ja schön, also sehe ich auch so, aber es kann nicht klappen.

Gregor Schiemann: „Nicht klappen" heißt „unrealistisch"?

…: Ja.

Gregor Schiemann: Ja, das ist eben die Frage, es kann sein, dass wir keinen dieser Punkte realistisch finden.

…: Aber mal überlegen, wie man darauf hinwirken könnte, das wäre die Anregung.

Reinhard Pfriem: Beim Vortrag kam mir sofort die Idee: an wen richten sich diese Forderungen, diese Fähigkeiten. Deswegen würde ich einfach noch mal unterstützen, nach den Akteuren zu fragen, wer ist Adressat, und dann bin ich sehr gespannt, was dabei raus kommt. (Gregor Schiemann: Ja).

Georg Müller-Christ: Es gibt ein Bezugssystem, es gibt ein ausgearbeitetes Konzept, 12 Teilkompetenzen für Bildung für nachhaltige Entwicklung, die gibt es. Und da waren einige von denen drin, andere waren da nicht drin.

Gregor Schiemann: Auf was nehmen Sie Bezug?

Georg Müller-Christ: Es gibt einen Kompetenzen-Ansatz, Bildung für nachhaltige Entwicklung. Aufgeteilt in 12 Kompetenzen, also was brauchen wir, um eine nachhaltige Entwicklung gestalten zu können. Das ist sozusagen ähnlich argumentiert, und da gibt es schon ein Schema, an dem man sich abarbeiten kann.

Hans-Jürgen Heinecke: Wir können gleich mal ins Netz gehen und dort recherchieren.

Gregor Schiemann: Ja gut, sehr gut.

Helge Peukert: Ich bin auch aus der Gruppe. Also wir hatten auch ein paar konkrete Vorschläge, beispielsweise, dass man so eine EC Karte einführt. E steht da für Ökologie, und dass man vier Tonnen mal als Auftakt festlegt, ist zwar jetzt zu viel, ist schon klar. Dass jeder pro Jahr vier Tonnen verbrauchen darf. Und die auch Kritisierten mit dem Skiurlaub in die Schweiz, die würden dann höchstwahrscheinlich ausbleiben. Man kann das auch übertragen, verkaufen usw. Ist ja kein neuer Vorschlag, haben ja schon einige gemacht. Das ist eine konkrete brutale Limitation, klar. Innerhalb derer man aber dann frei wählen kann.

Kristian Köchy: Nur noch eine Ergänzung: Wir haben uns auch noch überlegt, ob es sich wirklich um Fähigkeiten handelt, die wir da gerade aufgelistet haben oder nicht. Und die Frage bleibt: Auf welche Mechanismen könnte man zurückgreifen, um diese Fähigkeiten zu befördern, wenn sie denn als bedeutsam oder relevant ausgewiesen sind. Und: An wen richtet sich das? Wer muss diese Fähigkeiten haben, wie entwickelt man sowas?

Fazit

Kristian Köchy: Also ich stelle kurz die Arbeit der Arbeitsgruppe vor. Wir haben uns eine Aufgabenteilung vorgenommen, ich bin für den Rahmen verantwortlich. Gregor Schiemann wird etwas zu dieser Tabelle sagen. Und es gibt noch eine Reihe von Beispielen, die die anderen ergänzen werden. Gestern wurde ja bereits klar, dass wir in einer bestimmten Weise vorgegangen sind. Das heißt, wir haben uns eigentlich nur einer Frage von vieren gewidmet und wir haben zudem einen bestimmten Aspekt nicht, oder scheinbar nicht, berücksichtigt, der bei Gruppe zwei sehr wichtig war. Wir haben scheinbar darauf verzichtet, den Rahmen zu klären, in den die Fragen gestellt sind, die wir beantworten sollen. Damit haben wir scheinbar auch darauf verzichtet, eine Begriffsklärung vorzunehmen oder eine ideologiekritische Betrachtung der Termini unserer Arbeit voran zu stellen. Allerdings haben wir alles dieses tatsächlich eben nur scheinbar *nicht* getan. Ich versuche das einmal positiv zu deuten: Wir haben zwei Schritte vollzogen, die in jedem konsensorientierten Gespräch notwendig sind. Nämlich – erster Schritt – zu zeigen oder zu bemerken, dass alle die konkreten Entscheidungen, die man trifft, und alle die konkreten Antworten, die man gibt, abhängig sind von bestimmten Rahmenvorgaben, von Annahmen, fast weltbildhaften Annahmen, darüber, was Gegenstand der Frage ist. Da gab es eine Phase in unserem Gespräch, wo diese Überlegungen im Raum standen und es wurde ziemlich schnell klar, dass innerhalb der Gruppe unterschiedliche Rahmenvorstellungen existieren, die möglicherweise so stark voneinander abweichen, dass man, wenn man sich auf sie konzentrierte und wenn man versuchte, Differenzen auszugleichen oder einen gemeinsamen Nenner zu finden, nicht weiter käme. Und deshalb haben wir einen zweiten Schritt vollzogen, der ebenfalls notwendig ist, für eine konsensorientierte Gesprächsführung: Wir haben diese weltbildhaften Vorannahmen zunächst beiseitegelegt und *nicht* zum Thema gemacht, sondern einfach dispensiert. Wir haben uns also auf die konkreten Punkte konzentriert, wohlwissend oder zumindest einige wohlwissend, dass man ab einer bestimmten Phase des Gesprächs wieder zurück zum Anfang gehen und sich fragen muss, ob die Antworten, die man gemeinsam gefunden hat, noch vereinbar sind mit dem je eigenen Rahmen. Also sich zu fragen, ob man bereit ist, auf seinen Rahmen wirklich zu verzichten und was man dabei möglicherweise einbüßt. Soweit sind wir jedoch noch nicht.

Wir haben uns also auf konkrete Punkte beschränkt und dabei nur die erste Frage behandelt: Werden wir hinreichende Fähigkeiten entwickeln, unser Aussterben zu verhindern? Und haben uns auch hier noch auf einen bestimmte Aspekt konzentriert: Werden wir hinreichende Fähigkeiten entwickeln? Das ist ein bestimmtes Szenario: Es wird vorausgesetzt, es gebe Fähigkeiten, die nötig sind, um das Aussterben der Menschheit zu verhindern. Es wird ebenfalls vorausgesetzt, dass diese Fähigkeiten derzeit noch nicht existieren. Und dass es einen Bedarf gibt, diese Fähigkeiten zu entwickeln oder auszubilden oder ins Spiel zu bringen. Und wir haben uns angesichts dieser Vorannahmen gefragt, welche Fähigkeiten sind es denn? Wir haben eine Art von Wunschliste erstellt, ohne erst einmal darauf zu achten, ob es relevante, oder mögliche, oder wesentliche Fähigkeiten sind. Uns ging es nur darum: Welche Fähigkeiten sind wünschenswert? Ich nenne die von uns auf der Tafel zusammen gestellten Punkte noch einmal und zwar jetzt in der Formulierung als …

Fähigkeiten

1. Die Fähigkeit, statt in heutiger Bedürfnisbefriedigung aufzugehen, also momentane aktuale Perspektiven in den Vordergrund zu stellen (wobei wir hier von einem Horizont von 100 Jahren sprechen), weitreichende zukünftige Entscheidungsräume zu entwickeln, und die Fähigkeit, diese weite Perspektive in den Blick nehmen zu können.
2. Die zweite Fähigkeit ist es, theoretische Einsichten mit praktischen Handlungen verbinden zu können und nicht in der Dissonanz zu bleiben. Hier ist das Problem angesprochen, dass man oft sehr wohl weiß, was das Gute ist, aber dennoch anders handelt. Es geht darum, eine Verbindung herzustellen zwischen theoretischen Einsichten und praktischen Handlungsoptionen.
3. Die dritte Fähigkeit ist, statt auf einen starken Egoismus auf Kooperationen zu setzen; also die Fähigkeit, kooperativ zu werden.
4. Die vierte Fähigkeit, Naturerfahrungen machen zu können, oder naturästhetische, naturspirituelle Erfahrungen zu gewinnen und ins Spiel zu bringen für diesen Prozess des Überlebens.
5. Die fünfte Fähigkeit ist, technische Mittel ins Spiel zu bringen, technische Strukturen zu erfinden, die alternativ sind, die eine Form der Naturnutzung ermöglichen, die nachhaltig ist.
6. Die Fähigkeit einer Gelassenheit. Das muss ich erläutern: Gemeint ist hier die Gelassenheit im Umgang mit krisenhaften Situationen. Die Fähigkeit, trotz einer katastrophalen oder krisenhaften Situation eine Resilienz zu haben, eine Widerstandsfähigkeit zu haben, die für das Überleben dienlich ist.
7. Ein etwas stärkerer Punkt wäre die Fähigkeit, Bewährungskraft zu haben, Survival Competence, also konkret Überlebensfähigkeiten.
8. Achter Punkt wäre die Fähigkeit, sich selbst zu bescheiden. Sich zurückzunehmen, statt einer Konsumorientierung, Verzicht zuzulassen. Die Fähigkeit, Verzicht leisten zu können.
9. Die neunte Fähigkeit wäre die Fähigkeit, Sanktionen zu tolerieren, sich sanktionieren zu lassen.
10. Und 10. Punkt wäre die Fähigkeit, mit komplexen Prozessen umgehen zu können, solchen, die durchaus Widersprüchlichkeiten beinhalten, also unterschiedliche Zielvorgaben gleichzeitig an einen adressieren und das auszuhalten oder in irgendeiner Form damit konstruktiv umzugehen.

Kulturelle Evolution. Cultural Evolution.

Das ist die Liste der Fähigkeiten. Es gibt nun noch zwei weitere Schritte: Wir haben uns in einer weiteren Arbeitsphase überlegt, nochmal danach zu fragen, welchen Status denn diese Fähigkeiten haben. Also sind sie tatsächlich notwendige oder hinreichende oder wünschenswerte Fähigkeiten für diesen Prozess? An wen adressiert sich das? Wer muss diese Fähigkeiten haben, sind es Individuen, Institutionen oder welche anderen Dimensionen hat das? Dann die Frage: Sind diese Fähigkeiten überhaupt realistisch, das meint, gibt es eine Möglichkeit, sie irgendwie in das Spiel zu bringen, vielleicht sogar auch: Welcher Mechanismus müsste dafür eine Rolle spielen? Und ein letzter Punkt: Wie relevant sind sie für unser Problem (sehr relevant oder gar nicht relevant)? Auch dazu haben wir eine Liste erstellt, zu der Gregor gleich noch etwas sagt. Und dann gibt es den nächsten Punkt: Wir haben versucht, zu den Fähigkeiten praktische Beispiele zu finden und ich weiß jetzt nicht, ob ich die nennen muss; ich komme besser noch einmal später ins Spiel.

Gregor Schiemann: Unser Hauptergebnis ist: Es gibt unserer Auffassung nach keine allein hinreichende Fähigkeit. (Plenum lacht) Hinreichend hieße ja, dass eine Fähigkeit genügte, das Aussterben zu verhindern. Wir haben alle Fähigkeiten sorgfältig geprüft. Außerdem haben wir unsere Liste mit dem Kompetenzen-Ansatz „Bildung für nachhaltige Entwicklung" verglichen. Wenn ihr Vorschläge für hinreichende Fähigkeiten habt, sind sie willkommen. Das wäre vielleicht eine Aufgabe für die Diskussion. Gefunden haben wir notwendige Bedingungen, das Aussterben zu verhindern. Ohne die Erfüllung auch nur einer dieser Bedingungen sterben wir aus, und wir sterben nur nicht aus, wenn mindestens alle erfüllt sind. Einige notwendige Bedingungen könnten zusammen hinreichend sein. Das zu prüfen, wäre ein weiterer Schritt für eine Arbeitsgruppe. Die ersten drei Fähigkeiten, also „Zukünftiges berücksichtigen", „Theorie in Praxis umsetzen", „Kooperieren" sind unserer Meinung nach alle notwendig. Die Akteure sind alle Menschen und Institutionen. Sie sind auch rea-

lisierbar, und relevant, aber die Relevanz ist relativ schwach, weil diese Fähigkeiten selbstverständlich sind. Die nächste Gruppe umfasst mehr Fähigkeiten, bei denen wir uns zudem weniger einig waren, ob sie tatsächlich notwendig oder nur wünschenswert sind. Z. B. glauben einige von den naturästhetischen Erfahrungen, dass wir ohne sie aussterben, andere sind davon überzeugt, ohne diese Erfahrung gut leben zu können. Sie sind gleichsam naturmäßig unmusikalisch. (Plenum lacht).

Bei den kontrovers diskutierten Fähigkeiten ist der Akteur meistens das Individuum. Nur eine Fähigkeit, die Resilienz, wurde für unrealisierbar gehalten. Unsere Gruppe geht also von der optimistischen Annahme aus, dass – von dieser Ausnahme abgesehen – diese Fähigkeiten kulturell entwickelt werden können. Die

Relevanz ist mit der Wünschbarkeit korreliert: Wünschbarkeit ist Ausdruck eines noch herzustellenden Diskussionsbedarfes. Auch die Fähigkeiten „Selbstbescheidung" und „Bereitschaft, Sanktionen zuzulassen" halten wir für notwendige Bedingungen. Soweit zu unserer Übersicht und nun kommen Beispiele.

Kristian Köchy: Genau, ich übernehme wieder die Moderation oder versuche es. Also wie gesagt, die Erstellung der Tabelle war ein Teil unserer Arbeit, wobei es vielleicht innerhalb der Gruppe auch unterschiedliche Auffassungen darüber gab, welche Adressaten es jeweils gibt, also wer sozusagen Fähigkeiten entwickeln müsste. Und was das Wichtigkeitsniveau angeht. Das zeigt sich an diesen Querstrichen, dass es da unterschiedliche Optionen gibt. Wie dem auch sei, wir kommen zu den Beispielen. Wir haben versucht, Beispiele zu finden für die einzelnen Fähigkeiten und dabei noch einmal diskutiert: Wofür suchen wir eigentlich Beispiele? Suchen wir Beispiele dafür, dass diese Fähigkeiten fehlen? Suchen wir Beispiele dafür, dass man diese Fähigkeiten entwickeln kann? Suchen wir Beispiele dafür, dass die entwickelte Fähigkeit auch relevant ist für das Problem? Auch das ist nicht ganz eindeutig entschieden worden. Ich glaube, wir haben uns entschieden dafür, dass wir funktionierende Beispiele suchen, solche, an denen möglicherweise der Mechanismus zu demonstrieren wäre – wozu wir aber nicht mehr gekommen sind, es sei denn die Vorsteller erläutern das jetzt. Also zu der Frage: Wie ist es, welche Mechanismen müsste man einsetzen, um statt heutiger kurzfristiger Entscheidungen Langfristperspektiven in das Spiel zu bringen? Es wurde Common Trust genannt und Emissionshandel, ich glaube von Dir, vielleicht sagst Du was dazu (wendet sich an Helge Peukert).

Helge Peukert: Ja also, der ganze Stolz der Gruppe ist natürlich dieses Schema, das vorherige. Und da zeigt es sich, wie wertvoll es ist, wenn man an etwas analytisch-philosophisch ran geht und die Vorschläge sind jetzt nur ein bescheidener Nachtisch sozusagen. Also beim Common Trust ist es ja so, wir haben den Emissionshandel und eventuell findet jetzt in ein paar Tagen in Paris da wieder eine höchstwahrscheinlich wirkungslose, weitgehend wirkungslose Konferenz statt. Eine Alternative wäre eben Common Trust, um mal ein Beispiel zu geben. Eigentlich war das mit der Geldpolitik so gedacht: Man lagert es in eine Institution aus, die demokratischer Deliberation im konkreten Fall diskretionär entzogen ist, weil man ein Misstrauen sozusagen gegen sich selber hat, dass man sich zu viel Geld praktisch selber gewährt. Und Herr Draghi macht jetzt aus der EZB etwas ganz anderes, aber das war ja der ursprüngliche Gedanke mal. Also insofern hat es für das Geld einen Common Trust, und jetzt wäre die Vorstellung die, dass man beim CO_2 nicht Frau Merkel und Herrn Hollande und die japanischen, chinesischen und sonstigen Staatenlenker entscheiden lässt. Sondern dass man das abdelegiert, an eine Fachgruppe sagen wir mal. An eine internationale Organisation, und dann entscheidet darüber so jemand wie Herr Schellnhuber oder Latif, um mal aus Deutschland zwei zu nennen, und die geben dann naturwissenschaftlich beratend einen Grenzwert vor, die machen Vorschläge, und die demokratische Weltgesellschaft oder auch nicht so demokratische, die sagt: Egal, was ihr uns konkret vorschlagt, wir werden uns daran halten. Und sie haben auch ein Sanktionspotential. Das wäre so ein Gedanke. Wenn ich noch etwas zur „Survival Kompetenz" sagen darf, da steht ja jetzt nichts. Einige haben das Postkollaps-Training genannt. Das klingt eigentlich auch ganz gut, und bei dieser Bildungsgeschichte, dass man also praktisch mit der Natur und mit den Schweinen und Möhren und Hühnern usw. interagiert, da gehört vielleicht auch dazu, dass die Menschen lernen. Kinder und wir ja auch, dass wir lernen, wie überleben wir eigentlich, wenn wir kein Plastik, kein Erdöl und vor allem keine Elektrizität haben. Wenn das wegfällt, wie geht das. Und dann laufen und tollen wir nicht nur mit den Schweinen auf dem Biobauernhof rum, sondern dann wird es ernst. dann wird es nachts kalt, dann weiß man nicht, wie man Feuer anmacht usw. Und das muss ja nicht unbedingt mit Produkthilfe der American Rifle Association passieren, weil so etwas gibt es in den USA ja schon, so ist es nicht gedacht.

Kristian Köchy: Gut, dann war ein weiteres Beispiel dafür, dass es gelingen kann, die Dichotomie zwischen Theorie und Praxis zu überwinden, IPCC – das hast Du ja gerade schon genannt, und das Problemfeld des Ozonlochs. Der Hinweis kam von Gregor.

Gregor Schiemann: Das nicht unmittelbar wahrnehmbare Phänomen, das man als Ozonloch bezeichnet, wurde mit naturwissenschaftlichen Mitteln entdeckt. Seine Entstehung wurde theoretisch auf FCKW-Stoffe zurückgeführt, die daraufhin durch andere Stoffe ersetzt wurden. Tatsächlich hat sich das Phänomen zurückgebildet und man nimmt an, dass es in 20 Jahren vermutlich wieder seinen ehemaligen Zustand erreicht hat. Allerdings waren die Bedingungen zur Anwendung der Theorie auf die Praxis verhältnismäßig einfach, weil die Anzahl der Hersteller von FCKW-Stoffen nur relativ gering war. Dennoch bleibt es ein vorbildliches Beispiel.

Kristian Köchy: IPCC – hast du schon etwas dazu gesagt?

Helge Peukert: Bei aller Schwäche sollte man einen solchen Mechanismus ausweiten. Damit es dann Dokumente, Vorschläge usw. gibt, die man nicht komplett ignorieren kann.

Kristian Köchy: Zu Punkt drei: Kooperationsformen statt Egoismus; als Beispiel steht hier Energiegenossenschaften und Vertragslandwirtschaft. Kam der Hinweis auch von Dir?

Gregor Schiemann: Aber haben wir die Vertragslandwirtschaft nicht bei den anderen Gruppen schon behandelt?

Kristian Köchy: Gut, delegieren wir an die andere Gruppe. Dann wäre das Beispiel für naturästhetische und spirituelle Fähigkeiten zu nennen – Ruheräume der Erfahrung.

Jürgen Manemann: Also, Gregor hat es ja schon gesagt: Diese vierte Fähigkeit, die Fähigkeit zu naturästhetischen Erfahrungen, wurde als nicht notwendige, sondern als wünschenswerte Fähigkeit bezeichnet. Die Frage ist natürlich, was heißt hier „notwendig"? Wenn das Notwendige als das Selbstverständliche definiert wird, dann müsste man m.E. das Wünschenswerte als das „Not-wendende" begreifen. Dann aber rangiert das Wünschenswerte höher als das Selbstverständliche. Wünschenswert ist etwas, was des Wünschens wert ist. Bei dieser Form des Wünschens geht es nicht um Wünsche, die auf die bloße Befriedigung von Bedürfnissen zielen. Es geht also nicht um Wünsche erster Ordnung, sondern um Wünsche zweiter Ordnung. Wenn wir von

der Bedeutung naturästhetischer Erfahrungen sprechen, dann müssen wir zudem erläutern, was denn ästhetische Erfahrungen sind. Ästhetische Erfahrungen sind sinnliche Wahrnehmungen: Wenn ich bspw. den Raum hier zum ersten Mal betrete, dann habe ich, ohne dass ich darüber nachdenke, bereits mit dem Eintreten meiner Leiblichkeit in diesen Raum eine Bewertung des Raumes und der Situation vorgenommen. Ich habe den Raum als angenehm oder unangenehm, inspirierend oder abstoßend wahrgenommen, ihn also bewertet, bevor ich mich reflexiv zu all dem verhalten habe. Diese Bewertung ist die Quelle der Moralität. Kommt uns die sinnliche Wahrnehmung, die ästhetische Wahrnehmung, abhanden, nützen uns unsere ganzen moralischen Prinzipien nichts mehr, sie werden austrocknen. Und ein weiteres ist bedeutsam für die naturästhetische Erfahrung: Durch sie werden wir in die Lage versetzt – ich formuliere bewusst im Passiv –, den Machbarkeitswahn zu unterbrechen, weil wir durch die naturästhetische Erfahrung in eine Situation hineingezogen werden, in der wir nicht etwas herstellen, sondern sich etwas, nämlich Erfahrung, einstellt. Dadurch erwerben wir so etwas wie Passivitätskompetenz. Durch diese Kompetenz werden wir in die Lage versetzt, etwas auf uns einwirken zu lassen, und gleichzeitig machen wir – phänomenologisch betrachtet – eine unmittelbare Erfahrung des Verbundenseins mit dem Ganzen, und diese Erfahrung hat etwas von einer Zumutung. Wenn ich etwa einen Sparziergang am Meer mache, dann kann diese naturästhetische Erfahrung des Meeres bei mir das Gefühl evozieren, dass ich Teil des Ganzen bin. Aber diese sinnliche Erkenntnis ist etwas anderes als die Informations- und Wissensvermittlung. Auf der Basis naturästhetischer Erfahrung kann sich so etwas wie ein universales Verantwortungsempfinden einstellen. Um es auf den Punkt zu bringen: Not-wendend ist die naturästhetische Erfahrung nicht zuletzt, weil sie Erfahrung ermöglicht. Man denke hier nur an R.D. Laing: Ist Erfahrung zerstört, wird Verhalten zerstörerisch. Aus diesem Grund halte ich das Wünschenswerte für das Notwendige.

Kristian Köchy: Dann haben wir noch ein Beispiel für den letzten Punkt 8, nämlich Selbstbescheidung: Slow Food-Bewegung (in Italien).

Ulrich Witt: Ja, das ist ein sehr schönes Beispiel um klarzumachen, was Selbstbescheidung konkret, individuell und im Weltkontext bedeutet, und es gibt deutliche Parallelen zu dem Film gestern. Ich will das ganz kurz erläutern. Slow Food kennt jeder. Was nicht so bekannt ist: dass diese Slow Food-Bewegung in Italien zu einer Bewegung geworden ist, die einen anderen Lebensstil anstrebt und pflegt. Zum Beispiel hat sich im Universitätsstädtchen Urbino ein neues Handwerk etabliert. Da werden die ganzen Gebrauchsgüter, z. B. Möbel, wieder handwerklich hergestellt. Und die Leute kaufen das. Also sie kaufen nicht IKEA-Regale, sagen wir mal ein Billy-Regal für 89 Euro, sondern sie kaufen ein handgefertigtes Pinienholzregal für 289 Euro, denn diese handwerkliche Produktionsweise ist teurer. Das heißt im Klartext, der Konsument gibt sehr viel mehr von seinem Budget jetzt aus für Dinge, die teurer sind, das heißt er kann auch nur weniger kaufen. Da ist nicht eine ganze Billy-Regalwand möglich, sondern eben nur ein oder zwei Regale. Für den Hersteller bedeutet das aber auch gleichzeitig, dass er in seiner handwerklichen Tätigkeit länger arbeitet und tendenziell eben auch weniger verdient. Denn der Reallohn, d. h. was den Handwerkern ausgezahlt wird, der berechnet sich danach, wie viele natürliche Ressourcen, die in diese Möbelherstellung reingehen, pro Stunde hergestellt oder verformt werden können in Möbel und verkauft werden können. Also der Reallohn sinkt, das Einkommen sinkt. Gleichzeitig werden die Dinger teurer. Selbstbescheidung bedeutet dann einfach, dass man einen anderen und weniger aufwendigen Konsumstil pflegt. Das muss man vor dem Hintergrund sehen, dass wir in den Entwicklungsländern alle diese handwerklichen Produktionsweisen noch haben und die Tendenz besteht, sie durch die Massenfertigung, wie wir sie in den Industrieländern kennen, zu ersetzen. Warum? Weil die Produktivität im Handwerk deutlich niedriger ist und damit auch die Einkommen deutlich niedriger sind. Die Entwicklungsländer haben ein niedriges Pro-Kopf-Einkommen, weil sie diese handwerklichen Produktionsmethoden noch anwenden. Und ihre Eliten träumen davon, zur industriellen Massenfertigung übergehen zu können, damit sie ein höheres Pro-Kopf-Einkommen erzielen. Wenn wir ihnen das alles vorleben, wie schön das ist. Dann werden sie diesen Weg auch weitergehen. Wenn das passiert, wissen wir, dann gibt es keine Selbstbescheidung, dann gibt es kein Überleben. Jedenfalls nicht für die Mehrzahl der dann voraussichtlich 9 bis 10 Mrd. Menschen. Das ist ganz genauso wie mit der Nahrungsmittelherstellung. Das zieht sich durch alle Konsumbereiche hindurch. Ohne diese Selbstbescheidung wird es nicht gehen. Entweder sie kommt freiwillig, oder sie kommt erzwungenermaßen oder sie kommt nicht und das ist der Untergang.

Kristian Köchy: Vielleicht habe ich noch ein abschließendes Wort. Ich habe vorhin zwei Schritte genannt, die man machen muss, um Konsensfindung herbeizuführen. Einen dritten Schritt habe ich angekündigt, aber nicht ausgeführt. Ich mache ihn jetzt mal für mich persönlich. Es geht um einen Dreischritt: Eigene weltbildhafte Vorannahmen offenzulegen, sie zu

Kulturelle Evolution. Cultural Evolution.

dispensieren und dann möglicherweise später wieder in Anschlag zu bringen. Wenn ich sie für mich in Anschlag bringen würde, aus meiner Perspektive also auf die Debatte schaue, dann würde ich für die ersten drei Fragepunkte auf unserer Arbeitsliste feststellen, dass bestimmte Vorgaben gemacht werden über die Art und Weise, wie Menschen funktionieren, welche Eigenschaften sie haben: Menschen zeichnet demnach aus, möglicherweise eine biologische Eigenschaft, immer nur kurzfristig für die eigene Generation oder die nachfolgende Generation denken und planen zu können. Menschen zeichnet weiter aus, ihre kognitiven Einsichten nicht mit praktischen Handlungen verbinden zu können. Menschen agieren zumeist egoistisch und nur unter bestimmten Rahmenbedingungen kooperativ.

Ich selbst würde diesen Annahmen darüber, wie Leben oder wie Menschen beschaffen sind, nicht ohne weiteres zustimmen. Sie wären für mich zunächst kritisch zu hinterfragen. Diese anthropologischen Vorannahmen sind nicht meine. Und damit würde ich vielleicht zu anderen Antworten kommen. An einem Punkt kann man das deutlich machen: Ich habe eine bestimmte Vorstellung darüber, wie das Verhältnis von Evolution und Kultur ist. Ich würde nicht von „kultureller Evolution" sprechen, weil ich davon ausgehe, dass Kultur anderen Gesetzmäßigkeiten unterliegt als Evolution. Und mit der Fragestellung – der Suche nach hinreichenden Fähigkeiten, das Aussterben zu verhindern – sind wir quasi in einem evolutionären Szenario, eher einem biologischen Szenario.

Wenn ich dann jedoch sehe, welche Antworten wir gefunden haben, nachdem ich die Vorannahmen von mir dispensiert habe und eigentlich vermutet hatte, das läuft in eine völlig biologistische Richtung, die ich nicht mittragen kann, dann muss ich feststellen, dass die Antworten, die wir gefunden haben, doch alles in allem auf kulturelle Fähigkeiten verweisen. Insofern bin ich eigentlich durch das Resultat der Arbeit bestätigt. Dennoch würde ich sagen, wenn ich es nochmal sondiere, dann würde ich unter meinen eigenen weltbildhaften Vorannahmen zu einem ganz anderen Ergebnis kommen.

Hans-Jürgen Heinecke: Ende, nun Diskussion, Kommentare, Statements.

Marco Lehmann-Waffenschmidt: Ich habe ein Detail, das ich ansprechen möchte, und zunächst etwas ganz generelles an erster Stelle. Also wenn da steht kulturelle Evolution und dann mit dem Untertitel, aber dann in Frageform: Werden wir hinreichende Fähigkeiten entwickeln, unser Aussterben zu verhindern? Naja, ich meine, wir, Mann und Frau entwickeln aktiv, proaktiv, intentional Fähigkeiten. Mann und Frau wird aber auch entwickelt. Ich habe schon gerade mich ein ums andere Mal gewundert, weshalb wir immer so eine Dualität haben. Also, ja da war die Dualität spürbar, dass wir glauben, dass entweder so ein soziokultureller Bewusstseinswandel vonstatten gehen könnte, der tatsächlich auf Basis von Freiheit und Verantwortung und vielleicht sogar ohne disziplinierende staatliche Macht etwas Positives hervorbringt, oder eben, Herr Witt hat es dann nochmal stark gemacht und sprach mir aus der Seele, doch etwas wie Disziplin oder Autorität. Aber es gibt noch eine dritte Macht, die Natur selbst. Wenn wir schon über Evolution reden, die Krise, den Kollaps. Das führt doch auch zum zwanghaften Entwickeln von Fähigkeiten. Und natürlich ist das schmerzhaft, könnte man sagen, muss es aber auch nicht sein. Das Paradoxe ist doch folgendes: je mehr wir die Natur zerstören, desto mehr wird sie zum Schiedsrichter. Das heißt: die kaputte Natur wird es gerade, die quasi zurückschlägt. Und uns etwas aufoktroyiert, was dann sozusagen als dritte Macht, jenseits von proaktiven Prozessen und jenseits disziplinierender Institutionen, sozusagen etwas in Gang bringt, das tatsächlich auch diese veränderte Frage dann vielleicht rechtfertigt. Aber ich meine damit jetzt nicht nur die Natur, selbstverständlich auch, da habe ich mit dem Helge Peukert noch länger drüber gesprochen neulich. Selbstverständlich auch Finanzkrise, Rohstoffkrisen können natürlich auch zu einem Lehrmeister für das werden, was wir dann brauchen, um sozusagen überlebensfähig zu sein.

Das Detail ist nur das Ozonloch. Das ist kein Beispiel. Weil es war so wahnsinnig einfach, die FCKW-intensiven Kühlschränke zu ersetzen durch Foronkühlschränke. Das hat niemand wehgetan. Daran konnten nur alle dran verdienen. Das kann man gerade nicht übertragen auf die wirklichen Hotspots der Ökosphäre. Weil da diese alte Entkopplung nicht funktioniert. Da tut

Kulturelle Evolution. Cultural Evolution.

es dann weh; und wenn es wehgetan hätte, das Ozonloch zu beseitigen, also den Menschen aufzuoktroyieren, das dreifache für einen Kühlschrank ausgeben zu müssen oder gar keine Kühlschränke zu haben, dann, so würde ich hier echt die These in den Raum stellen, hätten wir das Ozonloch irgendwie nicht gestoppt.

Gregor Schiemann: Ich sehe das auch so: die Natur ist ein Lehrmeister und kann es noch stärker werden durch ihre Reaktion auf die anthropogenen Eingriffe. Aber wir haben das in der wünschenswerten Fähigkeit, Bewährungskraft zu besitzen, berücksichtigt. Ausgebildet werden soll das Vermögen, mit Komplexität und Widersprüchlichkeit, auch mit katastrophalen Situationen fertig zu werden. Noch eine Bemerkung zum Ozonloch: Seine Beseitigung ist einfach gewesen, aber dennoch bleibt es ein Beispiel für die Umsetzung von Theorie in Praxis. Ob der Erfolg unter schwierigen Bedingungen ausgeblieben wäre, bleibt eine Hypothese. Warten wir das nächste Beispiel ab.

Ulrich Witt: Also ich halte diesen Standpunkt aber auch für gefährlich, er kann sehr leicht missverstanden werden. Wenn die Natur sozusagen nachher Ziel und Schiedsrichter ist, dann können wir uns ja darauf verlassen, dass die das schon macht. Das ist genau der Standpunkt der Backstop-Technology-Leute, die sagen, die Preise werden einfach so stark steigen aufgrund der natürlichen Verknappung. Dann werden die Leute schon erzogen werden, sich so zu verhalten, dass sie die Natur schonen. Ich glaube, darauf sollten wir nicht warten, das ist viel zu gefährlich.

Niko Paech: Das ist keine normativ von mir zu verstehende Aussage, sondern das war einfach eine Gedankenstütze, das war eine Möglichkeit – mehr nicht. Das wünsche ich mir auch nicht.

Kristian Köchy: Nochmal kurz dazu. Diese Kritik an dem genannten Beispiel ist ja sehr hilfreich, weil sie nochmal befragt: Was bringt das Beispiel, warum hat es in diesem Fall funktioniert? Und die Antwort ist: Es hat deshalb funktioniert, weil es keine Widersprüche gab, es war sehr einfach usw. Und damit kommt man möglicherweise dem Mechanismus näher, wie Dinge funktionieren könnten und wie nicht. Zu dieser Frage haben wir noch gar nicht geantwortet. Das heißt, wir haben ja nur gefordert: Fähigkeiten sollten entwickelt werden! und wir haben darauf hingewiesen: Da gibt es Situationen, wo das passiert ist, aber wir haben noch nicht geantwortet auf die Frage: Was ist denn da tatsächlich der Mechanismus gewesen, um diese Fähigkeit, mal angenommen sie war vorher nicht da, ins Spiel zu bringen?

Ulrich Witt: Da gibt es jede Menge Beispiele, z. B. die CO_2-Problematik. Da wissen wir es theoretisch auch anders, aber es funktioniert nicht, weil es keinen Interessenkonsens gibt. Es gibt Interessenkonflikte und deshalb funktioniert es nicht.

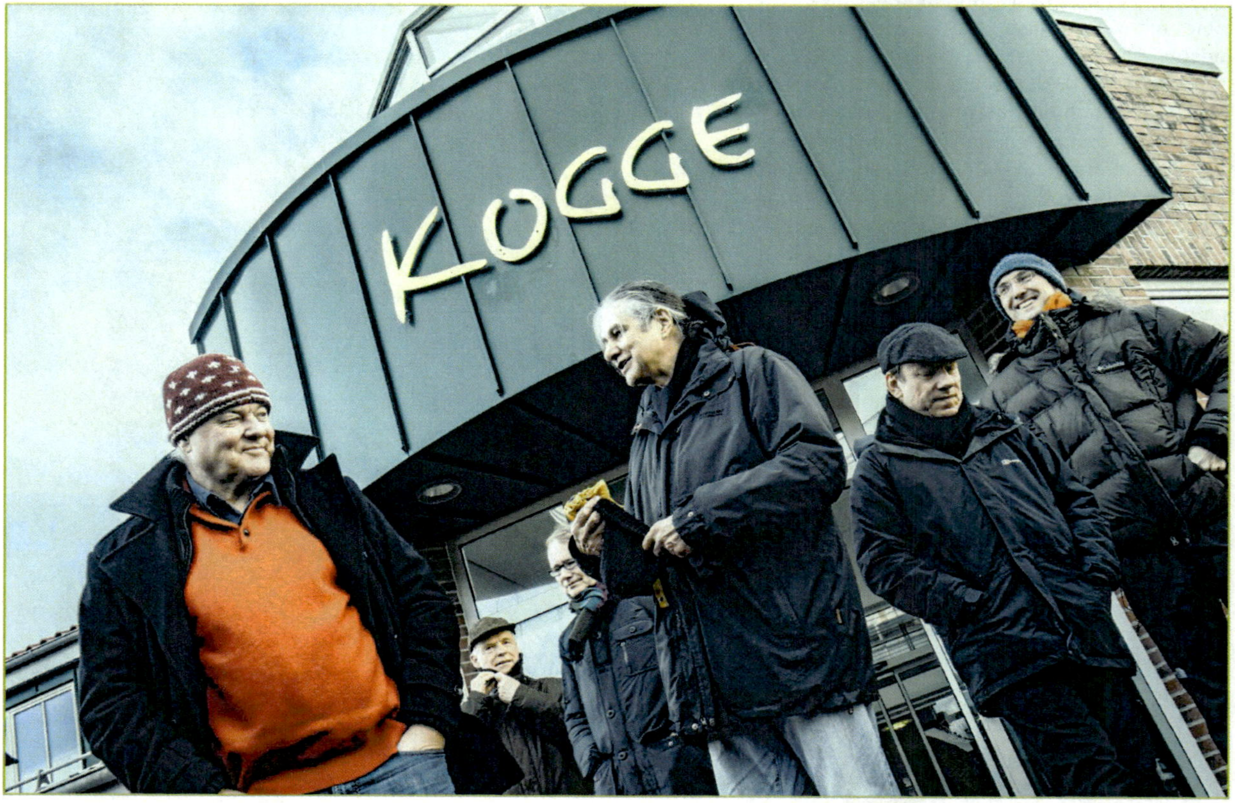
KOGGE

Spiekerooger KlimaGespräche
– erhältlich im Buchhandel oder direkt: order@dbv-media.com

dbv

Klimawandel erfordert Kulturwandel

1. Spiekerooger Klimagespräche / Reinhard Pfriem (Hrsg.)
Stuttgart, Oldenburg
dbv 2010
ISBN 978-3-86622-030-0
146 Seiten
Preis: € 28,00

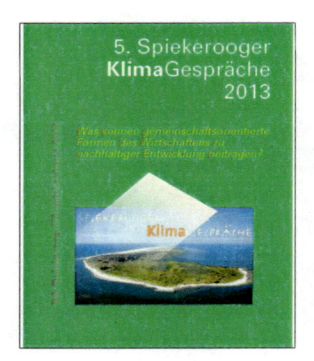

Gemeinschaftsorientierte Formen des Wirtschaftens

5. Spiekerooger Klimagespräche / Reinhard Pfriem (Hrsg.)
Stuttgart, Oldenburg
dbv 2014
ISBN 978-3-86622-042-3
136 Seiten
Preis: € 28,00

Wieviel Glück ist möglich in Zeiten des Klimawandels?

2. Spiekerooger Klimagespräche / Reinhard Pfriem (Hrsg.)
Stuttgart, Oldenburg
dbv 2011
ISBN 978-3-86622-032-4
126 Seiten
Preis: € 24,50

WertSchöpfung. Eine kulturelle Kehre

6. Spiekerooger Klimagespräche / Reinhard Pfriem (Hrsg.)
Stuttgart, Oldenburg
dbv 2015
ISBN 978-3-86622-049-2
160 Seiten
Preis: € 28,00

Wir müssen endlich handeln!

3. Spiekerooger Klimagespräche / Reinhard Pfriem (Hrsg.)
Stuttgart, Oldenburg
dbv 2012
ISBN 978-3-86622-034-8
126 Seiten
Preis: € 28,00

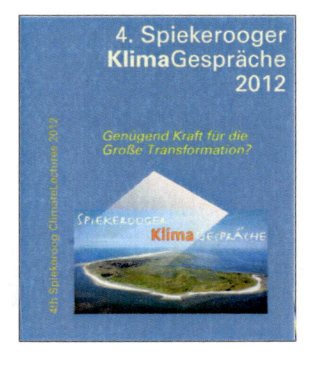

Genügend Kraft für die Große Transformation?

4. Spiekerooger Klimagespräche / Reinhard Pfriem (Hrsg.)
Stuttgart, Oldenburg
dbv 2013
ISBN 978-3-86622-036-2
160 Seiten
Preis: € 28,00

Vielen Dank. Many thanks.

Assistenz. Assistance.

Die 7. Spiekerooger Klimagespräche wurden unterstützt durch folgende Mitarbeiterinnen und Mitarbeiter der Carl von Ossietzky Universität Oldenburg:

Johanna Ernst
Nina Gmeiner M.A.
Marcel Hackler M.A.
Lars Hochmann M.Sc.
Dipl. oec. Karsten Uphoff

Moderation:
Hans Jürgen Heinecke, TPO Consulting, Bad Zwischenahn

Fotos:
Niklas Heinecke

Vielen Dank. Many thanks.   155

Assistenz. Assistance.

Nina

Johanna

Marcel

Lars

Karsten

Organisation. Förderung. Realisierung. Organisation. Promotion. Realisation.

Impressum. Imprint.

Die 7. Spiekerooger Klimagespräche wurden organisiert von CENTOS Carl von Ossietzky Universität Oldenburg.

Die 7. Spiekerooger Klimagespräche wurden gefördert durch das Niedersächsische Ministerium für Umwelt, Energie und Klimaschutz

Adressen der wissenschaftlichen Leiter:
Prof. Dr. Reinhard Pfriem, Carl von Ossietzky Universität Oldenburg, Ammerländer Heerstr. 114, 26129 Oldenburg.
Prof. Dr. Wolfgang Sachs, Wuppertal Institut für Klima, Umwelt, Energie, Döppersberg 1, 42103 Wuppertal.
Prof. Dr. Marco Lehmann-Waffenschmidt, Technische Universität Dresden, Mommsenstraße 11, 01069 Dresden.

Veranstaltungort:
Kogge, Noorderpad, 26474 Spiekeroog.

Impressum:
7. Spiekerooger Klimagespräche. Dokumentation.
Hrsg.: Reinhard Pfriem. dbv Deutscher Buchverlag GmbH. Oldenburg 2016.

ISBN 978-3-86622-054-6
ISSN 2366-9160

1. Auflage 2016
Copyright Autoren und dbv Deutscher Buchverlag GmbH, 2016
Alle Rechte vorbehalten
Signet: Reinhard Komar unter Verwendung eines Luftbildes von HUEBI
Buchgestaltung: Prof. hc Prof. HEBIC Dipl.-Des. Reinhard Komar
Druck: dbv Deutscher Buchverlag GmbH, Stuttgart, Oldenburg